高等院校网络教育精品教材——电气电子类

电 机 学

刘　黎　郭冀岭　邱忠才　主编

西南交通大学出版社
·成　都·

图书在版编目（CIP）数据

电机学 / 刘黎，郭冀岭，邱忠才主编. —成都：
西南交通大学出版社，2022.9
ISBN 978-7-5643-8918-5

Ⅰ. ①电… Ⅱ. ①刘… ②郭… ③邱… Ⅲ. ①电机学
Ⅳ. ①TM3

中国版本图书馆 CIP 数据核字（2022）第 169420 号

Dianji Xue
电机学

刘　黎　郭冀岭　邱忠才　主编

责 任 编 辑	黄淑文
封 面 设 计	原谋书装
出 版 发 行	西南交通大学出版社
	（四川省成都市金牛区二环路北一段 111 号
	西南交通大学创新大厦 21 楼）
发行部电话	028-87600564　87600533
邮 政 编 码	610031
网　　　址	http://www.xnjdcbs.com
印　　　刷	四川森林印务有限责任公司
成 品 尺 寸	185 mm × 260 mm
印　　　张	16
字　　　数	398 千字
版　　　次	2022 年 9 月第 1 版
印　　　次	2022 年 9 月第 1 次
书　　　号	ISBN 978-7-5643-8918-5
定　　　价	45.00 元

前　言

本书为网络教育教材。

电机学是电气类专业的一门重要的专业基础课，既是研究电机及电力拖动系统基础理论的学科，为后续相关专业课程准备必要的基础知识，同时又可以作为一门独立的基础应用课，直接为工程生产服务。该课程具有抽象、理论性强、与工程实践紧密结合的特点，通常被学生认为是一门难学的课程。

本书结合网络教育特点，在编写过程中，重点对基本原理进行分析，着重物理概念的阐述及其教学描述；从应用角度出发，精选内容，突出重点，不求面面俱到。例如，直流电机只突出他励直流电动机，其他励磁方式的内容减少到最低限度，直流发电机内容可以作为电动机的制动状态来讲；电机部分重点突出机械特性有关内容，简化了电机的结构、绕组及电机的磁场分析。内容强调电磁过程和空间运动的结合，理论分析和电机结构的结合，材料对电、磁、力的影响等。着重培养学生应用基础理论分析、研究、解决实际工程问题的能力。

考虑到远程教学的特殊性，为方便自主学习，教材的每一章都给出了明确的学习指导，包括学习目标、重难点、学习方法建议、学习时间建议、典型习题及解答等。

本书由刘黎主编，并编写第 1、3、4 章，第 2 章和第 5 章由郭冀岭编写，第 6 章由邱忠才编写。全书由刘黎统稿。

由于编者学识有限，本书难免出现错误和缺点，恳请读者批评指正。

编　者

2022 年 5 月

符 号 表

A —面积；

a —并联支路对数；

B —磁感应强度；

B_r —剩磁感应强度；

B_δ —气隙磁感应强度；

$\cos \varphi_N$ —额定功率因数；

e —感应电动势；

E_0 —空载电势；

E_1 —变压器一次侧电势；

E_2 —变压器二次侧电势；

E_{2s} —转子旋转时转子感应电势；

E_a —电枢反应电势；

E_σ —漏磁通感应电势；

f_N —额定频率；

f_1 —定子感应电动势频率；

f_2 —转子感应电动势频率；

F —磁动势；

F_f —励磁磁动势；

F_m —磁动势最大值；

F_0 —空载磁动势；

F_a —电枢磁动势；

I_a —电枢电流；

I_N —额定电流；

i_0 —空载电流；

I_1 —变压器一次侧电流；

I_2 —变压器二次侧电流；

I_f —励磁电流；

m —绕组相数；

n —电机转速；

n_N —额定转速；

n_1 —同步转速；

N_1 —一次侧绕组匝数；

N_2 —二次侧绕组匝数；

p —电机极数；

P_N —额定功率；

P_1 —输入功率；

P_2 —输出功率；

p_{Fe} —铁耗；

p_h —磁滞损耗；

p_0 —空载损耗；

p_{Cu} —铜耗；

p_{Cua} —电枢铜耗；

p_{Cuf} —励磁铜耗；

p_{Cu1} —一次绕组铜耗；

p_{Cu2} —二次绕组铜耗；

p_{mec} —机械损耗；

p_{ad} —附加损耗；

q —每极每相槽数；

r_1 —一次绕组的电阻；

r_2 —二次绕组的电阻；

r_m —励磁电阻；

R_a —电枢电阻；

R_m —磁阻；

s —转差率；

S_N —额定容量；

T —转矩；

T_{em} —电磁转矩；

T_L —负载转矩；

T_0 —空载转矩；

T_N —额定转矩；

T_{sys} —比整步转矩；

T_{st} —起动转矩；

U —电压；

U_1 —变压器一次侧电压；

U_2 —变压器二次侧电压；

U_{20} —变压器二次侧空载电压；

X_1 —一次绕组漏电抗；

X_2 —二次绕组漏电抗；

y —电机节距；

Z_1 —变压器一次绕组漏阻抗；

Z_2 —变压器二次绕组漏阻抗；

Z_k —短路阻抗；

Z_m —励磁阻抗；

Z_0 —空载阻抗；

Z_L —负载阻抗；

μ —磁导率；

μ_0 —真空磁导率；

μ_r —相对磁导率；

Φ —磁通；

Φ_m —主磁通；

Φ_σ —漏磁通；

Φ_δ —气隙磁通；

Φ_0 —空载磁通；

Ω —角速度；

θ —功角；

φ —功率因数角；

τ —极距。

目　　录

第1章 绪 论

【学习指导】

1. 学习目标

（1）了解本课程的性质及其学习方法；

（2）了解电机的基本概念及其常用的分类方法；

（3）掌握电机常用的基本定律；

（4）了解电机中使用的材料及其特性；

（5）掌握电机的各种损耗产生的原因及影响因素；

（6）了解电机的发热、冷却相关内容；

（7）掌握电机常用分析方法与步骤。

2. 学习建议

本章学习时间总共 7~8 小时，其中：

1.1 节建议学习时间：1 小时；

1.2 节建议学习时间：2 小时；

1.3 节建议学习时间：2 小时；

1.4 节建议学习时间：2 小时；

1.5 节建议学习时间：0.5 小时；

1.6 节建议学习时间：0.5 小时。

3. 学习重难点

（1）电机基本作用原理；

（2）铁磁材料及其特性；

（3）磁路定律及磁路计算；

（4）电机的损耗分析。

1.1　电机概述

1.1.1　电机的基本概况

1. 电机的定义与分类

电机是以磁场为媒介，基于电磁感应原理实现机电能量转换或电能特性变换的电磁装置。

电机的分类方法很多，按运动方式来分，可以分为旋转电机和静止装置（即变压器）两种，其中旋转电机又可根据电流性质分为直流电机和交流电机，其中交流电机包括异步电机和同步电机两类。

按用途来分，电机可分为：
（1）发电机：将其他形式的能量转换为电能。
（2）电动机：将电能转换为机械能。
（3）变压器：按要求改变交流电压等级。
（4）控制电机等特种电机。

2. 电机在国民经济中的应用

电能是现代社会中最重要、应用最广泛的能源，具有生产、传输经济，易于控制和使用等突出特点。电能的生产、传输、变换和使用都是由电机来完成的，电机在现代社会所有行业和部门中都占据着越来越重要的地位。

对电力工业本身来说，电机就是发电厂和变电站的主要设备。首先，火电厂利用汽轮发电机（水电厂利用水轮发电机）将机械能转换为电能，然后电能经各级变电站利用变压器改变电压等级，再进行传输和分配。此外，发电厂的多种辅助设备，如给水泵、鼓风机、调速器、传送带等，也都需要电动机驱动。

在机器制造业和其他所有轻、重型制造工业中，电动机的应用也非常广泛。各类工作母机，尤其是数控机床，都须由一台或多台不同容量和型式的电动机来拖动和控制。各种专用机械，如纺织机、造纸机、印刷机等也都需要电动机来驱动。一个现代化的大中型企业，通常要装备几千乃至几万台不同类型的电动机。

在石油和天然气的钻探及加压泵送过程中，在煤炭的开采和输送过程中，在化学提炼和加工设备中，在电气化铁路和城市交通以及作为现代化高速交通工具之一的磁悬浮列车中，在建筑、医药、粮食加工工业中，在供水和排灌系统中，在航空、航天领域，在制导、跟踪、定位等自动控制系统以及脉冲大功率电磁发射技术等国防高科技领域，在加速器等高能物理研究领域，在伺服传动、机器人传动和自动化控制领域，在电动工具、电动玩具、家用电器、办公自动化设备和计算机外部设备中。总之，在一切工农业生产、国防、文教、科技领域以及人们的日常生活中，电机的应用越来越广泛。一个工业化国家的普通家庭，家用电器中的电机总数在 50 台以上；一辆现代化的小轿车，其内装备的各类微特电机已超过 60 台。事实上，电机发展到今天，早已成为提高生产效率和科技水平以及提高生活质量的主要载体之一。

总之，在一切工农业生产、国防、文教、科技领域以及人们的日常生活中，电机的应用越来越广泛。一个工业化国家的普通家庭，家用电器中的电机总数在 50 台以上；一辆现代化的小轿车，其内装备的各类微特电机已超过 60 台。事实上，电机发展到今天，早已成为提高生产效率和科技水平以及提高生活质量的主要载体之一。

纵观电机发展，其应用范围不断扩大，使用要求不断提高，结构类型不断增多，理论研究不断深入。特别是近 40 年来，伴随着电力电子技术和计算机技术的进步，尤其是超导技术的重大突破和新原理、新结构、新材料、新工艺、新方法的不断推动，电机发展更是呈现出勃勃生机，其前景是不可限量的。

1.1.2　课程性质、内容及学习方法

1. 课程性质

"电机与学"是电气工程及其自动化专业必修的专业基础课，它既是研究电机及电力拖动系统基础理论的学科，为后续相关专业课程准备必要的基础知识，同时又可以作为一门独立的基础应用课，直接为工农业生产服务。

2. 课程内容及任务

本课程系统地阐述了旋转电机（直流电机、异步电机及同步电机）及变压器的基本作用原理、基本结构、基本电磁关系、基本分析方法及基本特性，交、直流电力拖动系统运行性能、分析计算、电机选择及实验方法。

通过学习本课程，应该达到如下要求：

（1）掌握常用交、直流电机及变压器的基本理论（结构、工作原理、电磁关系、功率关系及基本特性）。

（2）掌握交、直流电动机的机械特性及各种运转状态（正反转、起动、制动）。

（3）掌握电力拖动系统的分析与计算。

（4）掌握交、直流电动机的调速方法及技术经济指标。

（5）掌握选择电机的原理与方法。

（6）掌握电机实验方法。

3. 课程学习方法

由于本课程是专业基础课，兼具理论性和专业实用性特点，又与工程实际紧密结合，因此，学习过程中应注意以下几个问题：

（1）理论联系实际，重视科学实验和工程实践；

（2）抓住重点，牢固掌握基本概念、基本原理和主要特性；

（3）注重类比方法，分析电机的共性和特点，加深对原理和性能的理解；

（4）充分预习和复习，认真对待习题。

1.2 电机分析常用的基本定律

各种电机都是以电磁感应来实现基本工作原理的，本节简要介绍描述电、磁、动力学相关物理量之间关系的基本定律。

1.2.1 磁场的基本物理量

1. 磁感应强度（磁通密度）B

磁感应强度 B 是描述磁场内某点的磁场强弱及方向的物理量，单位为特（特斯拉 T）。

为了形象地描绘磁场，往往采用磁力线来表示磁场。磁力线是无头无尾的闭合曲线，其方向与产生它的电流方向之间满足右手螺旋关系，如图 1.1 所示，图中画出了直线电流及线圈电流产生的磁力线。

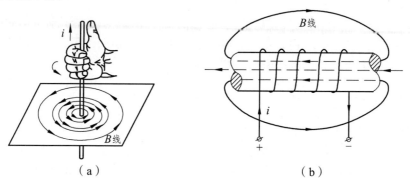

（a） （b）

图 1.1 电流磁场中的磁力线

2. 磁通 Φ

穿过某一截面 S 的磁感应强度 B 的通量，即穿过截面 S 的磁力线根数称为磁感应通量，简称磁通，用 Φ 表示，单位为韦（韦伯），单位符号 Wb。

$$\Phi = \int_S B \cdot \mathrm{d}S \tag{1.1}$$

在均匀磁场中，如果截面 S 与 B 垂直，如图 1.2 所示，则式（1.1）变为

$$\Phi = BS \quad 或 \quad B = \frac{\Phi}{S} \tag{1.2}$$

式中，B 为磁通密度，简称磁密；S 为面积。

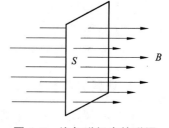

图 1.2 均匀磁场中的磁通

3. 磁场强度 H

磁场强度 H 是计算磁场时引入的辅助物理量，单位为安（安培）/米，A/m。它与磁通密度 B 的关系为

$$B = \mu H \tag{1.3}$$

式中，μ 为磁场媒介的磁导率。

1.2.2　安培环路定律 —— 描述电流产生磁场的规律

当导体中有电流流过时，就会产生与该载流导体相交链的磁通。安培环路定律正是描述电流与其产生磁场之间关系的定律。

安培环路定律：在磁场中，沿任意闭合磁回路的磁场强度线积分等于该回路所交链的所有电流的代数和，即

$$\oint_l H \mathrm{d}l = \sum i \qquad (1.4)$$

式中，$\sum i$ 就是该磁路所包围的全部电流的代数和，规定电流方向与闭合回路绕行方向符合右手螺旋关系的取正号，反之取负号。因此，式（1.4）也称全电流定律。

如图 1.3 所示，电流 i_1、i_2、i_3 产生的磁场，沿封闭曲线磁场强度满足关系 $\oint_l H \mathrm{d}l = i_1 + i_2 - i_3$。

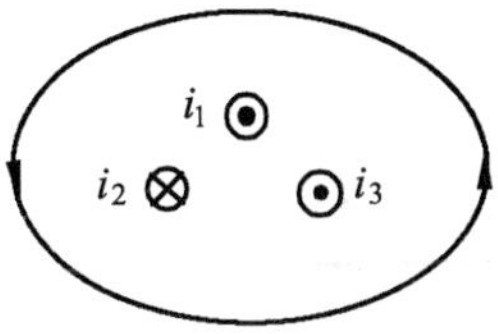

图 1.3　安培环路定律

1.2.3　电磁感应定律 —— 描述磁场产生电势的规律

这里电磁感应定律分两种线圈电动势和运动电动势进行说明。

1. 线圈感应电动势

当与线圈交链的磁链 Ψ 随时间变化时，线圈中将感应电动势 e，e 的大小等于线圈所交链的磁链对时间的变化率，e 的方向符合楞次定律，数学描述为

$$e = -\frac{\mathrm{d}\Psi}{\mathrm{d}t} = -N\frac{\mathrm{d}\Phi}{\mathrm{d}t} \qquad (1.5)$$

2. 运动导体感应电动势

导体在磁场中运动切割磁力线，导体中将产生感应电动势：

$$e = \int (v \times B) \cdot \mathrm{d}l \qquad (1.6)$$

式中，v 为导体运动的线速度，单位为 m/s；B 为导体所处的磁通密度，单位为 T；l 为导体的有效长度，单位为 m；e 为导体中感应电动势，单位为 V。

若磁场均匀、导线为直线，且运动方向、磁场和导体三者相互垂直，则有

$$e = B \times v \times l \qquad (1.7)$$

电动势方向由右手定则判定：伸开右手，磁力线从手心穿过，大拇指指向导体相对于磁场的运动方向，则四指所指的方向为感应电动势的方向，如图 1.4 所示。

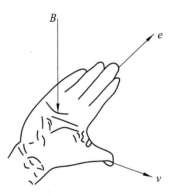

图 1.4　确定导体电动势方向的右手定则

1.2.4   电磁力定律 —— 描述电磁作用产生力的规律

载流导体在磁场中会受到力的作用，这种力是磁场与电流相互作用所产生的，故称为电磁力，其大小为

$$\mathrm{d}f = i\mathrm{d}l \times \overline{B} \qquad (1.8)$$

式中，B 为导体所处的磁通密度，单位为 T；i 为导体中的电流，单位为 A；l 为导体在磁场中的有效长度，单位为 m；f 为作用在导体上的电磁力，单位为 N·m。

若磁场与导体相互垂直，则有

$$f = B \times i \times l \qquad (1.9)$$

电磁力的方向可用左手定则判定，如图 1.5 所示，伸开左手，磁力线从手心穿过，四指指向电流的方向，则大拇指所指的方向即为电磁力的方向。

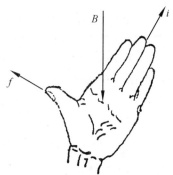

图 1.5   确定载流导体受力方向的左手定则

1.2.5   电路定律

电路定律大家相对熟悉，这里只做简单总结，详细分析请参考《电路分析》。

1. 基尔霍夫电流定律

在集总参数电路中的任一广义节点，所有支路电流的代数和恒等于零，即

$$\sum i = 0 \qquad (1.10)$$

式中，i 为支路电流，单位为 A。

2. 基尔霍夫电压定律

在集总参数电路中的任一广义回路，所有支路或元件电压的代数和恒等于零，即

$$\sum u = 0 \qquad (1.11)$$

式中，u 为支路电压，单位为 V。

1.2.6   牛顿第二运动定律

根据牛顿第二运动定律，做直线运动的刚体，作用在电动机轴上的电动力 F 与阻力 F_{L} 以及速度变化时产生的惯性力 ma 之间必须遵循下列基本运动方程式，即

$$F - F_{\mathrm{L}} = ma \qquad (1.12)$$

式中，F 为刚体上的作用力，单位为 N；m 为刚体质量，单位为 kg；a 为运动加速度，单位为 $\mathrm{m/s^2}$。

做旋转运动的刚体，作用在电动机轴上的电动力 F 与阻力 F_L 以及速度变化时产生的惯性力 ma 之间必须遵循下列基本运动方程式，即

$$F - F_L = ma \qquad (1.13)$$

式中，F 为刚体上的作用力，单位为 N；m 为刚体质量，单位为 kg；a 为运动加速度，单位为 m/s²。

1.3　电机常用材料及铁磁材料特性

1.3.1　电机常用材料

电机是依据电磁感应定律实现能量转换的，因此，电机中必须要有电流通道和磁通通道，亦即通常所说的电路和磁路，另外，电机中还需要有能将电、磁两部分融合为一个有机整体的结构材料。

根据功能，我们把电机常用的材料分为 4 类：

（1）导电材料。导电材料作为电机中的电路，常采用导电性能好、电阻损耗小的材料，如紫铜或铝。

（2）绝缘材料。绝缘材料作为电路（导电材料）和其余部分之间的电气隔离，常采用介电强度高而且耐热强度好的材料，如聚酯漆、环氧树脂、玻璃丝带、电工纸、云母片、玻璃纤维板等。

（3）导磁材料。导磁材料又称铁磁材料，作为电机中的磁路，常用磁导率极高（可达真空磁导率的数百乃至数千倍）的硅钢片、钢板和铸钢等。

（4）结构材料。结构材料使各部分构成整体，支撑和连接其他机械。结构材料要求机械强度好、加工方便。常用铸铁、铸钢、铝合金及工程材料。

这 4 种材料中，导磁材料的特性直接影响电机的磁场，故这里做重点介绍。

1.3.2　铁磁材料的特性

1. 铁磁材料的导磁性与饱和性

磁导率是用来衡量材料导磁性能的物理量，它与磁场强度的乘积等于磁感应强度，即

$$B = \mu H \qquad (1.14)$$

式中，μ 为磁导率，单位为亨/米（H/m）；H 为磁场强度；B 为磁密。

真空的磁导率 $\mu_0 = 4\pi \times 10^{-7} \, \text{H/m}$，而铁磁材料的 $\mu \gg \mu_0$，一般电机所采用的铁磁材料的 μ 为 μ_0 的 2 000～8 000 倍。因此，铁磁材料具有高的导磁性。

研究发现，铁磁材料由许许多多的磁畴构成，每个磁畴相当于一个小永磁体，具有较强的磁矩，如图 1.6 所示。在未磁化的材料中，所有磁畴排列杂乱，因此材料对外不显磁性，如图 1.6（a）所示。当外部磁场施加到这一材料时，磁畴就会沿施加的磁场方向转向，所有

的磁畴平行，铁磁材料对外表现出磁性，如图1.6（b）所示。因此，当外磁场加到铁磁材料时，铁磁材料会产生比外部磁场单独作用更强的磁场。这也是铁磁材料的磁导率比非铁磁材料大得多的原因。

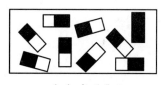
（a）未磁化

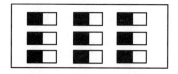
（b）磁化

图1.6 铁磁材料的磁化

在磁性材料的磁化过程中，随着励磁电流的增大，外磁场和附加磁场都将增大，但当励磁电流增大到一定值时，几乎所有的磁畴都与外磁场的方向一致，附加磁场就不再随励磁电流的增大而继续增强，整个磁化磁场的磁感应强度接近饱和，这种现象称为磁饱和现象。

2. 铁磁材料的磁化曲线

磁性材料的磁化特性可用磁化曲线 $B = f(H)$ 来表示，如图1.7所示。此曲线可分成三段：Oa 段的 B 与 H 差不多成正比地增加；ab 段的 B 增加较缓慢，增加速度下降；c 点以后部分的 B 增加很小，逐渐趋于饱和。

由此可见，B 与 H 不成正比，所以磁性材料的磁导率 μ 不是常数，它将随着 H 的变化而变化，如图1.7中 $\mu = f(H)$ 曲线。

若将铁磁材料进行周期性磁化，B 和 H 之间的变化关系就会变成如图1.8中的 $abcdefa$ 所示形状。H 开始从零增加到 H_m 时，B 值将沿 Oa 从零增加到 B_m；以后逐渐减小磁场强度 H，B 值将沿曲线 ab 下降。当 $H = 0$ 时，B 值并不为零，而等于 B_r，B_r 称为剩余磁通密度，简称剩磁。要使 B 值从 B_r 减小到零，必须加上相应的反向外磁场，此反向磁场强度称为矫顽力，用 H_c 表示。铁磁材料所具有的这种磁通密度 B 的变化滞后于磁场强度 H 的变化的现象，叫做磁滞。呈现磁滞现象的 B-H 闭合回线，称为磁滞回线，如图1.8中的 $abcdefa$ 所示。曲线段 $abcd$ 为磁滞回线下降分支，$defa$ 为磁滞回线上升分支。

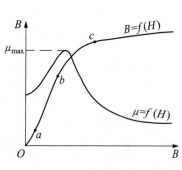
图1.7 磁化曲线

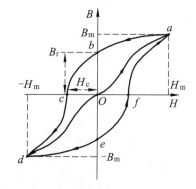
图1.8 铁磁材料的磁化特性

对于同一铁磁材料，选择不同的磁场强度 H_m 反复磁化时，可得出不同的磁滞回线，将各条磁滞回线的顶点连接起来所得的曲线称为基本磁化曲线或平均磁化曲线。起始磁化曲线与平均磁化曲线相差甚小，如图 1.9 的虚线所示。

　　铁磁材料的磁导率 μ 除了比 μ_0 大得多外，还与磁场强度以及物质磁化状态的历史有关，所以铁磁材料的 μ 不是一个常数。在工程计算时，不按 $H = B/\mu$ 进行计算，而是按铁磁材料的基本磁化曲线计算。

　　磁滞回线较窄、剩磁 B_r 和矫顽力 H_c 都小的铁磁材料属于软磁材料，如硅钢片、铁镍合金、铁淦氧、铸钢等。这些材料磁导率较高，磁滞回线包围面积小，磁滞损耗小，多用作电机、变压器的铁芯。

　　磁滞回线较宽、剩磁 B_r 和矫顽力 H_c 都大的铁磁材料属于硬磁材料，如钨钢、钴钢、铝镍钴、铁氧体、钕铁硼等，硬磁材料主要用作永久磁铁。

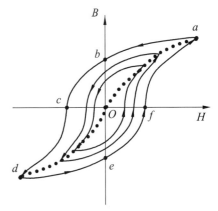

图 1.9　铁磁材料的基本磁化曲线

3. 铁磁材料的磁滞现象与磁滞损耗

　　铁磁材料中的磁畴在外磁场作用下，发生移动和倒转时，彼此之间产生"摩擦"。由于这种"摩擦"的存在，当外磁场停止作用后，磁畴与外磁场方向一致的排列便被保留下来，不能恢复原状。铁磁材料这种磁通密度的变化滞后于磁场强度的变化的现象称为磁滞现象。

　　铁磁材料在交变磁场的作用下而反复磁化的过程中，磁畴之间不停地互相摩擦，消耗能量，因此引起损耗。这种损耗称为磁滞损耗。磁滞回线面积越大，损耗越大。磁通密度最大值 B_m 越大时，磁滞回线面积也越大。试验表明，交变磁化时，磁滞损耗 p_h 与磁通的交变频率 f 成正比，与磁通密度的幅值 B_m 的 n 次方成正比，与铁芯重量 G 成正比，即

$$p_h = C_h f B_m^n G \qquad (1.15)$$

式中，C_h 为磁滞损耗系数；对一般的电工用硅钢片，$n = 1.6 \sim 2.3$。由于硅钢片的磁滞回线面积较小，所以电机和变压器的铁芯都采用硅钢片。

4. 铁磁材料的涡流

　　因铁芯是导电的，当通过铁芯的磁通发生交变时，根据电磁感应定律，在铁芯中将产生感应电动势，并引起环流。这些环流在铁芯内部围绕磁通呈旋涡状流动，如图 1.10 所示，称为涡流。涡流在铁芯中引起损耗，称为涡流损耗。

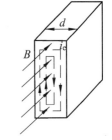

图 1.10　一片硅钢片中的涡流

　　设涡流为 i_e，涡流回路的电阻为 R_e，涡流感应电动势为 $E_e \propto f \times B_m$，则涡流损耗 $p_e = i_e^2 R_e = E_e^2 / R_e \propto f^2 \times B_m^2$。可见，频率越高，磁通密度越大，感应电动势就越大，涡流损耗也越大；铁芯的电阻越小，涡流损耗就越小。对电工钢片，涡流损耗还与钢片厚度 d 的平方成正比，经推导可知，涡流损耗为

$$p_e = C_e d^2 f^2 B_m^n G \qquad (1.16)$$

式中，C_e 为涡流损耗系数。可见，为了减小涡流损耗首先应减小钢片的厚度，所以电工钢片的厚度做成 $0.35 \sim 0.5 \text{ mm}$；其次是增加涡流回路的电阻，所以电工钢片中常加入 4% 左右的硅，

变成硅钢片，用以提高电阻。

在电机和变压器中，通常把磁滞损耗和涡流损耗合在一起，称为铁芯损耗，简称铁耗。

对于一般的电工钢片，正常工作点的磁通密度 B 为 $1\,\text{T} < B_\text{m} < 1.8\,\text{T}$，铁芯损耗可近似为

$$p_\text{Fe} = p_\text{h} + p_\text{e} \approx C_\text{Fe} f^{1.3} B_\text{m}^2 G \tag{1.17}$$

式中，C_Fe 为铁芯的损耗系数；G 为铁芯重量。可见，铁芯损耗与频率的 1.3 次方、磁通密度的平方及铁芯重量成正比。

1.4　磁路分析与计算

1.4.1　磁路的概念

磁场以场的形式存在，分析复杂，工程上总是力图将场的问题化简为路的问题求解，即用磁路来代替磁场进行分析。

磁路是磁通所通过的闭合路径，是以高导磁性材料构成的使磁通被限制在所确定的路径之中的一种结构（和电流在电路中被导体所限制极为相似）。

图 1.11 所示是电机的几种常用磁路结构。图（a）是普通变压器的磁路，它全部由铁磁材料组成；图（b）是旋转电机的磁路，也是由铁磁材料和空气隙组成。图中虚线表示磁通的路径。

我们用与电路类比的方法来进行磁路的分析计算。因此，类比电路基本定律，引入表达磁动势 F、磁通 Φ 和磁路结构（如材料、形状、几何尺寸等）关系的磁路基本定律，有磁路欧姆

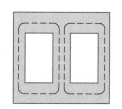

（a）变压器磁路　　（b）旋转电机磁路

图 1.11　电机的几种常用磁路结构

定律、磁路基尔霍夫第一定律和磁路基尔霍夫第二定律等，下面分别予以讨论。

1.4.2　磁路基本定律

1. 磁路欧姆定律

图 1.12 是一个简单无分支磁路的示意图。铁芯上绕有 N 匝线圈，通以电流 i 产生的沿铁芯闭合的主磁通 Φ。设铁芯截面面积为 S，平均磁路长度为 l，铁磁材料的磁导率为 μ（μ 不是常数，随磁感应强度 B 变化）。

忽略漏磁通，并且认为磁路 l 上的磁场强度 H 处处相等，于是根据全电流定律有

$$\oint_l H\text{d}l = Hl = Ni \tag{1.18}$$

因 $H = B/\mu$，$B = \Phi/S$，于是可得

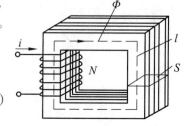

图 1.12　无分支磁路

$$\Phi = \frac{F}{R_{\mathrm{m}}} = \frac{Ni}{l/(\mu S)} = \Lambda_{\mathrm{m}} F$$

或

$$F = Ni = Hl = \frac{Bl}{\mu} = \Phi \frac{l}{\mu S} = \Phi R_{\mathrm{m}} = \frac{\Phi}{\Lambda_{\mathrm{m}}} \tag{1.19}$$

式中，$F = Ni$ 为磁动势；$R_{\mathrm{m}} = \dfrac{l}{\mu S}$ 为磁阻；$\Lambda_{\mathrm{m}} = \dfrac{1}{R_{\mathrm{m}}} = \dfrac{\mu S}{l}$ 为磁导。

　　式（1.19）即所谓的磁路欧姆定律，与电路欧姆定律相似。它表明，当磁阻 R_{m} 一定时（即确定磁路情况下），磁动势 F 越大，所激发的磁通量 Φ 也越大；而当磁动势 F 一定时，磁阻 R_{m} 越大，则产生的磁通量 Φ 越小。

　　在磁路中，磁阻 R_{m} 与磁导率 μ 成反比，空气的磁导率 μ_0 远小于铁芯的磁导率 μ_{Fe}，这表明漏磁路（空气隙）的 R_σ 远大于铁芯的 R_{m}，故分析中可忽略漏磁通 Φ_σ。

　　根据式（1.19）和 $L = \Psi/i$，有 $L = N\Phi/i = N^2 \Lambda_{\mathrm{m}}$。

2. 磁路基尔霍夫第一定律

　　如果铁芯不是一个简单的回路，而是带有并联分支的磁路，从而形成磁路的节点，则当忽略漏磁通时，在磁路任何一个节点处，磁通的代数和恒等于零，即

$$\sum \Phi = 0 \tag{1.20}$$

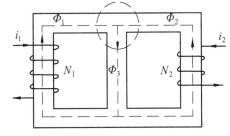

式（1.20）与电路第一定律 $\sum i = 0$ 形式上相似，因此称为磁路的基尔霍夫第一定律，就是磁通连续性定律。若令流入节点的磁通定为（ + ），则流出该节点的磁通定为（ − ），如图 1.13 封闭面处有

$$\Phi_1 + \Phi_2 - \Phi_3 = 0$$

图 1.13　磁路欧姆定律

　　磁路基尔霍夫第一定律表明，进入或穿出任一封闭面的总磁通量的代数和等于零，或穿入任一封闭面的磁通量恒等于穿出该封闭面的磁通量。

3. 磁路基尔霍夫第二定律

　　工程应用中的磁路，其几何形状往往是比较复杂的，直接利用安培环路定律的积分形式进行计算有一定的困难。为此，在计算磁路时，要进行简化。

　　简化的办法是把磁路分段，几何形状相同的分为一段，找出它的平均磁场强度，再乘上这段磁路的平均长度，求得该段的磁位降（也可理解为一段磁路所消耗的磁动势）；然后把各段磁路的磁位降相加，结果就是总磁动势。即沿任何闭合磁路的总磁动势恒等于各段磁位降的总和。这就是磁路基尔霍夫第二定律，用公式表示为

$$\sum_{k=1}^{n} H_k l_k = \sum i = iN \tag{1.21}$$

式中，H_k 为磁路里第 k 段磁路的磁场强度，单位为 A/m；l_k 为第 k 段磁路的平均长度，单位为 m；iN 为作用在整个磁路上的磁动势，即全电流数，单位为安·匝；N 为励磁线圈的匝数。

式（1.21）也可以理解为：消耗在任一闭合磁回路上的磁动势，等于该磁路所交链的全部电流。

图 1.14 中所示磁路可分为两段，一段为铁磁材料组成的铁芯，总长度为 $2l_1 + 2l_2 - \delta$，磁场强度为 H_1；另一段为气隙，长度为 δ，磁场强度为 H_δ。铁芯上有两组线圈，一组线圈的电流为 i_1，线圈的匝数为 N_1；另一组线圈的电流为 i_2，线圈的匝数为 N_2，由磁路基尔霍夫第二定律可得

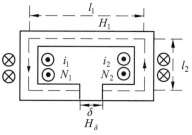

$$H_1(2l_1 + 2l_2 - \delta) + H_\delta \delta = i_1 N_1 + i_2 N_2$$

图 1.14　磁路基尔霍夫第二定律

1.4.3　磁路和电路的类比和区别

图 1.15 是相对应的两种电路和磁路。我们将磁路和电路进行类比，可以发现磁路中的某些物理量与电路中的某些物理量有对应关系，同时磁路中某些物理量之间与电路中某些物理量之间也有相似的关系，类比关系见表 1.1。

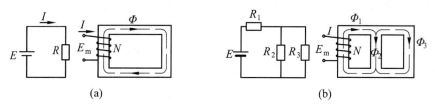

图 1.15　对应的电路和磁路

表 1.1　磁路和电路的类比关系

物理量		基　本　定　律	
磁路	电路	磁　路	电　路
磁动势 F	电动势 E	欧姆定律 $\Phi = F / R_m$	欧姆定律 $I = E / R$
磁通量 Φ	电流 I	基尔霍夫第一定律 $\sum \Phi = 0$	基尔霍夫第一定律 $\sum i = 0$
磁阻 R_m	电阻 R	基尔霍夫第二定律 $\sum F = \sum \Phi R_m$	基尔霍夫第二定律 $\sum e = \sum u$
磁导 Λ	电导 G		

但是，要注意电路与磁路仅是数学形式上的类似，它们有着本质的区别：

（1）电路中有电流就有功率损耗，磁路中恒定磁通下没有功率损耗。

（2）电流全部在导体中流动，而在磁路中没有绝对的磁绝缘体，除在铁芯的磁通外，空气中也有漏磁通。

（3）电阻为常量，磁阻为变量。

（4）对于线性电路可应用叠加原理，而当磁路饱和时为非线性不能应用叠加原理。

1.4.4　磁路的计算

1. 直流磁路及其计算

直流磁路计算有已知磁通 Φ 求磁动势 F，或已知磁动势 F 求磁通 Φ 两类问题。直流电机的磁路计算属于第一类问题，所以我们主要介绍第一类问题的计算，然后简单介绍第二类问题。

已知磁通 Φ 求磁动势 F 的计算步骤如下：

（1）将磁路进行分段，每一段磁路应是均匀的（即材料相同，截面相同），算出各段的截面面积 S（单位为 m^2）及磁路的平均长度 l（单位为 m）。

（2）根据已给定的磁通 Φ（单位为 Wb），由 $\Phi/S = B$ 计算出各段的磁通密度（单位为 T）。对于分支磁路，给定的 Φ 只是某一支路的，因此往往要结合磁路基尔霍夫第一、第二定律，以确定另外各支路的磁通。

（3）根据各段的磁通密度 B，求出对应的磁场强度 H（单位为 A/m）。有两种类型：① 对铁磁材料，由相应的基本磁化曲线（或表格）从 B 查出 H；② 对空气隙或非磁性间隙，由 $H = B/\mu_0$ 算出，其中 $\mu_0 = 4\pi \times 10^{-7}\,H/m$（真空磁导率）。

（4）根据各段的磁场强度 H 和磁路段平均长度 l，计算各段磁压降 Hl。

（5）由磁路基尔霍夫第二定律，求出 $F = IN$（单位为安·匝），并计算出线圈电流 I。如果 F 是磁路磁场的源，则线圈称为励磁线圈，算出的电流称为励磁电流。

将闭合磁路进行分段，分别求出各段磁路的磁压降，然后应用磁路基尔霍夫定律，将回路各段磁压降相加而得磁动势的方法，称为磁路的分段计算法。

对于磁路计算的第二类问题，即已知磁动势求磁通，常可用试探法，即先假定一个磁通量 Φ，计算得 F。如果算出的 F 与给定的磁动势相等，则 Φ 就是所求；如果 F 与给定的磁动势不等，则经分析决定 Φ 应增加还是减小后，再计算磁动势，直至相等为止。试探法也称逐次近似法，这种方法可用计算机求解。

【**例 1.1**】　在图 1.16 中，铁芯用 DR530 叠成，它的截面面积 $S = 2 \times 4 \times 10^{-4}\,m^2$，铁芯的平均长度 $l_{Fe} = 0.3\,m$，空气隙长度 $\delta = 5 \times 10^{-4}\,m$，线圈的匝数 $N = 3$ 匝。试求产生磁通 $\Phi = 10.4 \times 10^{-4}\,Wb$ 时所需要的励磁磁动势 IN 和励磁电流 I。考虑到气隙磁场的边缘效应，在计算气隙有效面积时，通常在长、宽方向各增加一个 δ 值。

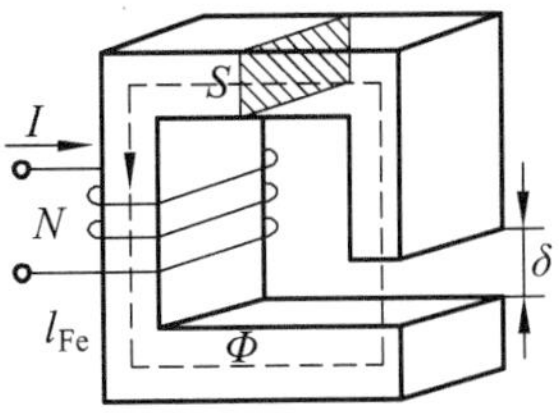

图 1.16　简单串联磁路

解　铁芯内磁通密度为 $B_{Fe} = \dfrac{\Phi}{S} = \dfrac{10.4 \times 10^{-4}\,Wb}{2 \times 4 \times 10^{-4}\,m^2} = 1.3\,T$

从图中 DR530 的磁化曲线查得，与铁芯内磁通密度对应的 $H_{Fe} = 800\,A/m$。

铁芯段的磁位降　　　　$H_{Fe}l_{Fe} = 800\,A/m \times 0.3\,m = 240\,A$

空气隙的磁通密度　　　$B_\delta = \dfrac{\Phi}{S_\delta} = \dfrac{10.4 \times 10^{-4}\,Wb}{2.05 \times 4.05 \times 10^{-4}\,m^2} = 1.253\,T$

空气隙的磁场强度　　　$H_\delta = \dfrac{B_\delta}{\mu_0} = \dfrac{1.253\,T}{4\pi \times 10^{-7}\,m^2} = 9.973 \times 10^5\,A/m$

空气隙的磁位降 $H_\delta l_\delta = 9.973 \times 10^5\,\text{A/m} \times 5 \times 10^{-4}\,\text{m} = 498.6\,\text{A}$

励磁磁动势 $F = NI = H_\delta l_\delta + H_{\text{Fe}} l_{\text{Fe}} = 498.6\,\text{A} + 240\,\text{A} = 738.6\,\text{A}$

励磁电流 $I = \dfrac{F}{N} = \dfrac{738.6\,\text{A}}{3} = 246.2\,\text{A}$

2. 交流磁路及其计算

在交流系统中，电压和磁通的波形非常接近于时间的正弦函数。可以采用如图 1.17 所示的闭合铁芯磁路作为模型（即没有气隙），来描述磁性材料稳态交流工作的励磁特性。设磁路长度为 l，贯穿铁芯长度的横截面面积为 S，并假设铁芯磁通 Φ 按正弦规律变化，因此

$$\Phi = \Phi_{\text{m}} \cos \omega t = B_{\text{m}} S \cos \omega t \qquad (1.22)$$

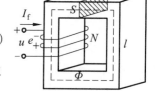

图 1.17   简单磁路

式中，Φ_{m} 为铁芯磁通的幅值；B_{m} 为磁密的幅值；ω 为角频率 $\omega = 2\pi f$，f 为电源频率。

从式（1.5）知，在 N 匝绕组中感应的电势为

$$e = -\frac{\mathrm{d}\Psi}{\mathrm{d}t} = -N\frac{\mathrm{d}\Phi}{\mathrm{d}t} = \omega N \Phi_{\text{m}} \sin \omega t = 2\pi f N \Phi_{\text{m}} \sin \omega t \qquad (1.23)$$

由于铁芯磁化曲线的非线性，因此励磁电流 i_{f} 的波形不同于磁通的正弦波形。励磁电流随时间变化的函数曲线，可以用作图法描绘出来，如图 1.18 所示。

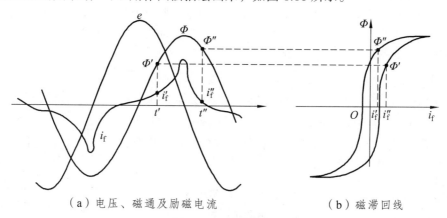

（a）电压、磁通及励磁电流   （b）磁滞回线

图 1.18   励磁现象

在时刻 t'，磁通为 Φ' 而电流为 i_{f}'；在时刻 t''，相应的值为 Φ'' 和 i_{f}''。注意到，由于磁滞回线是多值的，需要从磁滞回线的磁通上升段仔细选取上升磁通值（图 1.18 中 Φ'）；同样，磁滞回线的磁通下降段，必须选作求取下降磁通值（图 1.18 中 Φ''）。可见，磁滞回线由于饱和效应而变平，故励磁电流的波形为尖顶波。

励磁电流提供产生铁芯磁通所需的磁动势，部分能量作为损耗耗散，引起铁芯发热，其余能量以无功功率出现。无功功率在铁芯中不耗散，由励磁电源循环供给和吸收。

在直流磁路中，励磁电流是恒定的，在线圈和铁芯中不会产生感应电动势，在一定的电

压下，线圈中的电流决定于线圈本身的电阻 R，磁路中没有损耗。在交流磁路中，由于磁通在变化，将产生两种损耗，即涡流损耗和磁滞损耗。

1.5 电机的机电能量转换过程与损耗

1.5.1 机电能量转换过程简述

电机在进行能量转换的过程中，存在着电能、机械能、磁场储能和热能四种能量形态。无论是发电机把机械能转换为电能，还是电动机将电能转换为机械能，在能量转换过程中，都是以耦合磁场作为媒介，而且，满足能量守恒原理。即

$$输入能量 = 耦合磁场储能 + 损耗 + 输出能量$$

能量平衡关系如图 1.19 所示。

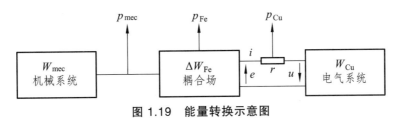

图 1.19 能量转换示意图

对电动机有：吸收电能→气隙（耦合磁场）→电磁功率→电磁转矩→驱动负载（机械功率）。

对发电机有：机械功率（原动机）→气隙（耦合磁场）→电磁转矩→电磁功率→输出电能。

可见，电机进行机电能量转换的关键是耦合磁场对电气系统和机械系统的作用和反作用。

耦合磁场对电气系统的作用或反作用是通过感应电动势表现出来的。当与电机绕组交链的磁通发生变化时，绕组内就会感应出电动势。正因为有了感应电动势，发电机才能向电气系统输出电磁功率（$P_{em} > 0$），而电动机亦能从电气系统吸取电磁功率（$P_{em} < 0$）。

耦合磁场对机械系统的作用或反作用是通过电磁力或电磁转矩表现出来的。以旋转电机为例，当置于耦合磁场中的电机绕组内有电流流过时，由电磁力定律可知转子就受到电磁转矩的作用。在发电机中，电磁转矩对转子起制动作用，而在电动机中是起驱动作用。于是，原动机必须克服制动性质的电磁转矩，即输入机械功率给发电机，才能拖动发电机以恒速旋转，将机械能转换为电能输出。对电动机，要拖动生产机械、输出机械功率，就必须汲取电磁功率以产生具有驱动性质的电磁转矩，维持转子的恒速旋转，将电能转换为机械能。

总观电机的机电能量转换过程，起重要作用的是电磁功率和电磁转矩，而无论是电磁功率还是电磁转矩，都需要通过耦合磁场 ——气隙磁场的作用才能产生，因此，联系电气系统

和机械系统的耦合磁场具有极为重要的地位。

1.5.2 电机的损耗、发热与冷却

1. 电机的损耗

电机的损耗可分为以下 4 种。

（1）电路损耗：电流通过导电材料引起的损耗，由于导电材料常采用铜材料，故又称其为铜耗，表示为 p_{Cu}。

$$p_{Cu} = I^2 R \tag{1.24}$$

（2）磁场损耗：磁路中的铁芯损耗（包括磁滞损耗和涡流损耗），又称铁耗，表示为 P_{Fe}。根据前面的分析，有

$$p_{Fe} \propto f^{1.3} B_m^2$$

（3）机械损耗：机械运动产生的损耗，表示为 p_{mec}。

（4）附加损耗：其他原因引起的损耗。

4 个损耗中，铜耗与负载电流有效值的平方成正比，负载变化时铜耗必然要变化，故又称铜耗为可变损耗；其他 3 类损耗在负载变化时变化很小，可以忽略，故又统称为不变损耗。

电机运行产生的损耗全部转换为热能，引起电机温度升高。

2. 电机的发热与冷却

温度过高会影响耐热能力最弱的绝缘材料，使其寿命大大缩短，严重时可能将电机烧毁。所以对于不同的绝缘材料，有相应的最高允许工作温度。在此温度下长期工作，绝缘材料的电性能、机械性能和化学性能不会显著变坏；如超过此温度，则这些性能迅速变坏或引起绝缘材料快速老化。因此电机各部分应该因其结构材料的不同而有一个最高工作温度的限值。

为了保证电机正常运行和具有适当的寿命（能正常运行的使用年限），电机各部分的温升不应超过一定数值，也就是说电机各部分的允许温升有一定的最大值。

可以通过提高电机的散热能力来降低电机的温升，以提高冷却效果。必要时可以采用冷却介质对电机进行冷却。所谓冷却介质是指能够直接或间接地把定子和转子绕组、铁芯以及轴承的热量带走的物质，如空气、水和油类等。

1.6 电机常用的分析方法和步骤

虽然电机的种类很多，分析研究方法也各有特点，但其基本步骤和基本方法还是有很多共同之处的，尤其是对旋转电机。下面综合介绍旋转电机的分析步骤和研究方法。

1.6.1　常用的研究方法

在分析电机内部磁场并建立分析模型时，常用方法有：

（1）不计磁路饱和，用叠加原理分析电机内的各个磁场和气隙合成磁场以及与磁场一一对应的感应电动势。

（2）在解决交流电机中由于定、转子绕组匝数不等、相数不等、频率不等而引起的困难时，常采用参数和频率折算方法进行等效处理。

（3）各种电机都有对应的等效电路分析模型，一般电机的稳态分析均可归结为等效电路的求解，交流电机还要应用相量图分析方法。

（4）交流电机的不对称运行分析采用对称分量法。

（5）在研究凸极电机时，常用双反应理论。

1.6.2　基本分析步骤

对直流电机、变压器、异步电机、同步电机等多种电机类型进行分析时按以下的基本步骤进行：

（1）分析电机的基本工作原理，并结合原理来分析电机的结构，对实物模型进行分析。

（2）磁场分析（由空载到负载电机中磁场的建立及变化）。

（3）应用基本定律，分析电机的电磁关系，建立电机中的电动势、磁动势、功率和转矩的平衡方程。

（4）对基本平衡方程进行等效，推导出等值电路，建立电机的数学模型（基本方程）。

（5）求解基本方程，分析电机的运行特性和基本控制方法。

（6）研究各类电机的特殊问题。

本章小结

1. 电机基本作用原理

电机是以磁场为媒介，基于电磁感应原理实现机电能量转换或电能特性变换的电磁装置。分析电机基本作用原理首先应该掌握几个与电、磁相关的重要定律。

（1）全电流定律（安培环路定律）：描述电流励磁产生磁场的关系。

在磁场中沿任意闭合回路磁场强度的线积分等于穿过该回路的所有电流的代数和，即

$$\oint_l H \cdot dl = \int_S J \cdot dS$$

式中，电流方向与闭合回路环绕方向符合右手螺旋关系时为正，反之为负。

对于仅存在载流导体的情况：$\oint_l H \cdot dl = \sum I$

（2）电磁感应定律：描述磁场在导体或线圈中感应的电动势与磁场大小之间的关系。

变压器电势：$e = -\dfrac{d\varPsi}{dt} = -N\dfrac{d\varPhi}{dt}$

运动电势：$e = \displaystyle\int (v \times B) \cdot dl$

若磁场均匀、导线为直线，且运动方向、磁场和导线三者相互垂直，则有

$$e = Blv$$

（3）电磁力定律：描述电、磁感应产生力的关系。

载流导体在磁场中受力，其大小为：$d\bar{f} = id\bar{l} \times \bar{B}$。

（4）电路定律。

基尔霍夫第一定律（电流定理）KCL：$\sum i = 0$。

基尔霍夫第二定律（电压定理）KVL：$\sum u = \sum e$。

（5）牛顿第二运动定律。

对平动刚体：$\sum f = m\dfrac{dv}{dt}$

对旋转刚体：$\sum T = J\dfrac{d\omega}{dt}$

2. 磁路和磁性材料

（1）安培环路定律：

$$\oint_l H \cdot dl = \sum i$$

（2）磁路欧姆定律：作用在磁路上的磁动势 F 等于磁路内的磁通量与磁阻的乘积。

对一无分支磁路，设铁芯上绕有 N 匝线圈，线圈中通有电流 I，铁芯截面积为 A，磁路平均长度为 l，材料的磁导率为 μ，不计漏磁通，且假定各截面上的磁通密度均匀，则有下列等式成立：

$$\varPhi = \int B \cdot dA = BA$$

$$H = \frac{B}{\mu}$$

$$Ni = \frac{B}{\mu}l = \varPhi\frac{l}{\mu A}$$

$$F = \varPhi R_m = \frac{\varPhi}{\varLambda_m}$$

（3）磁路基尔霍夫第一定律：穿过任意闭曲面的总磁通恒等于零。

$$\oint_S B \cdot dS = 0 \rightarrow \sum \varPhi = 0$$

（4）磁路基尔霍夫第二定律：任意闭合磁路中的磁动势恒等于各段磁路磁位降的代数和。

对磁路的学习可以采用与电路进行类比的方法，如表 1.2 所示。

表 1.2　磁路和电路的类比关系

物理量		基 本 定 律	
磁路	电路	磁　路	电　路
磁动势 F	电动势 E	欧姆定律 $\Phi = \dfrac{F}{R_m}$	欧姆定律 $I = \dfrac{E}{R}$
磁通量 Φ	电流 I	基尔霍夫第一定律 $\sum \Phi = 0$	基尔霍夫第一定律 $\sum i = 0$
磁阻 R_m	电阻 R	基尔霍夫第二定律 $\sum F = \sum \Phi R_m$	基尔霍夫第二定律 $\sum e = \sum u$
磁导 Λ	电导 G		

3. 电机的损耗分析

电机的基本损耗包括：铁耗、铜耗、机械损耗与附加损耗。

铁耗：$p_{Fe} = p_h + p_e = C_{Fe} f^{1.3} B_m^2 G$

铜耗：$p_{Cu} = I^2 R$

习　题

一、选择题

1. 若硅钢片的接缝增大，则其磁阻（　　）。
   A. 增大　　　　　　B. 减小　　　　　　C. 基本不变　　　　　　D. 不一定
2. 电机和变压器运行时，在铁芯材料周围的气隙中（　　）磁场。
   A. 不存在　　　　　　B. 存在　　　　　　C. 不好确定
3. 磁通磁路计算时如果存在多个磁动势，（　　）可应用叠加原理进行计算。
   A. 线性磁路　　　　　B. 非线性磁路　　　　C. 任何磁路
4. 磁滞回线、剩磁、矫顽力（　　）的铁磁材料，称为软磁材料。
   A. 宽、大、小　　　　B. 宽、小、大　　　C. 窄、小、小　　　　D. 窄、大、小

二、判断题

1. 电机和变压器常用硅钢片做铁芯材料，是因为它们是软磁材料。（　　）
2. 铁磁材料的磁导率小于非铁磁材料的磁导率。（　　）
3. 铁磁材料的磁导率不是常数。（　　）
4. 非铁磁材料的磁导率不是常数。（　　）
5. 铁芯叠片越厚，铁耗越小。（　　）
6. 磁通磁路计算时如果存在多个磁动势，可应用叠加原理进行计算。（　　）

三、问答题

1. 试比较交流磁路和直流磁路的异同点。

2. 电机和变压器的磁路常采用什么材料制成？这些材料各有哪些主要特性？

3. 磁滞损耗和涡流损耗是什么原因引起的？它们的大小与哪些因素有关？

4. 一个带有气隙的铁芯线圈，若线圈电阻为 R，接到电压为 U 的直流电源上，如果改变气隙的大小，问铁芯内的磁通 Φ 和线圈中的电流 I 将如何变化？若线圈电阻可忽略不计，但线圈接到电压有效值为 U 的工频交流电源上，如果改变气隙大小，问铁芯内磁通和线圈中电流是否变化？

四、计算题

1. 一个具有闭合的均匀的铁芯线圈，其匝数为 300，铁芯中的磁感应强度为 0.9 T，磁路的平均长度为 45 cm。试求：（1）铁芯材料为铸铁时线圈中的电流；（2）铁芯材料为硅钢片时线圈中的电流。

2. 有一环形铁芯线圈，其内径为 10 cm，外径为 5 cm，铁芯材料为铸钢。磁路中含有一空气隙，其长度等于 0.2 cm。设线圈中通有 1 A 的电流，如要得到 0.9 T 的磁感应强度，试求线圈匝数。

3. 题图 1.1 所示铁芯线圈，已知线圈的匝数 $N = 1\,000$，铁芯厚度为 0.025 m（铁芯由 0.35 mm 的 DR320 硅钢片叠成），叠片系数（即截面中铁的面积与总面积之比）为 0.93，不计漏磁。试计算：

（1）中间心柱的磁通为 7.5×10^{-4} Wb，不计铁芯的磁位降时所需的直流励磁电流；

（2）考虑铁芯磁位降时，产生同样的磁通量时所需的励磁电流。

4. 题图 1.2 所示铁芯线圈，线圈 A 为 100 匝，通入电流 1.5 A；线圈 B 为 50 匝，通入电流 1 A。铁芯截面面积均匀，求 PQ 两点间的磁位降。

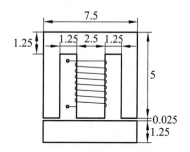

题图 1.1　铁芯（单位：cm）

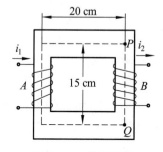

题图 1.2　铁芯线圈

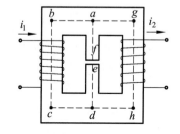

题图 1.3　铁芯线圈

5. 题图 1.3 所示铸钢铁芯，尺寸见下表：

路径	截面积/10^{-4} m^2	长度/mm
$abcd$	4	50
$aghd$	5	75
af	2.5	10
fe	2.75	0.25
ed	2.5	10

左边线圈通入电流产生磁动势 1500 A。试求下列三种情况下右边线圈应加的磁动势值：

（1）气隙磁通为 1.65×10^{-4} Wb 时；

（2）气隙磁通为零时；

（3）右边心柱中的磁通为零时。

第 1 章习题参考答案

第 2 章　直流电机

【学习指导】

1. 学习目标

（1）理解直流电机的基本工作原理，了解直流电机的基本结构；

（2）掌握直流电机电枢绕组的基本概念，理解单叠绕组和单波绕组连接规律、绕组展开图和瞬时电路图；

（3）理解直流电动机励磁方式的特点，掌握空载磁场分布、电枢磁场和电枢反应；

（4）掌握直流电机的感应电动势和直流电机的电磁转矩；

（5）掌握各种励磁方式下直流电机的电压方程、电流方程、转矩和功率方程；

（6）掌握并励或他励直流电动机的工作特性，了解串励和复励电动机的工作特性；

（7）掌握他励发电机的外特性，掌握并励发电机的自励过程和工作特性，了解复励发电机的运行特性；

（8）了解直流电机换向的过程、换向火花产生的原因及改善换向的方法。

（9）理解他励直流电动机固有机械特性和人为机械特性，了解直流电动机基本的起动、调速和制动方法。

2. 学习建议

本章学习时间总共为 8~10 小时，其中：

2.1 节建议学习时间：1 小时；

2.2 节建议学习时间：1 小时；

2.3 节建议学习时间：1.5 小时；

2.4 节建议学习时间：1 小时；

2.5 节建议学习时间：1.5 小时；

2.6 节建议学习时间：1.5 小时；

2.7 节建议学习时间：1.5 小时；

2.8 节建议学习时间：1 小时。

3. 学习重难点

（1）直流电机可逆性原理；

（2）直流电机磁场和电枢反应；

（3）直流电机参考定向、基本方程，包括电动势方程、电磁转矩方程、电压电流方程、功率转矩方程等；

（4）他励直流电动机工作特性；

（5）直流发电机的外特性和并励直流发电机自励；

（6）直流电机换向过程；

（7）直流电动机的人为机械特性；

（8）直流电动机四象限运行。

直流电机是直流发电机和直流电动机的总称。将直流电能转换为机械能的是直流电动机，将机械能转换为直流电能的是直流发电机。由于直流电动机起动和调速性能好，因而被广泛应用于各种机床、电力机车、工矿机车、起动设备等需要经常起动并调速的电气传动装置中，但受限于直流电机自身的缺点，在高速、大功率场合，直流电动机已逐渐被异步电机取代，而小功率直流电机大多用于玩具、生活小家电，也用在自动控制系统中以伺服电动机、测速发电机等形式作为测量、执行元件使用。在直流发电机方面，由于电力电子技术的迅猛发展，原本作为直流电源的直流发电机已经由交流同步发电机发出交流电通过整流元件组成的静止固态直流电源设备基本取代。

在本章，我们主要学习直流电机基本原理和基本结构，分析直流电机磁路系统、电路系统和电磁过程，得出直流电机不同运动状态下的各种平衡方程和工作特性。

2.1　直流电机的基本工作原理

2.1.1　直流电机基本工作原理

1. 直流电动机的工作原理

直流电动机的工作原理是建立在电磁力定律基础上的。图 2.1 中，两个空间位置固定的瓦形永磁体 N 极与 S 极之间，安放一个绕固定轴（几何中心）旋转的铁制圆柱体（通称为电枢铁芯，大多用冲制为圆形的硅钢片叠压而成）。铁芯与磁极之间的间隙称为气隙。设铁芯表面只敷设了两根导体 ab 和 cd，并连接成单匝线圈 abcd。

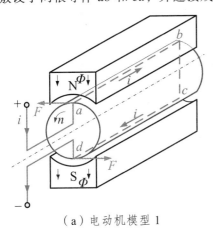 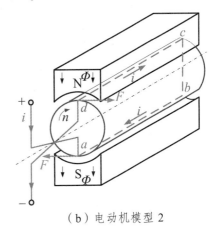

（a）电动机模型 1　　　　　　　（b）电动机模型 2

图 2.1　直流电动机模型

为分析方便，假设把电枢从外圆周上沿 N 极和 S 极的分界线（在电机学中称为几何中性线）切开，并展开成以 θ 角为刻度的横坐标，并规定从电枢进入磁极的磁通方向为正方向，即 S 极下的磁通密度为正值，N 极下为负，则磁通密度分布曲线 $B_\delta(\theta)$ 如图 2.2 所示。

在图 2.1（a）中，当在线圈上加上直流电压时，线圈中就有直流电流通过，上圈边中电流由 a 流向 b，根据左手定则，ab 边受到电磁力 $F = Bli$ 的作用，方向向左；下圈边中电流由

c 流向 d，同样受到电磁力的作用，方向向右。这样作用在线圈上的电磁转矩为

$$T = B_\delta li \frac{D}{2}$$

其中，D 为圆柱体直径。在该电磁转矩作用下，电枢将逆时针旋转。

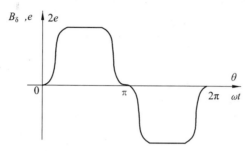

图 2.2　气隙磁场分布曲线及导体和线圈中的电动势波形

　　但是当线圈旋转过几何中性线之后，到达如图 2.1（b）所在位置时，此时由于线圈内电流方向未变，但所处磁场方向发生改变，因此根据左手定则，ab 边所受电磁力方向变为向右，cd 边所受电磁力方向变为向左，此时作用在线圈上的电磁转矩和图（a）中相反，电枢将顺时针旋转。从图（a）和图（b）两种不同状态的分析中可知，由于线圈中电流保持不变，在不同磁极下磁密 B_δ 的方向正负交替，因此线圈所受电磁转矩为交变的，电枢无法持续旋转。

　　为了让电枢持续旋转，就必须维持电磁转矩和电磁力方向不变，这就需要在线圈转过几何中性线后，同时改变线圈内的电流方向。为此，在图 2.1 的基础上，增加电刷和换向器装置，外加电压并非直接加在线圈上，而是通过电刷 A、B 和换向器再加到线圈上，电刷是固定不动的，而换向器是随线圈旋转的，如图 2.3 所示。有了这样的装置，电流 i 总是从正极性电刷 A 流入，经过处在 N 极下的圈边，再从处在 S 极下的圈边，由负极性电刷 B 流出。故当圈边轮流交替处于 N 极和 S 极下时，圈边中的电流随其所处磁极极性的改变而改变其方向，从而使电磁转矩的方向一直保持不变，使电动机连续旋转。此时的换向器起到将外电路的直流电流改变为线圈内的交变电流的"逆变"的作用。

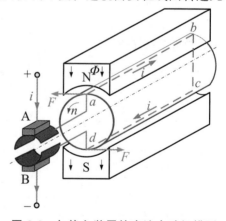

图 2.3　加换向装置的直流电动机模型

2. 直流发电机的工作原理

　　直流发电机的工作原理是建立在电磁感应定律基础上的。如图 2.4（a）所示，电枢由原动机带动并以转速 n 恒速逆时针旋转，由电磁感应定律可知，上下圈边内感应电动势的瞬时值为

$$e = B_\delta lv$$

式中，B_δ 为导体所处位置的气隙磁通密度；l 为导体的有效长度，即导体切割磁力线部分的长度；v 为导体切割磁力线的线速度，而 v 在 n 恒定时亦为常数，故 $e \propto B_\delta$，即导体内感应电动势随时间的变化规律与气隙磁场沿气隙的分布规律相同。也就是说，有了 B_δ 的分布曲线 $B_\delta(\theta)$，

也就可以得到 e 的变化曲线 $e(\omega t)$，如果设 $t=0$ 时刻被观察导体位于几何中性线上，而电枢旋转角速度为 $\omega=v/R$，即 $\theta=\omega t$，则导体电动势 $e(\omega t)$ 或线圈电动势 $2e(\omega t)$ 仍可用图 2.1 表示，只是把刻度变换一下就可以了。由图可知，直流电机线圈中的感应电动势是交变的。

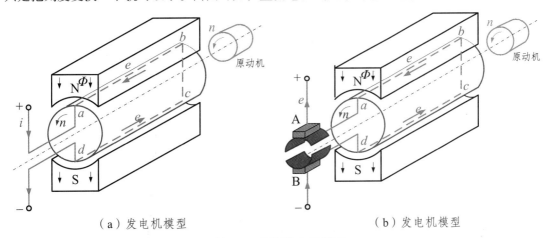

（a）发电机模型　　　　　　　　　　（b）发电机模型

图 2.4　直流发电机模型

为了产生直流电动势，我们在图 2.4（a）的基础上，也增加电刷和换向器，结果如图 2.4（b）所示。由于电刷与磁极保持相对静止，即电刷 A 只与处于 N 极下的导体相接触，则当导体 ab 在 N 极下时，电动势方向由 b 到 a 引到 A，电刷 A 的极性为"+"；当导体 cd 转至 N 极下时，电刷 A 与导体 cd 接触，电动势改由 c 到 d 引到 A，A 的极性依然为"+"。由此可见，电刷 A 的极性总为"+"。同理，电刷 B 的极性总为"–"。故得电刷 A、B 间的电动势 e_{AB} 为直流电动势，如图 2.5 所示。若把电刷 A、B 接到负载（如电灯）上，则流过负载的电流就是单向的直流电流。

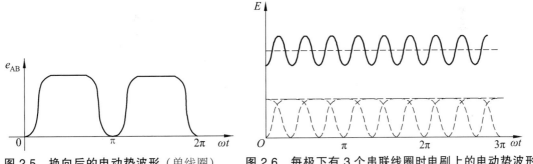

图 2.5　换向后的电动势波形（单线圈）　**图 2.6　每极下有 3 个串联线圈时电刷上的电动势波形**

对于图 2.4（b）所示的简单模型，因为只有一个线圈，其电动势和电流波形的脉动都会比较大，如图 2.5 波形所示。为了降低电刷端电动势的脉动程度，实际电机中的电枢上就不只是敷设一个线圈，而是由合理设计的多个线圈均匀分布，并按一定规律连接起来组成电枢绕组。当每个磁极下均匀分布的导体数为 3 时，电动势波形将如图 2.6 中下部波形叠加为图中的上部波形所示，脉动程度大大降低。一般情况下，若每极下均匀分布的导体数大于 8，则电动势脉动幅度将小于 1%。

综上可知，直流电机电枢绕组所感应的电动势是极性交替变化的交流电动势，只是由于换向器配合电刷的作用才把交流电动势"整流"成为极性恒定的直流电动势。正因为如此，通常把这种类型的电机称之为换向器式直流电机。

2.1.2 直流电机基本结构

相对前述直流发电机和电动机的简化模型结构，实际的直流电机结构较为复杂，如图 2.7 所示即为普通直流电机的结构图。

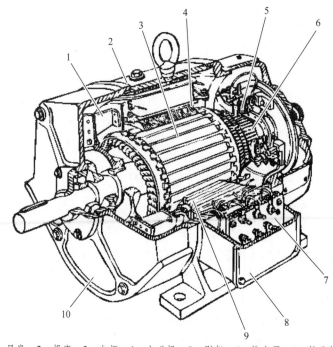

1—风扇；2—机座；3—电枢；4—主磁极；5—刷架；6—换向器；7—接线板；
8—出线盒；9—换向极；10—端盖。

图 2.7 直流电机结构

直流电机总体上由定子（静止部分）和转子（运动部分）两大部分组成。直流电机的定子用于安放磁极和电刷，并作为机械支撑，它包括主磁极、换向极、电刷装置、机座等。转子一般称为电枢，主要包括电枢铁芯、电枢绕组、换向器等。

1. 直流电机定子

1）主磁极

主磁极简称主极，用于产生气隙磁场。绝大部分直流电机的主极都不用永久磁铁，而是采用电磁铁，如图 2.8 所示，采用主极铁芯外套励磁绕组结构，励磁绕组通以直流电流来建立磁场。主极铁芯一般用 1~1.5 mm 厚的低碳钢板冲片叠压而成。为了使主磁通在气隙中分布更合理，同时使励磁绕组固定更牢，极靴要比极身宽些。电机中各主磁极要以 N 极和 S 极交替极性方式沿机座内圆均匀排列。

2）换向极

换向极也叫间极或附加极，专用于改善电机换向。换向极也由铁芯和套在上面的绕组构成，铁芯一般采用钢片叠压或整块钢制成。换向极装在两相邻主极之间（见图 2.9），其数目一般与主极数相等；小功率直流电机换向极数可为主极数的一半，也可不装。换向极绕组一般与电枢绕组串联。

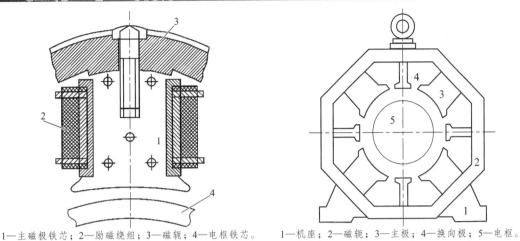

1—主磁极铁芯；2—励磁绕组；3—磁轭；4—电枢铁芯。

图 2.8　主磁极

1—机座；2—磁轭；3—主极；4—换向极；5—电枢。

图 2.9　多边形机座示意图

3）机　座

机座一般用铸钢或薄钢板焊接而成，形状有圆形或多边形。机座起固定作用，可以固定主极、换向器和端盖，机座底脚部分与基础固定。另外，机座是电机磁路的一部分，称为磁轭。

4）电　刷

电刷的作用之一是把转动的电枢与外电路相连接，使电流经电刷进入或离开电枢；其二是与换向器配合作用而获得直流电压。电刷装置由电刷、刷握、刷杆和汇流条等零件构成。如图 2.10（a）所示，电刷是石墨或金属石墨做成的导电块，放在刷握内用压紧弹簧以一定的压力按压在换向器表面，旋转时与换向器表面滑动接触。刷握用螺钉夹紧在刷杆上，每一刷杆上的一排电刷组成一个电刷组，均匀分布在座圈上，同极性的各刷杆用连接线连在一起，再引出到出线盒，刷杆装在可移动的刷杆座上，以便调整电刷位置，如图 2.10（b）所示。

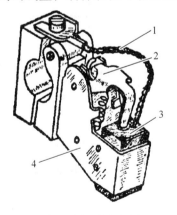

（a）普通的握刷和电刷

1—铜丝辫；2—压紧弹簧；3—电刷；4—刷盒。

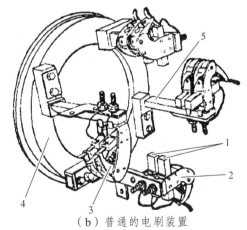

（b）普通的电刷装置

1—电刷；2—刷握；3—弹簧压板；4—座圈；5—刷杆。

图 2.10　电刷和电刷装置

2. 直流电机转子

1）电枢铁芯

电枢铁芯是用来构成磁通路径并嵌放电枢绕组的。为了减少涡流损耗，电枢铁芯一般用厚 0.35 ~ 0.5 mm 且冲有齿、槽并涂有绝缘漆的硅钢片叠压而成。嵌放绕组的槽型通常有矩形和梨形两种。对于小容量电机，铁芯叠片（也叫冲片）尽可能采用整形圆片；而大容量电机则可能要多片拼接，并且还要沿轴向方向分段，段与段之间再设置径向通风道，以加强冷却。

  2）电枢绕组

  电枢绕组是用来感应电动势、通过电流并产生电磁力或电磁转矩，使电机能够实现机电能量转换的核心构件。电枢绕组由多个用绝缘导线绕制的线圈连接而成。小型电机的线圈用圆铜线绕制，较大容量时用矩形截面铜材绕制（见图 2.11），各线圈以一定规律与换向器焊连。导体与导体之间，线圈与线圈之间以及线圈与铁芯之间都要求可靠绝缘。为防止电机转动时线圈受离心力作用而甩出，槽口要加槽楔固定。唯一例外的是无槽电机，其电枢绕组均匀敷设在电枢表面，但依然需要牢固绑扎，且只在小容量直流电机中采用。

  3）换向器

前面已指出，直流电动机中换向器起逆变作用，直流发电机中换向器起整流作用，因此换向器为直流电机关键部件之一。换向器有多种结构形式，如图 2.12 所示为最常见的一种。许多鸽尾形的换向片排成一个圆筒或圆盘，片间用云母片绝缘，总体再由 V 形套筒和云母环固定成一个整体。换向片是铜片制作的，每一铜片通过连接片同某几个电枢绕组元件相连接，或者也有的换向片有升高片，用于与将所要连接的电枢绕组焊接连接。在电枢转动时，换向片随之旋转，并相继同固定的电刷相接触，在高速、大电流时，对换向的要求非常高。也正因如此，换向器无论是材料成本、制造成本，还是维护维修成本都比较高。

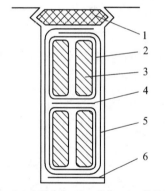

1—槽楔；2—线圈绝缘；3—导体；4—层间绝缘；
5—槽绝缘；6—槽底绝缘。

图 2.11 电枢绕组在槽中的绝缘情况

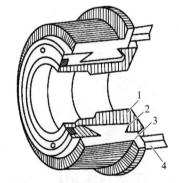

1—V 形套筒；2—云母环；3—换向片；4—连接片。

图 2.12 换向器

2.1.3 直流电机的额定值

  额定值是电机制造厂根据国家标准要求，对电机额定运行工况的物理量进行规定的数据。直流电机的额定值主要有以下几项：

  （1）额定功率（容量）P_N（W 或 kW）。

  （2）额定电压 U_N（V）。

  （3）额定电流 I_N（A）。

  （4）额定转速 n_N（r/min）。

（5）励磁方式和额定励磁电压 U_{fN}（V），额定励磁电流 I_{fN}（A）。

额定值一般标记在电机的铭牌或产品说明书上。

关于额定功率（也叫额定容量），定义为电机的额定输出功率。对发电机来说，它就是电端口所输出的电功率，即

$$P_N = U_N I_N \tag{2.1}$$

而对电动机而言，则是指转轴上（机械端口）输出的机械功率，因而有

$$P_N = U_N I_N \eta_N \tag{2.2}$$

式中，η_N 是直流电动机的额定效率，它是直流电动机额定运行时输出机械功率与电源输入电功率之比。

电动机轴上输出的额定转矩 T_N，其大小是额定功率除以转子角速度的额定值，即

$$T_N = T_{2N} = \frac{P_N}{\Omega_N} = \frac{P_N}{\dfrac{2\pi n_N}{60}} = 9.55 \frac{P_N}{n_N} \tag{2.3}$$

式中，P_N 的单位为 W；n_N 的单位为 r/min；T_N 的单位为 N·m。如果 P_N 的单位用 kW，则系数 9.55 应该为 9 550。此式不仅适用于直流电机，也同样适用于交流电动机。

额定值是客观评估和合理选用电机的基本依据，也是电机运行过程中的基本约束。换句话说，一般都应该让电机尽可能按额定值运行。因为此时电机处于设计所期望的运行工况，各项性能指标、经济性、安全性等总体上会处于最佳状态。工程中，电机恰以额定容量运行时称为满载，超过额定容量为过载，不足额定容量为轻载。电机过载运行可能导致过热，加速绝缘老化，降低使用寿命，甚至损坏电机，所以应该加以控制；但轻载运行会降低效率，且浪费容量，因此也应该尽量避免。因此，根据实际需要，合理选定电机容量，使之基本上以额定工况运行，这是电机应用的基本要求。

为了满足各种工业中不同运行条件对电机的要求，合理选用电机和不断提高产品的标准化及通用化程度，电机制造厂生产的电机有很多系列。所谓系列电机，就是在应用范围、结构形式、条件水平、生产工艺等方面有共同性，功率按一定比例递增并成批生产的电机。

我国目前生产的直流电机的主要系列有：

（1）Z 型：一般用途中小型直流电机，是一种基本系列，其通风形式为防护式。

（2）ZZ 型和 ZZJ 型：起重和冶金工业用的电机，一般是封闭式。

（3）ZF 型：一般用途直流发电机。

（4）ZQ 型：电力机车牵引用直流电动机。

（5）ZA 型：矿用防爆直流电动机。

此外，还有许多种类型，可查阅电机产品目录。

2.2　直流电机电枢绕组

电枢绕组是电机中电流通道的主体，也是电磁力的载体，是实现机电能量转换的枢纽。设计制造电枢绕组的基本要求是：

（1）产生尽可能大的电动势，并有良好的波形。

（2）能通过足够大的电流，以产生并承受所需要的电磁力和电磁转矩。

（3）结构简单，连接可靠。

（4）便于维护和检修。

（5）对直流电机，应保证换向良好。

（6）节省有色金属和绝缘材料。

根据绕组连接方式的不同，直流电机电枢绕组分为三种类型：

（1）叠绕组，又分单叠和复叠绕组。

（2）波绕组，又分单波和复波绕组。

（3）混合绕组，即叠绕和波绕混合的绕组。

下面只介绍最简单的单叠和单波绕组的组成和连接规律。

2.2.1 电枢绕组的构成

1. 元 件

元件是指两端分别与两片换向片连接的单匝或多匝线圈。电枢绕组由结构形状相同的绕组元件（简称元件）构成。

每一个元件有两个放在槽中切割磁力线、感应电动势的有效边，称为元件边。元件在槽外（电枢铁芯两端）的部分一般只作为连接引线，称为端接。与换向片相连的一端为前端接，另一端叫后端接。为便于绕组元件在电枢表面槽内的嵌放，每个元件的一个元件边放在某一槽的上层，称为上元件边；另一个元件边则放在另一个槽的下层，称为下元件边，见图 2.13 和图 2.14。

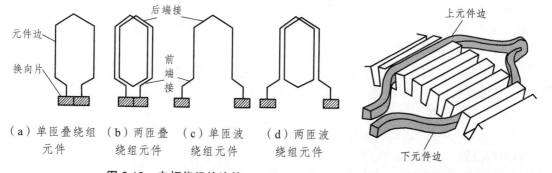

（a）单匝叠绕组　（b）两匝叠　　（c）单匝波　　（d）两匝波

元件　　　　　绕组元件　　　绕组元件　　　绕组元件

图 2.13 电枢绕组的连接　　　　图 2.14 电枢绕组元件在槽内的放置

电枢绕组的特点常用槽数、元件数、换向片数及各种节距来表征。因为每一个元件有两个元件边，而每一片换向片同时接有一个上元件边和一个下元件边，所以元件数 S 一定与换向片数 K 相等；又由于每一个槽亦包含上、下层两个元件边，即槽数 Z 也与元件数相等，故有

$$S = K = Z \tag{2.4}$$

2. 节　距

极距 τ：每个主磁极在电枢表面占据的距离或相邻两主极间的距离，用所跨弧长或该弧长所对应的槽数来表示。设电机的极对数为 p，电枢外径为 D_a，则

$$\tau = \pi D_a / 2p \text{（弧长）} \quad \text{或} \quad \tau = Z/2p \text{（槽数）} \tag{2.5}$$

第一节距 y_1：每个元件的两个元件边在电枢表面的跨距，用槽数表示。如图 2.15 所示，设上元件边在第 1 槽，下元件边在第 5 槽，则 $y_1 = 5 - 1 = 4$。为使元件中的感应电动势最大，y_1 所跨的距离应接近一个极距 τ。由于 y_1 必须要为整数，否则无法嵌放，因此有

$$y_1 = \frac{Z}{2p} \mp \varepsilon \tag{2.6}$$

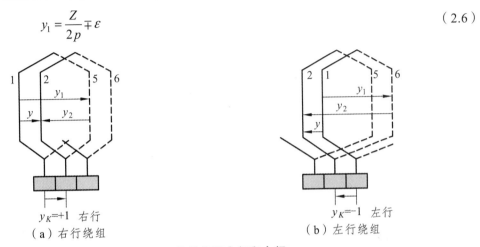

（a）右行绕组　　　　　　　　　（b）左行绕组

图 2.15　单叠绕组左行和右行

通常，$y_1 = \tau$ 称为整距元件；相应地，$y_1 > \tau$ 为长距，$y_1 < \tau$ 为短距。短距绕组端接连线较短，应用较广泛。

第二节距 y_2：与同一片换向片相连的两个元件中的第一个元件的下元件边到第二个元件的上元件边在电枢表面的跨距，也常用槽数来表示。对叠绕组 $y_2 < 0$，对波绕组 $y_2 > 0$。

合成节距 y：相串联的两个元件的对应边在电枢表面的跨距。叠绕、波绕和复绕组之间的差别，主要表现就在合成节距上。所谓叠绕组，是指各磁极下的元件依次相连，后一个元件总是"叠"在前一个元件上；所谓波绕组，是指把相隔约为一对磁极下的同极性磁场下的相应元件串联起来，像波浪一样向前延伸。因此，合成节距用槽数表示就是

$$\text{叠绕组：} y = y_1 - y_2, \ y_2 < 0 \tag{2.7}$$
$$\text{波绕组：} y = y_1 + y_2, \ y_2 > 0 \tag{2.8}$$

换向器节距 y_K：与每个元件相连的两片换向片在换向器表面的跨距，用换向片数表示。合成节距与换向器节距在数值上总是相等的，即

$$y = y_K \tag{2.9}$$

规定 $y_K > 0$ 为右行绕组，$y_K < 0$ 为左行绕组。

2.2.2　单叠绕组

单叠绕组的连接规律是，所有的相邻元件依次串联（即后一个元件的首端与前一个元件

的尾端相连），同时每个原件的出线端依次连接到相邻的换向片上，最后形成闭合回路。所以单叠绕组的合成节距等于一个虚槽，换向器节距等于一个换向片，即

$$y = y_K = \pm 1 \qquad\qquad (2.10)$$

"+1"和"−1"分别表示每串联一个元件就"右行"或"左行"一个虚槽，由于左行时绕组每一个元件接到换向片上的两根端接线要相互交叉，亦较长，用铜多，故较少采用，因此一般采用右行绕组。

现举例说明单叠绕组的连接方法与特点。

设一台直流电动机的绕组数据为：极对数 $p = 2$，槽数 $Z = 16$，元件数 S 等于换向片数 K 和槽数 Z，即 $Z = S = K = 16$。

1. 单叠绕组节距计算

电机极距：$\tau = \dfrac{Z}{2p} = \dfrac{16}{2 \times 2} = 4$

第一节距：$y_1 = \tau = \dfrac{Z}{2p} = 4$，跨 4 个槽距 1～5、2～6、3～7……

合成节距、换向片节距：$y = y_K = 1$

2. 单叠绕组展开图

绕组展开图是假设将电枢表面从某一齿处沿轴向剖开，把电枢表面的绕组连接展成一个平面所得的图形，其作用是在一张平面图上清晰地表示电枢绕组的连接规律。图 2.16 是示例中电枢绕组的展开图。在展开图中，在槽内放置的上层元件边用实线表示，下层元件边用虚线表示。互相接近的一条实线和一条虚线为同一个槽内的两个元件边。换向器用一小块方格

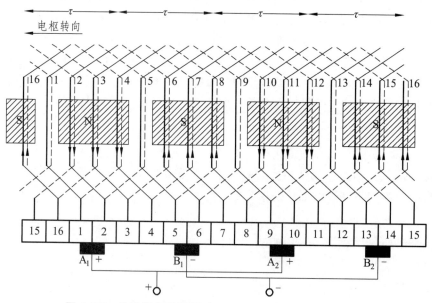

图 2.16 单叠绕组展开图（$2p = 4$，$S = K = Z = 16$）

表示，每一小方格表示一个换向片。为了便于分析，展开图中换向片的宽度比实际换向片的宽度要宽，从而使换向器在图中的展开宽度与电枢展开宽度相同。同时为了方便说明问题，要将绕组元件、电枢槽和换向片进行编号。以上层元件边为参考边，上层元件边的编号与上层元件边所在的电枢槽以及与该元件边相连接的换向片三者的编号相同。

需要指出的是，在实际电机中，通常电刷的宽度为换向片宽度的 1.5 ~ 3 倍，在展开图中，为了分析方便，电刷仅画成一个换向片宽度，同时使端接部分对称于绕组。电刷放在主磁极轴线下的换向片上。

根据已确定的各个节距，画绕组展开图的步骤如下：

第 1 步，画电枢槽。分别交替画出 16 根等长、等距的实线与虚线，代表绕组的上层元件有效边和下层元件有效边，同时一根实线和一根虚线代表一个电枢槽，依次把电枢槽编上号码，其编号的原则是自左至右编号。

第 2 步，安放磁极。让每个磁极宽度约为 0.7τ（τ 为极距），4 个磁极均匀分布在各槽之上，并标上 N、S 极性。

第 3 步，画换向器。用 16 个方块代表 16 个换向片。换向片编号与元件上层边所嵌放的槽号相同。

第 4 步，连接电枢绕组。先确定第 1 个元件，其上层边（实线）在第 1 槽，按第一节距 y_1 = 4，其下层边应在第 5 槽（虚线），元件的两个出线端分别连接到相邻的换向片 1 和 2 上，由于元件的几何形状是对称的，其端接部分也应画成左右对称，元件的出线端与上层边连接的部分用实线，与元件下层边连接的部分用虚线。第 2 个元件从第 2 换向片起连接到第 2 槽上层元件边，然后经过第一节距，连接到第 6 槽下层元件边，再回到第 3 个换向片。按此规律，直至将 16 个元件全部连接完毕，如图 2.17 所示。

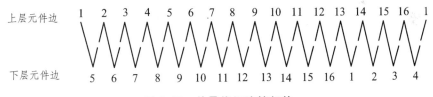

图 2.17 单叠绕组连接规律

第 5 步，确定每个元件边中导体感应电动势的方向。在图 2.16 所示瞬间，1、5、9、13 四个元件正好位于两个主磁极的中间，该处气隙磁密为零，所以不感应电动势。其他元件的感应电动势的方向可根据电磁感应定律的右手定则确定出来。磁极是放在电枢绕组上面的，因此 N 极下的磁力线在气隙里的方向是进入纸面的，S 极是出纸面的，电枢从右向左旋转，所以在 N 极下的导体电动势是向下的，在 S 极下的导体电动势是向上的。

第 6 步，放置电刷。在直流电机里，电刷组数与主磁极的个数相同。对于本例，则有四组电刷，它们均匀地放在换向器表面圆周的位置，每个电刷的宽度等于每个换向片的宽度。放置电刷的原则是，要求正、负电刷之间得到最大的感应电动势，如果把电刷的中心线对准主磁极的中心线，就能满足上述要求。被电刷短路的元件正好是 1、5、9、13，而这几个元件的元件边恰好处在两个主磁极之间的中性线位置，此中性线又称几何中性线。实际运行时，电刷是静止不动的，电枢在旋转，但是被电刷所短路的元件，总是处于两个主磁极之间，其感应电动势最小。如果电刷偏离几何中性线位置，正、负电刷之间的感应电动势会减小，被电刷所短路的元件的感应电动势不是最小，对换向不利。

电机在运行过程中，绕组元件、换向器与电机磁极、电刷有相对运动，展开图中绕组元件、换向器与电机磁极、电刷的对应位置为瞬时状态，也可在下面并联支路图中表现出来。

随着电枢旋转的时间不同，绕组元件与电机磁极、电刷的对应位置发生变化。

3. 单叠绕组的并联支路图

从图 2.16 可以看出，被电刷短路的元件 1、5、9、13，把闭合的电枢绕组分成四个部分，形成四条支路，元件 2、3、4 上层边都在 N 极下，三个电动势方向都相同，组成一条支路。元件 6、7、8 上层边都在 S 极下，三个电动势方向也都相同，也组成一条支路。元件 10、11、12 与元件 2、3、4 情况相同，元件 14、15、16 与元件 6、7、8 情况相同，都分别构成一条支路。这样每对相邻电刷之间为一条支路，按照图中元件的连接顺序和电刷位置，可以画出如图 2.18 所示的并联支路图，其中每条支路所串联的是上层边在同一个磁极下的全部元件。因此，单叠绕组的支路数等于电机的主极数，即

$$2a = 2p$$

式中，a 是电枢绕组的并联支路对数。

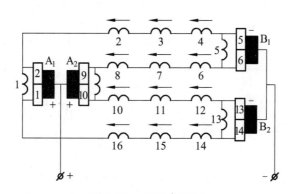

图 2.18 并联支路图

考虑电枢旋转时主磁极及电刷的位置均不动，虽然电枢绕组的每个元件不停地旋转，移到它前面一个元件的位置上，使一条支路上的元件不断的变化，但是总的支路组成情况及支路电势基本不变。由图 2.18 可以看出，单叠绕组有几个磁极就应有几组电刷，去掉任意一组电刷，都将使电枢绕组的一对支路不能工作，从而降低电机的输出能力。整个绕组就由 4 条并联支路组成，正负电刷之间的电动势称为电枢电动势，也就是每条支路的电动势。由于电刷和主磁极在电机上是固定的，所以当用原动机带动电枢旋转时，虽然每条支路中的元件连同与电刷接触的换向片在不断地变化，但每条支路中元件在磁场中所处的位置以及各支路的元件总数并没有改变，因此在电刷 A、B 之间的电动势的方向和大小不变，是一个直流电动势。也是由于换向器和电刷装置的作用，使处于 N 极和 S 极下的元件受到的电磁力的方向和大小始终不变，从而形成一个恒定的电磁转矩。

2.2.3　单波绕组

单波绕组的连接规律是：从某一换向片出发，把相隔约为一对极下对应位置的所有元件串联起来，直到沿电枢和换向器绕过一周之后，恰好回到出发换向片的相邻一片上，然后从此换向片出发，继续绕连，一直到把全部元件连完，最后回到开始出发的换向片，构成一个闭合回路。

单波绕组沿电枢表面绕行一周时，串联了 p 个元件，从换向器上看，每连一个元件前进 y_c 片，连接 p 个元件所跨过的总换向片数为 py_K。而单波绕组在换向器上接绕一周后，应回到出发换向片相邻一片上，即总共跨过 $K \mp 1$ 片，即

$$py_K = K \mp 1$$

由此可得 $\qquad y_K = y = \dfrac{K \mp 1}{p}$ （2.11）

"＋1"和"−1"分别表示每串联一个元件就"右行"或"左行"一个虚槽，由于右行时绕组每一个元件接到换向片上的两根端接线要相互交叉，故较少采用，因此一般采用左行绕组。

现举例说明单波绕组的连接方法与特点。

设一台直流电动机的绕组数据为：极对数 $p = 2$，槽数 $Z = 15$，元件数 S 等于换向片数 K 和槽数 Z，即 $Z = S = K = 15$。

1. 单波绕组节距计算

第一节距：$y_1 = \dfrac{15}{4} \pm \varepsilon = 3\dfrac{3}{4} \pm \varepsilon$（取整 $y_1 = 3\dfrac{3}{4} - \dfrac{3}{4} = 3$）

合成节距与换向节距：$y = y_K = \dfrac{K-1}{p} = \dfrac{15-1}{2} = 7$

第二节距：$y_2 = y - y_1 = 7 - 3 = 4$

2. 单波绕组展开图

画单波绕组展开图的步骤和画单叠绕组的步骤类似，这里只说明单波绕组元件的连接规律。从 1 号换向片出发，接到 1 号元件的上层边，1 号元件的上层边嵌于 1 号槽，根据 $y_1 = 3$，下层边嵌入 4 号槽；因 $y_c = y = 7$，故下层边应与 8 号换向片相连。8 号换向片与 8 号元件的上层边相连，其下层边嵌入 11 号槽，并与 15 号换向片相连。这样连接了两个元件，在电枢表面跨过了两对极，即绕过电枢和换向器一周，并回到与出发的 1 号换向片相邻的 15 号换向片上。按此规律连续嵌连，可将 15 个元件全部连接起来，最后回到 1 号换向片，形成闭合回路。元件连接次序如图 2.19 所示。

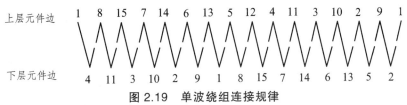

图 2.19　单波绕组连接规律

最终得到的单波绕组展开图如图 2.20 所示。

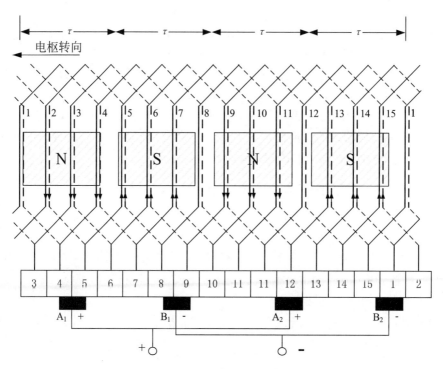

图 2.20　单波绕组展开图

3. 单波绕组支路图

从图 2.20 可以看出，元件 15、7、14、6、13，其上层边都在 S 极下，电动势方向相同，串联起来组成一条支路；元件 4、11、3、10、2 的上层边都在 N 极下，电动势方向也相同，串联起来也构成一条支路。为了使引出的电动势最大，电刷放置在几何中性线上，此时元件 5、12 被电刷 A_1、A_2 短路，元件 1、8、9 被电刷 B_1、B_2 短路，这五个元件的两条边基本上处于几何中性线的左右对称的位置，感应电势接近于零。

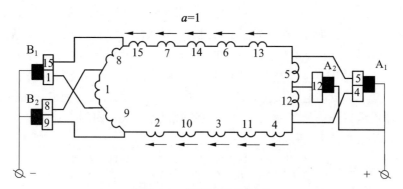

图 2.21　单波绕组支路图

由图 2.21 可见，组成单波绕组的每条支路的元件包含了同一极性下的所有元件，所以无论电机是多少极，单波绕组只有两条并联支路，即

$$2a = 2$$

单波绕组只有两条支路，所以去掉一对电刷（如 A_1、B_2）不会影响支路数和引出电动势的大小。但是，因电刷组数减少后，剩余电刷上的电流便会增大，而电刷所允许的电流密度是一定的，这就需要增大电刷与换向器的接触面积，即换向器的长度需增加，这样会多用铜。为此，一般单波绕组的电刷数还是等于磁极数。

2.2.4　各种绕组的应用范围

直流绕组除单叠和单波外，还有复叠、复波和混合绕组。这些复绕组中，双叠绕组是由两个单叠绕组通过电刷并联起来构成，每个单叠绕组的元件互相间隔地嵌放；同样，双波绕组是由两个单波绕组互相间隔嵌放，并由电刷并联构成；如果一个单叠绕组和一个单波绕组相互间隔嵌放构成的绕组则称为混合绕组。这些复绕组连接规律与单绕组并无根本区别，只是并联支路数不同而已。

从应用范围来看，各种直流电枢绕组的主要差别就在于并联支路数的多少。支路多，每条支路所串联的元件就少。而绕组形式的选择一般是根据电机额定电流大小和额定电压的高低来确定：单波绕组支路最少，因此可用于小容量电机和电压较高转速较低的电机；复波绕组可用于多极低速的中大型电机；单叠绕组支路数多，主要用于中等容量、正常电压和转速的电机；复叠绕组用于大容量或低压大电流的电机；混合绕组常用在转速较高、换向困难的大型直流机上。

2.3　直流电机的磁场

磁场是电机实现机电能量转换的媒介，在直流电机中，磁场是如何产生的？在电机中如何分布？受哪些因素影响？本节将从这几个方面对直流电机磁场进行分析。

2.3.1　直流电机的励磁方式

我们把直流电机主磁极上励磁磁动势产生的磁场称为主磁场，而把如何对励磁绕组供电而产生励磁磁动势的方式称为直流电机的励磁方式。

表 2.1 为不同励磁方式的直流电动机励磁绕组的接线方式示意图以及各绕组之间的电流关系，其中 U 为电机端电压，I 为电机端电流，U_f 为励磁电压，I_a 为电枢电流，I_f 和 I'_f 为励磁电流。

（1）他励直流电机：励磁绕组由其他直流电源单独供电，与电枢绕组无关；永磁体作为磁极的直流电机也归为此类。

（2）并励直流电机：励磁绕组与电枢绕组并联，电枢电压即励磁电压。

（3）串励直流电机：励磁绕组与电枢绕组串联，电枢电流即励磁电流，即 $I_a = I_f$。

（4）复励直流电机：励磁绕组分为两部分，一部分与电枢绕组串联（称为串励绕组），另一部分与电枢绕组并联（称为并励绕组）。复励直流电机还可进一步细分，如将励磁绕组端头

A 按照实线连接至 B 为复励,如将 A 按虚线连接至电源"-"端,则为长复励;两部分绕组产生的磁场相消为差复励,相长则为积复励。

直流电动机可以采用表 2.1 中 4 种励磁方式,而且不同励磁方式会有不同的运行特性,也会用在不同的场合。直流发电机一般采用他励、并励和复励。

表 2.1 直流电动机励磁方式

他励直流电动机	并励直流电动机	串励直流电动机	复励直流电动机
$I = I_a$, I_f 与 I_a 无关	$I = I_a + I_f$	$I = I_a = I_f$	$I = I_a + I_f$, $I_a = I'_f$

2.3.2 直流电机的空载磁场

1. 空载磁场的分布

直流电机负载运行时的磁场由励磁电流和电枢电流共同建立,情况比较复杂。按照先易后难的顺序,我们先分析一下直流电机空载时候的磁场分布,即 $I_a = 0$ 时,仅由 I_f 建立的励磁磁场,也叫主磁场。图 2.22 为一台四极直流电机在忽略端部效应时的空载磁场分布示意图,即只考虑二维分布。

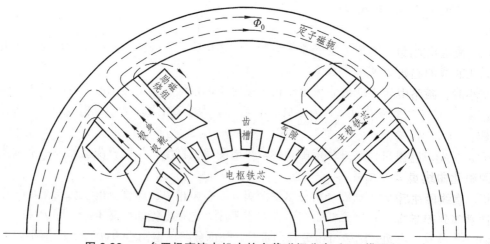

图 2.22 一台四极直流电机中的空载磁场分布(1/2 模型)

空载时电机中的磁场分布是对称的；磁通可分为两部分，即主磁通和漏磁通。

主磁通：从主极铁芯经气隙、电枢铁芯，再经过相邻主极下的气隙和主极铁芯，最后经定子磁轭闭合，同时交链励磁绕组和电枢绕组，在电枢绕组中感应电动势，实现机电能量转换。每极主磁通记为 Φ_0。

漏磁通：不穿过气隙进入电枢，而是经主极间的空气或定子磁轭闭合，不参与机电能量转换。漏磁通记为 Φ_σ。

通过每个主极铁芯中的总磁通为 $\Phi_m = \Phi_0 + \Phi_\sigma$。主磁通占总磁通的绝大部分，漏磁通只占很小的一部分。

2. 气隙磁密

气隙磁密是指电枢表面的磁通密度。空载时它是主磁极磁动势产生的主磁通所对应的电枢表面的磁密，主磁通 Φ_0 的大小与主磁极磁动势 NI_f 成正比，与主磁路的总磁阻 R_m 成反比。主磁路中铁磁性材料的磁阻远远小于气隙的磁阻，磁通密度 B 正比于主磁极磁动势 NI_f，反比于气隙长度 δ。

直流电机空载时，不考虑齿槽影响的主磁极气隙磁密分布波形如图 2.23 所示。在磁极中心及其附近，气隙较小且均匀不变，故气隙磁密较大且基本为常数；靠近两边极尖处，气隙逐渐变大，气隙磁密减小；超出极尖以外，气隙明显增大，气隙磁密显著减小；在两磁极之间（几何中性线处），气隙磁密降为零。所以主磁极磁动势产生的的气隙磁密分布波形为一平顶波，呈僧帽形。

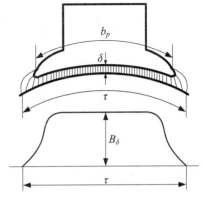

图 2.23　空载时直流电机气隙磁场

3. 磁化曲线

直流电机的磁化曲线是指电机的主磁通与励磁磁动势的关系曲线 $\Phi_0 = f(F_0)$，如图 2.24 所示。

由于空载电压 U_0（等于空载电动势 E）与 Φ_0 成正比，励磁磁动势 $F_0 = N_f I_f$（N_f 为励磁绕组匝数）与励磁电流 I_f 成正比，故磁化曲线与空载特性 $U_0 = f(I_f)$ 形状相同。

磁化曲线的起始部分几乎是一条直线。这是因为主磁通很小时，磁路中的铁磁部分没有饱和，所需磁动势（即磁压降）远较气隙中的小得多，Φ_0 与 F_0 的关系几乎也就是 Φ_0 与气隙磁动势 F_δ 的关系，而后者是线性关系，故几乎为直线。把磁化曲线的起始直线延长，即为电机的气隙磁化曲线 $\Phi_0 = f(F_\delta)$，简称气隙线，可用于非饱和分析。直线段往后，随着 Φ_0 的增大，磁通密度不断增

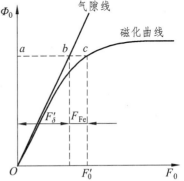

图 2.24　直流电机的磁化曲线

加，铁磁部分逐渐趋于饱和，磁导率急剧下降，所需磁动势显著增长，磁化曲线偏离气隙线而弯曲，最后进入深度饱和。电机磁路的饱和程度用饱和系数来衡量。

饱和系数是指电机额定转速下空载运行时产生额定电枢电压所需磁动势 F_0' 与同一磁通

下气隙线上的磁动势 F_δ' 的比值，用 k_μ 来表示，即

$$k_\mu = F_0'/F_\delta'$$

一般电机 $k_\mu = 1.1 \sim 1.35$。饱和系数的大小对电机的运行性能和经济性有重要影响。因此，为了最经济地利用材料，电机的额定工作点一般设计在磁化曲线开始弯曲的所谓"膝点"附近。

2.3.3　直流电机的电枢磁场

当电机有负载、电枢绕组中有电流通过（即 $I_a \neq 0$）时，该电流也会在电机中产生磁场，称为电枢磁场。下面分电刷放在几何中性线和偏离几何中性线两种情况对该磁场进行分析。

1. 电刷在几何中性线上时的电枢磁场

实际直流电机电刷位于主极中性线处，此时通过换向片被电刷短路的整距线圈的线圈边恰好位于几何中性线处。所以在画示意图时，为简单起见，常省略换向片，把电刷直接画在几何中性线处，与被它短路的线圈边直接接触，如图 2.25 所示。通常将此图称为"电刷位于几何中性线"，但此时电刷的实际位置仍在主极中性线处。

由于与电刷相接触的换向片的换向作用，所以不论电枢如何旋转，电刷都是电枢表面导体中电流方向的分界线。尽管换向片不断旋转，但只要电刷不动，电刷两边电枢电流的分布就不变，产生的电枢磁场在空间总是静止的。电枢磁场的方向与电枢导体中电流的方向符合右手螺旋定则，电枢磁极的极轴线与主磁极的极轴线在空间的交角为 90°。

图 2.25 为电枢磁动势、磁通密度的空间分布图。假设将电枢展开成一条直线，并把主磁极、电刷等绘出，则得到图 2.26，图中横坐标表示沿电枢圆周方向上的空间距离，纵坐标表示气隙磁动势与气隙磁密的大小和方向，我们近似认为电枢导体沿电枢表面连续而均匀地

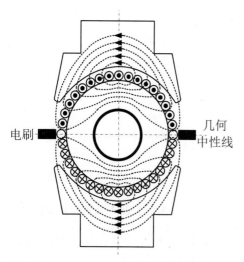

图 2.25　二极直流电机的电枢磁场

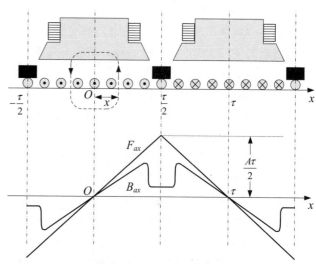

图 2.26　电枢磁动势、磁通密度空间分布波形

分布，在一个极距范围内磁动势分布规律可由全电流定律求出。取主磁极轴线与电枢表面的交点为坐标原点，这点的电枢磁动势为零。取电枢表面坐标为 $+x$ 及 $-x$ 两点的闭合回路，作用在这一闭合磁路的磁动势等于它所包围的全电流 NI_a，N 为电枢总导体数，I_a 为一条支路中的电枢电流。忽略铁芯的磁位降且设磁路不饱和，则可认为这一磁动势完全消耗在两个气隙上，则每个气隙所消耗的电枢磁动势为 $NI_a/2$。

为计算方便，引入电枢线负荷的概念。所谓电枢线负荷，就是在电枢圆周表面单位长度上的安培导体数，用 A 表示。设电枢直径为 D，则

$$A = \frac{NI_a}{\pi D} \tag{2.12}$$

电枢表面任一点 x 处电枢磁动势为

$$F_{ax} = Ax \quad \left(-\frac{\tau}{2} \leqslant x \leqslant \frac{\tau}{2} \right) \tag{2.13}$$

一般取磁力线自电枢出来进入定子时的磁动势为正，反之为负。电枢磁动势的空间分布曲线如图 2.26（b）所示，即在一对极下电枢磁动势为一三角波。电枢磁动势在几何中性线上达到最大值 $F_{a\max}$，其大小与支路电流成正比，也与总的电枢电流 I_a 成正比。

已知气隙中任一点处的电枢磁动势 F_{ax}，即可求出该点的电枢磁密 B_{ax} 为

$$B_{ax} = \mu_0 H_{ax} = \frac{\mu_0 F_{ax}}{\delta} \tag{2.14}$$

式中　μ_0 ——空气的磁导率；

　　　H_{ax} ——点 x 处的电枢磁场强度；

　　　δ —点 x 处的气隙长度。

式（2.14）表明，气隙中任一点的电枢磁密 B_{ax} 与电枢磁动势 F_{ax} 成正比，而与气隙长度 δ 成反比。在主极极靴下气隙长度通常为常数，则 B_{ax} 与 F_{ax} 呈线性关系。但是，在极靴范围以外，由于气隙 δ 显著增加，所以 F_{ax} 虽然继续增加，B_{ax} 却迅速下降，使电枢磁密 B_{ax} 在空间分布呈马鞍形，如图 2.26（c）所示。

因为我们只是单独考虑电枢磁场，图 2.25 中根据右手螺旋定则示意性地给出了电枢电流所建立的磁场的分布情况。可见，当电刷放在几何中性线上时，电枢磁动势的轴线也在几何中性线上，恰与主极轴线正交，故通常称之为交轴电枢磁动势，其最大值记为 F_{aq}。

2. 电刷偏离几何中性线时的电枢磁场

实际电机中，由于装配误差或其他原因，电刷难以恰好在几何中性线上。设电刷偏离几何中性线的电角度为 β。由于电刷总为电枢导体电流的分界，此时电枢表面电流的分布如图 2.27（a）所示。我们可以把图 2.27（a）的电枢磁动势看成是图 2.27（b）和（c）的叠加：一部分为 2β 角之外范围内的导体电流产生的磁动势，该磁动势与上述电刷放在几何中性线上时的电枢磁动势的情况相似，为交轴电枢磁动势 F_{aq}；另一部分为 2β 范围内的导体电流产生的磁动势，此磁动势的轴线与主极轴线重合，称为直轴电枢磁动势，记为 F_{ad}。综上可知，电刷偏离几何

中性线后，电枢电流除了产生交轴电枢磁动势之外，同时还出现了直轴电枢磁动势。

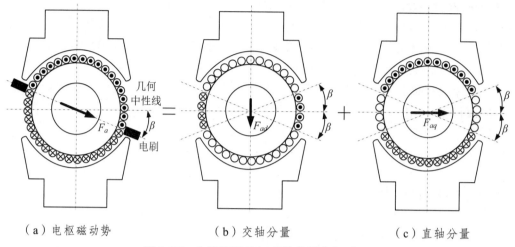

（a）电枢磁动势　　　　　（b）交轴分量　　　　　（c）直轴分量

图 2.27　电刷偏离几何中性线的电枢磁场

3. 电枢反应

以上分别讨论了励磁磁场和电枢磁场单独作用时的情况，对于任意一台负载运行的电机来说，这两种磁场都是同时存在的；换句话说，电机的负载磁场就是由励磁磁场和电枢磁场二者共同建立的，并且负载磁场与空载磁场之间的差别完全是电枢磁场作用的结果。我们把这种电枢磁场对励磁磁场的作用称为电枢反应。电枢磁场分为交轴电枢磁场和直轴电枢磁场，相应的电枢反应也分为交轴电枢反应和直轴电枢反应。

1）交轴电枢反应

电刷在几何中性线上时，电枢磁场只有交轴分量，电机磁场由励磁磁动势和交轴磁动势共同建立，如图 2.28 所示。

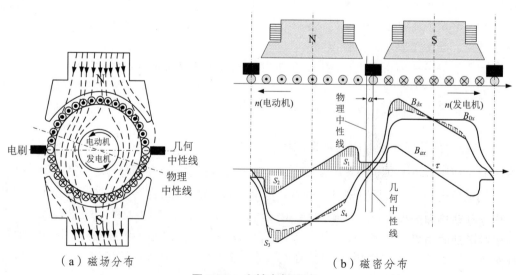

（a）磁场分布　　　　　　　　（b）磁密分布

图 2.28　交轴电枢反应

交轴电枢反应对气隙磁场的影响概述如下：

（1）交轴电枢磁场在半个极内对主磁场起去磁作用，另半个极内起增磁作用，使气隙磁场波形发生了畸变，使电枢表面磁密等于零的位置偏离几何中性线。电枢表面磁通密度的实际过零点的连线称为物理中性线，交轴电枢反应使物理中性线偏离几何中性线一个角度 α。对发电机，物理中性线顺着电机旋转方向偏移；对电动机，则是逆电机转向偏移。

（2）不计饱和时，交轴电枢磁场对主磁极在两个半极内增磁与去磁作用相等[如图 2.28（b）中的面积 $S_1 = S_2$]，每极磁通量不变。但一般实际中的磁路总是饱和的，因此在增磁半极内，磁路饱和程度提高，磁阻增大，实际合成磁场的磁密比不计饱和时略低；而在去磁半极内，磁路饱和程度比空载时还要低，磁阻略有减小，实际合成磁场的磁密比不计饱和时略高；由于磁阻变化的非线性，磁阻增加比磁阻减小得多些，因此增加的磁通数量就比减少的磁通数量小[如图 2.28（b）中面积 $S_4<S_3$]，因此负载磁路饱和时交轴电枢反应有一定的去磁作用。

2）直轴电枢反应

由于直轴电枢磁场轴线与主极轴线重合，因此其作用应该只是影响每极磁通的大小。参照图 2.29（a），以发电机为例，当电刷顺电枢转向从几何中性线偏移时，直轴电枢磁场与励磁磁场方向相反，起去磁作用，使每极磁通量减少。反之，逆电枢转向偏移，如图 2.29（b）所示，直轴电枢磁场将起助磁作用。电动机运行时的情况正好与发电机相反。

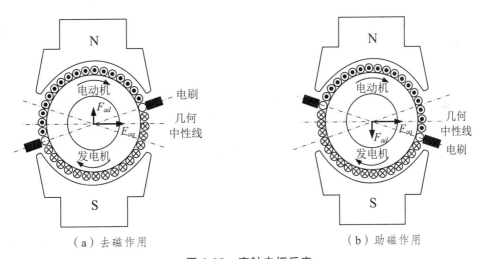

（a）去磁作用   （b）助磁作用

图 2.29 直轴电枢反应

2.4 直流电机感应电动势和电磁转矩

感应电动势和产生电磁转矩都是电枢绕组在气隙合成磁场中的电磁行为，前者是导体与磁场相对运动的结果，后者为磁场对载流导体的作用。它们是建立直流电机基本方程和研究运行性能的前提。

2.4.1　电枢绕组感应电动势

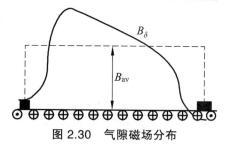

图 2.30　气隙磁场分布

直流电机电枢旋转时，电枢导体"切割"气隙磁场，电枢绕组中就会产生感应电动势。根据直流电机负载磁场分析，可知相邻两电刷间范围内气隙磁场分布如图 2.30 所示。若设电刷放在几何中性线上，电枢导体有效长度为 l，"切割"磁场的线速度为 v，则每根导体中的感应电动势为

$$e = B_\delta l v \tag{2.15}$$

式中，B_δ 为导体所在气隙处的磁密。设电枢绕组的总导体数为 Z，支路数为 $2a$，则每一支路串联导体数为 $Z/2a$。而电枢绕组的电动势 E_a 即支路感应电动势为一条支路中各串联导体的电动势代数和，即

$$E_a = \sum_1^{Z/2a} B_\delta l v = l v \sum_1^{Z/2a} B_\delta(x) \tag{2.16}$$

由于式（2.16）中的 $B_\delta(x)$ 处处不同，为简单起见，我们在此引入气隙的平均磁密 B_{av}，它等于各点气隙磁密的平均值，如图 2.30 中虚线所示，即

$$B_{av} = \int_0^\tau B_\delta(x)\mathrm{d}x \approx \frac{1}{Z/2a} \sum_1^{Z/2a} B_\delta(x) \tag{2.17}$$

将式（2.17）代入式（2.16）可得

$$E_a = l v \frac{Z}{2a} B_{av} \tag{2.18}$$

又因为"切割"线速度 v 与电机转速 n 之间的关系为 $v = 2p\tau \dfrac{n}{60}$，其中 τ 为极距，$2p\tau$ 为电枢圆周周长，我们再将此关系式代入式（2.18）可得

$$E_a = l \left(2p\tau \frac{n}{60} \right) \frac{Z}{2a} B_{av} = \frac{pZ}{60a} n(B_{av}\tau l) = \frac{pZ}{60a} n\Phi = C_e n\Phi \tag{2.19}$$

式（2.19）即为电枢绕组电动势的公式。其中 $C_e = pN/60a$ 为电动势常数，p 为电机极对数，N 为电枢绕组总导体数，a 为电枢绕组并联支路对数，Φ 为每极磁通量（单位 Wb），n 为电机转速（单位 r/min），E_a 的单位为 V。从该式可以看出，当电机转速 n 一定时，E_a 与 Φ 成正比，不计饱和时，即与励磁电流成正比。当每极磁通量 Φ 一定时，E_a 与 n 成正比。

2.4.2　电磁转矩

直流电机电枢内有电流时，在气隙磁场中就会受到电磁力的作用，作用在旋转的电枢上即产生电磁转矩。

电枢导体在电枢表面均匀分布，每个导体都会受到电磁转矩的作用，整个直流电机受到的电磁转矩应为所有导体电磁转矩的代数和。

设在电枢表面任意一点处的气隙磁密为 $B_\delta(x)$，载流导体中电流为 i_a，则作用在该导体上的电磁转矩 T_{em1} 应为

$$T_{em1} = B_\delta(x)li_a\frac{D}{2} \tag{2.20}$$

直流电机电枢共有 Z 个导体，故直流电机的电磁转矩 T_{em} 应为

$$T_{em} = \sum_1^Z B_\delta(x)li_a\frac{D}{2} = li_a\frac{D}{2}\sum_1^Z B_\delta(x) \tag{2.21}$$

由于气隙各处磁密均不相同，因此我们再次引入平均磁密 $B_{av} = \int_0^\tau B_\delta(x)\mathrm{d}x \approx$ $\frac{1}{Z/2a}\cdot\sum_1^{Z/2a} B_\delta(x)$，将其代入式（2.21）可得

$$T_{em} = li_a\frac{D}{2}ZB_{av} \tag{2.22}$$

将电枢直径 $D = \frac{2p\tau}{\pi}$、导体中的电流也即支路电流 $i_a = I_a/2a$、每极下磁通 $\Phi = B_{av}\tau l$ 代入式（2.22），可得

$$T_{em} = l\frac{I_a}{2a}\cdot\frac{2p\tau}{\pi}ZB_{av} = \frac{pZ}{2\pi a}(B_{av}\tau l)I_a = C_T\Phi I_a \tag{2.23}$$

式（2.23）即为直流电机电磁转矩公式，其中 $C_T = pZ/(2\pi a)$ 为转矩常数，p 为电机极对数，N 为电枢绕组总导体数，a 为电枢绕组并联支路对数，Φ 为每极磁通量（单位 Wb），I_a 为电枢电流（通过电刷流入或流出的电流，单位为 A），T_{em} 的单位为 N·m。

需要说明的是，电动势常数与转矩常数的关系为

$$\frac{C_T}{C_e} = \frac{\dfrac{pN}{2\pi a}}{\dfrac{pN}{60a}} = \frac{60}{2\pi} = 9.55 \tag{2.24}$$

2.5　直流电机的基本方程

图 2.31 为无损耗的电机拖动系统的能量转换图，图中除电气系统、机械系统之外中间部分为电机的内部能量转换分配。上一节中，已经讨论了直流电机的感应电动势和电磁转矩，本节将对图中其他各部分的方程进行分析和推演。其中电气系统对应直流电机电压电流方程，机械系统对应直流电机转矩平衡方程，而中间的损耗和能量部分则对应直流电机功率平衡方程。

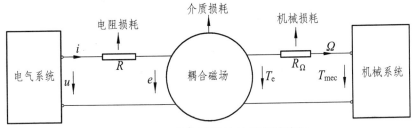

图 2.31　电机拖动系统的能量转换图

2.5.1　直流电机的电压、电流方程

1. 直流电机参考定向

直流电机可作发电机也可作电动机，如果将直流电机简化为一个二端口元件，则单纯从电机的电端口看，电机作发电机或电动机运行的区别就在于电流方向发生了变化。电流自端口正极流出时为发电机，流入则为电动机。一般地，与发电机端口电压及电流方向一致的正方向称为发电机定向，而与电动机端口电压及电流方向一致的正方向称为电动机定向，分别如图 2.32（a）、（b）所示。

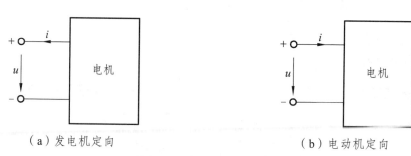

（a）发电机定向　　　　　　　　　　（b）电动机定向

图 2.32　直流电机参考定向

2. 直流电动机的电压、电流方程

以并励直流电动机为例，其等效电路如图 2.33 所示。

直流电动机是一种定子和转子双边励磁的电磁系统，如前所述，在接通电源时，主磁场与电枢磁场相互作用成为气隙合成磁场，电枢导体中流过电流与气隙合成磁场的相互作用产生电磁转矩，使电枢旋转，这样电枢旋转时绕组元件切割气隙合成磁场，在电枢绕组中感应电势 E_a。在电动机中，感应电势 E_a 的方向与电流 I_a 方向相反，称为反电势，其方向如图 2.33 所示。如果以图 2.33 中电动机参考定向，则可得出并励直流电动机电压平衡关系：

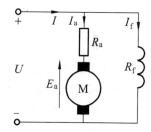

图 2.33　并励直流电动机等效电路

$$\left.\begin{array}{l} U = E_a + R_a I_a + 2\Delta U_b \\ I_f = \dfrac{U}{R_f} \\ I = I_a + I_f \end{array}\right\} \tag{2.25}$$

式中，ΔU_b 为电刷与换向器之间的接触电阻上产生的压降，其与电流大小无关，只随电刷材料的不同与大小而有所差异，通常为 $0.3 \sim 1\,\text{V}$；I_a 为电枢回路电流；R_f 为励磁回路电阻；I_f 为励磁回路电流。式（2.25）表明，直流电动机在电动状态下运行时，电枢电动势 E_a 总小于端电压 U。

需要指出的是，式（2.25）是直流电机稳态运行时的电压电流方程，若考虑动态过程中励磁回路的自感 L_f 和电枢回路的自感 L_a，式（2.25）中的电压方程还应改写为

$$U = E_a + R_a I_a + 2\Delta U_b + L_a \frac{\mathrm{d}I_a}{\mathrm{d}t} \atop I_f = \frac{U}{R_f} + L_f \frac{\mathrm{d}I_f}{\mathrm{d}t} \Bigg\} \qquad (2.26)$$

同理，根据图 2.34 所示串励直流电动机等效电路，可得到串励直流电动机的电压电流平衡方程为

$$U = E_a + R_a I_a + 2\Delta U_b \atop I = I_a = I_f \Bigg\} \qquad (2.27)$$

根据图 2.35 他励直流电动机的等效电路，可知电压平衡方程与并励或串励相同，其端电流 I 等于电枢电流 I_a，与励磁电流 I_f 无关。

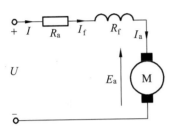
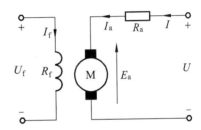

图 2.34　串励直流电动机等效电路　　　图 2.35　他励直流电动机等效电路

3. 发电机的电压方程

以他励直流发电机为例来说明稳态运行时的上述基本关系。图 2.36 为他励直流发电机等效电路，将其与图 2.35 对比发现，两者只是电流方向不同即参考定向不同。设他励直流发电机负载电流 I_L、励磁电流 I_f 和转速 n 均已达到稳定值。

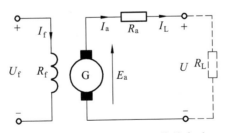

图 2.36　他励直流发电机等效电路

他励直流发电机电枢电流就是输出电流，电枢电压就是输出电压。根据图 2.36 中所示电枢回路各量的方向和发电机参考定向，由基尔霍夫电压定律列出电压平衡方程式为

$$U = E_a - R_a I_a \qquad (2.28)$$

由此可见，他励直流发电机输出电压等于发电机的电枢电动势 E_a 减去电枢回路内部的电阻压降 $R_a I_a$，所以发电机的电枢电动势 E_a 应大于端电压 U。

励磁方式不同的直流发电机的平衡方程式，读者可根据其电路图自行分析。

2.5.2 直流电机的转矩和功率平衡方程

1. 直流电动机的功率和转矩平衡方程

根据牛顿力学定律，在直流电机的机械系统中，任何时刻都必须保持转矩平衡。直流电动机以转速 n 稳态运行时，作用在电动机轴上的转矩有三个：一个是电磁转矩 T_{em}，方向与转速 n 相反，为拖动性质的转矩；一个是轴上输出的机械转矩 T_2，要与负载转矩 T_L 相等；另一个是由电机的机械损耗及铁损耗引起的空载转矩 T_0，方向也与转速 n 相反。如图 2.37（a）所示。因此，电动机稳态运行时的转矩平衡方程式为

$$T_{em} = T_0 + T_2 \qquad (2.29)$$

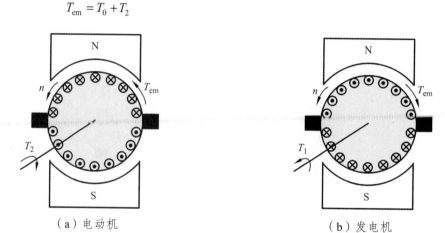

（a）电动机   （b）发电机

图 2.37 直流电机电磁转矩和外加转矩

将式（2.29）两边乘以机械角速度 Ω，得

$$T_{em}\Omega = T_0\Omega + T_2\Omega$$

上式也可写成

$$P_{em} = p_0 + P_2 = p_{Fe} + p_{mec} + p_\Delta + P_2 \qquad (2.30)$$

式中，$P_{em} = T_{em}\Omega$ 为电磁功率；$P_2 = T_2\Omega$ 为轴上输出的机械功率；$p_0 = T_0\Omega$ 为空载损耗；p_0 包括机械损耗 p_{mec}、铁损耗 p_{Fe} 和附加损耗 p_Δ。直流电机的铁损耗包括磁滞损耗和涡流损耗。直流电机的机械损耗包括轴承摩擦损耗、电刷与换向片之间的摩擦损耗和通风损耗。通常，机械损耗和铁损耗 p_{Fe} 都与电机的转速有关，但如果电机的转速变化不大，机械损耗和铁损耗也可以近似看成是不变的。直流电动机的附加损耗 p_Δ 又称为杂散损耗，它包括由于电枢反应使气隙磁通密度分布畸变而增加的铁损耗、电枢齿槽效应引起磁通脉动造成的损耗、机械结构部件中的涡流损耗以及换向元件中的铜损耗等；附加损耗 p_Δ 难以准确计算，约占额定功率的 0.5% ~ 1%。总之，如果电机运行过程中转速和磁通变化不大时，空载损耗可认为是与负载无关的不变损耗。

以并励直流电动机为例，输入功率 P_1 为

$$
\begin{aligned}
P_1 = UI &= U\left(I_a + I_f\right) = \left(E_a + R_a I_a\right)I_a + UI_f \\
&= E_a I_a + R_a I_a^2 + UI_f = P_{em} + p_{Cua} + p_{Cuf} \qquad (2.31)
\end{aligned}
$$

式中，$P_{em} = E_a I_a$ 为电磁功率；$p_{Cua} = R_a I_a^2$ 为电枢回路的铜损耗；$p_{Cuf} = U I_f$ 为励磁回路的铜损耗。

$$P_{em} = E_a I_a = \frac{pN}{60a}\Phi n I_a = \frac{pN}{2\pi a}\Phi I_a \frac{2\pi n}{60} = T_{em}\Omega \tag{2.32}$$

式中，$\Omega = \dfrac{2\pi n}{60}$，同时可见 $E_a I_a$ 代表转换成机械功率的电功率，$T_{em}\Omega$ 代表由电功率转换成的机械功率，两者大小相等。由于 $P_{em} = E_a I_a = T_{em}\Omega$，由此可见电磁功率 P_{em} 既具有机械功率的性质又具有电功率的性质，对于直流电动机而言即为电能转换为机械能的那一部分功率。

直流电动机的效率为

$$\eta = \frac{P_2}{P_1}\times 100\% = 1 - \frac{\sum p}{P_1} = 1 - \frac{p_{Cu} + p_0}{P_1} \tag{2.33}$$

由式（2.30）和式（2.31）可以作出并励直流电动机的功率流图，如图2.38（a）所示。

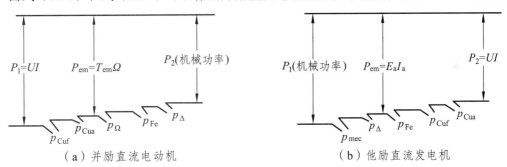

（a）并励直流电动机　　　　　　　（b）他励直流发电机

图 2.38　直流电机的功率流图

2. 直流发电机的功率和转矩平衡方程

类比电动机状态，他励直流发电机以转速 n 稳态运行时，作用在电动机轴上的转矩也有三个：一个是原动机的拖动转矩，即发电机轴上输入的机械转矩 T_1，方向与转速 n 相同；一个是电磁转矩 T_{em}，方向与转速 n 相反，为制动性质的转矩；另一个是由电机的机械损耗及铁损耗引起的空载转矩 T_0，方向也与转速 n 相反。因此，发电机稳态运行时的转矩平衡方程式为

$$T_1 = T_{em} + T_0 \tag{2.34}$$

将式（2.34）两边同时乘以发电机的机械角速度 Ω，得

$$T_1\Omega = T_{em}\Omega + T_0\Omega$$

上式也可以写成

$$P_1 = P_{em} + p_0 \tag{2.35}$$

式中，$P_1 = T_1\Omega$ 为原动机输入发电机的机械功率；$P_{em} = T_{em}\Omega$ 为发电机的电磁功率；$p_0 = T_0\Omega$ 为发电机的空载损耗。

和直流电动机一样，电磁功率 P_{em} 既具有机械功率的性质又具有电功率的性质；对于直流发电机，电磁功率 P_{em} 为机械能转换为电能的那一部分功率。

发电机的空载损耗 $p_0 = T_0\Omega$，包括机械损耗 p_{mec}、铁损耗 p_{Fe} 和附加损耗 p_Δ，即

$$p_0 = p_{\mathrm{mec}} + p_{\mathrm{Fe}} + p_\Delta$$

由式（2.28）可得 $E_{\mathrm{a}} = U_{\mathrm{a}} + R_{\mathrm{a}}I_{\mathrm{a}}$，两边乘以电枢电流 I_{a}，得

$$E_{\mathrm{a}}I_{\mathrm{a}} = U_{\mathrm{a}}I_{\mathrm{a}} + R_{\mathrm{a}}I_{\mathrm{a}}^2$$

即

$$P_{\mathrm{em}} = P_2 + p_{\mathrm{Cua}}$$

式中，$P_2 = U_{\mathrm{a}}I_{\mathrm{a}}$ 为发电机输出的电功率；$p_{\mathrm{Cu}} = R_{\mathrm{a}}I_{\mathrm{a}}^2$ 为电枢回路铜损耗。

综合以上功率关系，可得他励直流发电机的功率平衡方程式为

$$P_1 = P_{\mathrm{em}} + p_0 = P_2 + p_{\mathrm{Cua}} + p_0 = P_2 + p_{\mathrm{cua}} + p_{\mathrm{mec}} + p_{\mathrm{Fe}} + p_\Delta = P_2 + \sum p \qquad （2.36）$$

可用图 2-38（b）所示的功率流程图更清楚地表示出直流发电机的功率关系。

直流发电机的效率为

$$\eta = \frac{P_2}{P_1} \times 100\% = \frac{P_1 - \sum p}{P_1} = 1 - \frac{\sum p}{P_1} \qquad （2.37）$$

2.5.3　直流电机可逆性原理

如图 2.39（a）、（b）分别为直流发电机和直流电动机的电路连接及物理量（转矩、转速、电流、电动势等）方向示意图，从图中可以看出，两图基本一致，只是物理量的方向标注有所不同。同一台电机随外部条件的不同，既可作发电机运行又可作电动机运行，在一定条件下，两种状态可以相互转换，这就是电机的可逆性原理。

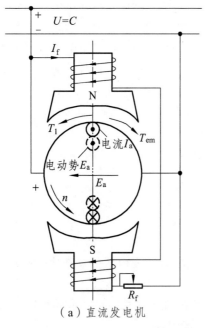
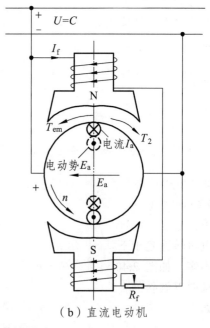

（a）直流发电机　　　　　　　　　　　（b）直流电动机

图 2.39　直流电机可逆性原理

以图中直流电机为例，假设不计机械损耗：① 若原来由原动机驱动 $T_1>0$，转速 n 空载转速 n_0，感应电动势 $E_a>U$，则电枢将向电网输出电流，电机为发电状态，此时电磁转矩是制动性质，原动机的驱动转矩 T_1 克服制动的电磁转矩 T_{em} 达到平衡，机械能转换为电能向电网输出。② 若减小原动机的输入转矩 $T_1=0$，使电机减速至空载转速 n_0，使电枢感应电动势 $E_a=U$，则电枢电流和相应的电磁转矩将变成零，此时电机处于理想空载状态，在此状态下，电机转速为 n_0，没有机电能量转换。③ 若进一步减小 T_1，使 $T_1<0$，（即去掉原动机并在轴上加上机械负载 T_2），则电机的转速 n 继续下降至 $n<n_0$，电枢电动势将继续下降至 $E_a<U$，此时电枢将从电网输入电流，电磁转矩 T_{em} 将成为驱动转矩克服负载转矩 T_2 达到平衡，电机进入电动机状态，将电能转换为机械能。由此，一台直流发电机变为一台直流电动机，同理，一台直流电动机也可以变为直流发电机。可见，同样一台电机，包括直流电机或其他各种电机，在满足一定条件下可以实现电动机状态和发电机状态的转换。

2.6　直流电动机的工作特性

直流电动机的工作特性是指当电动机电枢电压为额定电压、电枢回路中无外加电阻、励磁电流为额定励磁电流时，电动机的转速 n、电磁转矩 T_{em} 和效率 η 三者随电枢电流变化的规律，即 $n=f(I_a)$、$T=f(I_a)$ 和 $\eta=f(I_a)$。

2.6.1　并励直流电动机的工作特性

1. 并励直流电动机的转速特性 $n=f(I_a)$

形状特点：速度 n 是一条随电枢电流 I_a 增加而略微下降的直线。

转速特性是指 $U=U_N$、$I_f=I_{fN}$（$\Phi=\Phi_N$）时，转速 n 与电枢电流 I_a 之间的关系。转速特性如图 2.40 中曲线 1 所示。

把电动势式公式 $E_a=C_e\Phi n$、$U=U_N$ 及 $\Phi=\Phi_N$ 代入电压平衡方程式 $U=E_a+R_aI_a$，得转速特性公式

$$n=\frac{U_N}{C_e\Phi_N}-\frac{R_a}{C_e\Phi_N}I_a \qquad (2.38)$$

式（2.38）对于各种励磁方式的电动机都适用。由式（2.38）可见，如果忽略电枢反应的影响，$\Phi=\Phi_N$ 保持不变，当负载电流增加时，电阻压降 R_aI_a 增加，将使电机转速趋于下降。但因 R_a 一般很小，所以转速下降不多。如图 2.40 中曲线 1 所示，$n=f(I_a)$ 为一条稍稍向下倾斜的直线。

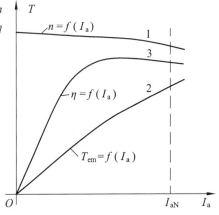

图 2.40　并励直流电动机工作特性

如果考虑负载较重、I_a 较大时电枢反应的去磁作用的影响，则随着 I_a 的增加，磁通 Φ 将减少，从而使电机转速趋于上升。

为了表征转速随负载增大而变化的程度，我们定义转速调整率

$$\Delta n = [(n_0 - n_N)/n_N] \times 100\% \tag{2.39}$$

式中，n_0 和 n_N 分别为空载转速和额定转速。并励电动机的转速调整率在 3% ~ 4%，转速基本恒定。

必须指出，并励电动机运行时，励磁绕组绝对不能开路。这是因为重载时，将使电机停转，反电动势为零，电枢电流急剧增加而导致过热；轻载则将导致"飞速"而损坏转动部件。

2. 并励直流电动机的转矩特性 $T_{em} = f(I_a)$

特性形状：电磁转矩 T_{em} 是一条随电枢电流 I_a 增加而略微上翘的直线，其与纵轴的交点对应于空载转矩 T_0。

当 $U = U_N$、$I_f = I_{fN}$ 时，$T_{em} = f(I_a)$ 的变化关系就称为转矩特性。从转矩公式可知

$$T_{em} = C_T \Phi I_a$$

如果忽略电枢反应的影响，$\Phi = \Phi_N$ 保持不变，则电磁转矩 T_{em} 与电枢电流 I_a 成正比，其特性为一直线，如图 2.40 中曲线 2 所示。

如果考虑电枢反应有去磁效应，则随着 I_a 的增大，电磁转矩 T_{em} 要略微减小。

3. 并励直流电动机的效率特性 $\eta = f(I_a)$

特性形状：效率 η 从空载到负载有最大值。

当 $U = U_N$、$I_f = I_{fN}$ 时，$\eta = f(I_a)$ 的关系称为效率特性。效率为

$$\eta = \frac{P_2}{P_1} \times 100\% = \left(1 - \frac{\sum p}{P_1}\right) \times 100\% = \left[1 - \frac{p_{Cuf} + p_{Cua} + p_{Fe} + p_{mec} + p_\Delta}{U(I_a + I_f)}\right] \times 100\% \tag{2.40}$$

在其总损耗中，空载损耗 $p_0 = p_{mec} + p_{Fe} + p_\Delta$ 不随负载电流（即电枢电流 I_a）变化而变化，即 p_0 为不变损耗；铜损耗 $p_{Cu} = p_{Cuf} + p_{Cua}$ 与 I_a 的平方成正比变化，即 p_{Cu} 为可变损耗。当电枢电流 I_a 从小开始增大时，可变损耗增加缓慢，总损耗变化小，效率明显上升；当电枢电流 I_a 增大到电动机的不变损耗等于可变损耗，即 $p_0 = p_{mec} + p_{Fe} + p_\Delta = p_{Cu}$ 时，电动机的效率 η 达到最高；当电枢电流 I_a 再进一步增大时，可变损耗在总损耗中所占的比例变大，可变损耗和总损耗都将明显上升，效率 η 又逐渐减小。其特性曲线如图 2.40 中曲线 3 所示。另外，在额定负载时，一般中小型电机的效率为 75% ~ 85%，大型电机的效率为 85% ~ 94%。

2.6.2 串励直流电动机的工作特性

图 2.34 所示串励直流电动机等效电路图中，励磁绕组和电枢绕组串联后由同一个直流电源供电，电路输入电流 $I = I_a = I_f$，主磁极的磁通随电枢电流变化。电路输入电压 $U = U_a + U_f$，由于励磁电流就是电枢电流，励磁电流大，励磁绕组的导线粗，匝数少，励磁绕组的电阻要比并励直流电动机的电阻小，因而其转速特性与转矩特性和并励直流电动机有明显的不同。

1. 串励直流电动机的转速特性 $n = f(I_a)$

特性形状：转速 n 是一条随负载电流增加而迅速下降的曲线。

串励直流电动机的电压平衡方程式为

$$U = E_a + R_a I_a + R_f I_a = E_a + (R_a + R_f)I_a$$

式中，R_f 为串励绕组的电阻。将电动势公式 $E_a = C_e \Phi n$ 代入上式，可得

$$n = \frac{U}{C_e \Phi} - \frac{(R_a + R_f)I_a}{C_e \Phi}$$

电枢电流 $I_a = I_f$ 时，磁路没有饱和，磁通正比于电枢电流 I_a 和励磁电流 I_f，即 $\Phi = k_f I_f = k_f I_a$，将此关系代入上式，可得

$$n = \frac{U}{C_e k_f I_a} - \frac{(R_a + R_f)I_a}{C_e k_f I_a} = \frac{U}{C_e' I_a} - \frac{R_a'}{C_e'} \qquad (2.41)$$

式中，$C_e' = C_e k_f$ 为常数；k_f 为磁通与励磁电流的比例系数。

由式（2.41）可知，电枢电流不大时，串励直流电动机的转速特性具有双曲线性质，转速随着电枢电流增大而迅速降低。当电枢电流较大时，磁路饱和，磁通近似为常数，转速特性与并励时相似，为稍稍向下倾斜的直线，如图 2.41 中曲线 1 所示。从曲线上可看出，在空载或负载很小时，电机转速将很高。理论上，当 I_a 接近零时，电动机转速将趋近于无穷大，实际可能达到危险的高速，即产生所谓"飞速"，它将导致电枢损坏，因此，串励直流电动机不允许空载或轻载运行，也不允许用皮带轮传动。

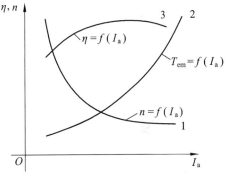

图 2.41　串励电动机的工作特性

由于串励电动机绝对不允许空载运行，以避免发生"飞速"现象。因此，串励电动机的转速调整率定义为

$$\Delta n = [(n_{1/4} - n_N)/n_N] \times 100\% \qquad (2.42)$$

式中，$n_{1/4}$ 为 1/4 额定负载时的转速。

2. 串励直流电动机的转矩特性 $T_{em} = f(I_a)$

特性形状：电磁转矩 T_{em} 是一条随负载增加而快速上升的曲线。

串励时，电动机的电磁转矩公式为

$$T_{em} = C_T \Phi I_a = C_T k_f I_a^2 = C_T' I_a^2 \qquad (2.43)$$

式中，$C_T' = C_T k_f$。对已制成的电机，当电流 I_a 很小、磁路不饱和时，其电磁转矩 T 与电枢电流 I_a 的平方成正比。当重载时，电流 I_a 很大，磁路呈饱和状态，此时由于磁通变化不大，电磁转矩 T_{em} 基本上与电枢电流 I_a 成正比。串励直流电动机的转矩特性如图 2.41 中曲线 2 所示。

串励直流电动机与并励直流电动机的转矩特性相比有如下优点：

（1）对应于相同的转矩变化量，串励电动机电枢电流的变化量小，即负载转矩变化时，电源供给的电流可以保持相对稳定的数值。

（2）对应于允许的最大电枢电流，串励电动机可以产生较大的电磁转矩，因此串励电动机具有较大的起动转矩和过载能力，适用于起动能力或过载能力较高的场合，如起重机、电力机车等。

3. 串励直流电动机的效率特性 $\eta = f(I_a)$

串励直流电动机的效率特性与并励电动机的效率特性相同，如图 2.41 中的曲线 3 所示。

2.6.3 复励直流电动机的工作特性

图 2.42 是复励直流电动机接线图，在主磁极上有两个励磁绕组，一个为并励绕组，一个为串励绕组，前者匝数多，电阻大；后者匝数少，电阻小。通常复励直流电动机的磁场以并励绕组产生的磁场为主，以串励绕组产生的磁场为辅，总接成积复励，即使两个励磁绕组产生的磁动势相同，这样的电动机兼有并励和串励两种电机的优点，其转速特性介于并励电动机和串励电动机之间。积复励直流电动机的转速特性如图 2.43 中的曲线 2 所示，所以复励直流电动机既有较大的起动转矩和过载能力，又可允许在空载或轻载下运行。为便于比较，图 2.43 中同时给出了并励电动机与串励电动机的转速特性曲线，分别为曲线 1、3。

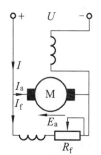

图 2.42　复励直流电动机接线图

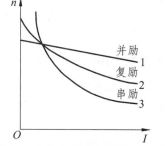

图 2.43　直流电动机的转速特性

2.7　直流发电机的运行特性

直流发电机运行时，主要有四个主要物理量，即发电机转速 n、发电机端电压 U、电枢电流 I_a（或输出电流 I）和励磁电流 I_f。直流发电机的稳态特性主要有两条：一条是外特性，表征输出电压质量；一条是励磁调节用的调整特性。

2.7.1 他励直流发电机

1. 他励直流发电机的空载特性

当 $n = n_N$ 时，$I_a = 0$，励磁绕组加上励磁电压 U_f，调节励磁电流 I_{f0}，直流发电机的空载

端电压 U_0 和励磁电流 I_{f0} 的关系 $U_0 = f(I_{f0})$，即为发电机的空载特性。

　　空载特性可以通过空载实验来测定。发电机的转子由原动机拖动，转速 n 保持恒定，逐步调节励磁回路的电阻 R_f，使励磁电流单方向增大，测取 U_0 和 I_{f0}，直到电枢电压 $U_0 = 1.25U_N$；然后单方向减少 R_f，测取 U_0 及 I_{f0}，取其各点的平均值 U_0，作出的特性曲线如图 2.44 所示。当发电机的转子由原动机拖动以恒定的转速旋转时，电枢绕组切割磁极的磁力线而产生感应电动势。电机空载时，电枢电流等于零，电枢电压等于电动势。改变励磁电流的大小和方向，即改变电动势的大小和方向，从而改变电枢电压的大小和方向。

　　由于电动势 E_a 与磁通 Φ 成正比，所以空载特性曲线的形状与磁化曲线相似。空载特性不经过零点，即 $I_{f0} = 0$ 时，电枢绕组中仍有电动势 E_r 存在，这主要是因为主磁极中有剩磁存在的缘故。通常 E_r 为电机额定电压的 2%～4%。因为空载特性表明的是直流电机磁路特性，所以并励和复励发电机的空载特性也可以由他励方式测取。

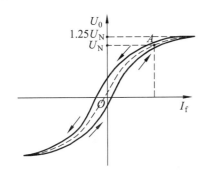

图 2.44　直流发电机空载特性

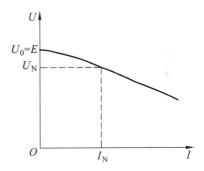

图 2.45　他励直流发电机外特性

2. 他励直流发电机的外特性

　　当转速 n 和励磁电流 I_f 保持不变时，发电机的输出电压 U 与输出电流 I 的关系 $U = f(I)$，称为发电机的负载运行特性，即外特性。外特性可以通过负载实验来测定。他励直流发电机与负载接通以后，电机向负载供电。负载增加时，输出电流增加，电枢电阻上的分压 $R_a I_a$ 增大，使发电机的输出电压 U 下降。负载增加时，输出电流增加，此时电枢反应的去磁作用也加强，E 减小，故输出电压也下降。

　　图 2.45 所示为他励直流发电机的负载运行特性曲线，它是一条微微下垂的曲线。如果转速 n 和励磁电流 I_f 都为额定值，当输出电流 $I = I_N$ 时，发电机输出电压为 $U = U_N$ 为满载。此特性曲线是选用发电机的重要依据。

　　负载对输出电压的影响还可以通过电压调整率 ΔU_N 表示，即

$$\Delta U_N = \frac{U_0 - U_N}{U_N} \times 100\% \qquad (2.44)$$

　　一般他励直流发电机的电压变化率约为 5%～10%。

　　由图 2.45 可知，当他励发电机在额定励磁下短路（即端电压为零）时，此时短路电流 $I_k = \dfrac{E_a}{R_a}$，由于 R_a 很小，所以 I_k 很大，可达到额定电流的二三十倍，故他励发电机不允许在额定励磁下发生持续短路。

3. 他励直流发电机的调整特性

调整特性是指 $n = n_N$ 时，保持端电压 $U = U_N$，负载电流变化时，励磁电流的调节规律 $I_f = f(I)$。

从外特性可知，负载电流增加，发电机的端电压会下降，要想维持端电压恒定，就必须在负载增加的同时增加励磁电流，以抵消电枢反应的去磁作用和电枢回路电阻压降的作用。如图 2.46 所示即为他励直流发电机的调整特性。图中，当负载电流达到额定电流 I_N 时，发电机的端电压保持 U_N，此时所需的励磁电流就称为额定励磁电流，用 I_{fN} 表示。

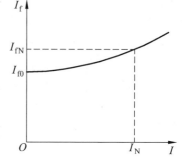

图 2.46　他励直流发电机调整特性

2.7.2　并励直流发电机

1. 并励直流发电机的自励过程与条件

并励直流发电机的励磁电流 I_f 由发电机自身电压供给，不需要其他直流电源，应用方便，但是励磁绕组若不是先有了励磁电流 I_f 建立磁场，发电机电压就无法产生。所以必须在一定条件下，使并励直流发电机建立电压并与励磁电流 I_f 配合，达到所需要的数值。这种发电机自己建立电压的过程，称为自励过程。

图 2.47 所示是并励直流发电机的接线图，其中电枢电流 I_a 为负载电流 I 与励磁电流 I_f 之和，R_f 是励磁回路的串联电阻。图 2.48 中除有发电机的空载特性曲线即 $U_0 = f(I_f)$ 外，还有几条电阻线，包括励磁电阻线（也称励磁回路的伏安特性曲线，即 $R_f \cdot I_f = U_f = f(I_f)$，$R_f$ 是励磁绕组本身的电阻）、临界电阻线（R_{cf}）和一条电阻线 2。

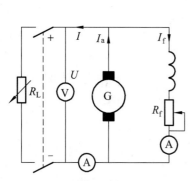

图 2.47　并励直流发电机接线图

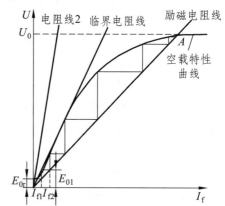

图 2.48　并励直流发电机的自励建压过程

并励直流发电机电压建立的过程与条件如下：当发电机以额定转速旋转时，由于主磁极有剩磁，电枢切割剩磁磁力线而产生剩磁电动势 E_{or}，于是在励磁回路产生励磁电流 I_{f1}，如果极性正确，励磁电流 I_{f1} 会在主磁路里产生与剩磁方向相同的磁通，使气隙磁场增强，并产生新的电动势 E_{01}，使电枢电动势增大。E_{01} 在励磁回路中又产生励磁电流 I_{f2}，使气隙磁场进一步增强，如此反复，自励过程就此沿着图 2.48 中折线反复进行下去，直到 A 点。如果励磁绕组与电枢绕组的连接不正确，由剩磁电动势 E_{0r} 产生的励磁电流 I_f 所产生的磁场与剩磁磁场方向相反，剩磁将被削弱，发电机就不能自励，电压就建立不起来。在并励直流发电机电压逐渐建立的过程中，发电机电压 U 在励磁回路中产生励磁电流 I_f，而由励磁电流 I_f 产生电枢电动势 E，所以既要满足电机的空载特性又要满足励磁回路的伏安特性，因此最后必然稳定在这两条特性的交点 A 上，A 点所对应的电压为发电机自励建立起来的空载电压。

伏安特性曲线的斜率与励磁回路总电阻的大小有关，增大电阻，伏安特性曲线斜率加大，A 点将沿空载特性下移，从而使空载电压降低。当励磁回路总电阻增加到 R_{ef} 时，伏安特性与空载特性直线部分相切，空载电压没有稳定值，这时励磁回路的电阻值 R_{ef} 即为临界电阻。如图 2.48 中临界电阻线。如果励磁回路总电阻大于临界电阻，空载电压就无法建立。

综上所述，达到额定转速的并励发电机的自励条件有 3 个：

（1）发电机的主磁路必须有剩磁；

（2）励磁绕组并接在电枢两端的极性应正确，使励磁绕组产生的磁动势方向与剩磁方向相同；

（3）励磁回路的总电阻必须小于该转速下的临界电阻 R_{ef}。

2. 并励直流发电机的外特性

并励发电机的调整特性与他励发电机相似，所以这里重点讨论并励发电机的外特性。并励发电机与他励发电机的外特性比较如图 2.49 所示。由图可见，与他励直流发电机的负载运行特性相比，并励发电机的外特性有三个特点：

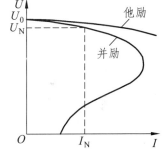

图 2.49　并励发电机与他励发电机外特性比较

（1）负载增大时，端电压下降较快，电压变化率要大得多，为 15% ~ 30%。这是因为，在并励时，除了像他励时一样存在电枢反应去磁效应和电枢回路电阻的压降两个因素外，还有第三个因素，即端电压降低后会引起励磁电流的减小，使每极磁通和感应电动势减少，还会使端电压进一步降低。

（2）并励发电机的外特性有拐弯现象。这是由于，$I = U/R_L$，当负载电阻 R_L 减小、负载电流增大、端电压降到一定值时，磁路将处于低饱和状态，此时若进一步减小 R_L，端电压的下降会使励磁电流下降，而励磁电流的下降将导致气隙磁通和电枢电动势较大幅度的下降，结果使端电压 U 的下降比 R_L 减小得更快，于是外特性出现拐弯现象，即端电压下降、负载电流也下降，一般拐点处的电流值为 I_N 的 2 ~ 3 倍。

（3）并励发电机稳态短路（端电压等于零）时，短路电流不大。这是因为，稳态短路时，端电压为零，励磁绕组电压也为零，励磁电流也为零，电枢的短路电流仅由剩磁电动势所产生。

2.7.3　复励直流发电机

复励直流发电机的自励条件和自励过程与并励发电机的自励条件和过程相同，复励直流发电机的磁场以并励绕组为主，串励绕组产生的磁场起辅助作用。按照串励绕组产生的磁场方向与并励绕组产生的磁场方向是否相同，复励直流发电机分为积复励和差复励两种。磁场方向相同的为积复励直流发电机，磁场方向相反的为差复励直流发电机。在积复励直流发电机中，负载增加时，串励绕组的磁动势增强，使电机的磁通和电动势增强，补偿发电机由于负载增加造成的输出电压下降。根据串励绕组补偿程度的不同，可以分为平复励、欠复励、过复励。在差复励直流发电机中，负载增加时，串励绕组磁动势与并励绕组的磁动势相反，使电机的磁动势减弱，输出电压大幅下降。一般复励直流发电机多为积复励，差复励直流发电机仅用在直流电焊机等特殊场合。图 2.50 绘出了复励直流发电机的负载运行特性。

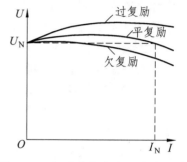

图 2.50 复励直流发电机的外特性

2.8 直流电机换向

换向是直流电机的一个专门问题，它对电机的正常运行影响很大，也是限制直流电机发展的最主要问题。直流电机换向不好时，电刷下会产生火花，火花严重时会影响电机运行。

2.8.1 直流电机的换向过程

直流电机电枢绕组中的电动势和电流是交变的，只是借助于旋转的换向器和静止的电刷配合工作，才在电刷间获得直流电压和电流。电机运行时，旋转的电枢绕组元件从一条支路经过电刷下而进入另一条支路时，该元件中的电流从一方向变换为另一方向，这种通过电刷与换向器的作用，在极短的时间内使元件中电流改变方向的过程称为换向过程，简称换向。

图 2.51 所示为一单叠绕组，当电刷宽度等于一换向片宽度时，元件 1 中电流的换向过程。图中电刷固定不动，电枢以 v_a 的线速度从右向左移动。图 2.51（a）是换向前的情况，电刷正好与换向片 1 完全接触，元件 1 属于电刷右面的一条支路，电流为 $+i_a$。图 2.51（b）为正在换向的情况，电刷与换向片 1 和 2 同时接触，元件 1 被电刷短路，元件中的电流正在从 $+i_a$ 向 $-i_a$ 变化。图 2.51（c）为换向结束时的情况，电刷已与换向片 1 脱离，与换向片 2 完全接触，元件 1 已经进入电刷左面的支路，电流为 $-i_a$。元件的换向时间称为换向周期，以 T_c 表示，一般在 0.2 ~ 2 ms 范围内。

2.8.2 直流电机的直线换向、延迟换向、超越换向

换向的电磁理论就是利用电磁感应定律和电路定律来研究换向元件中的电势和电流的变化规律。

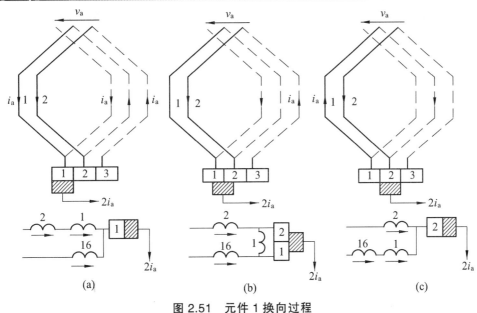

图 2.51　元件 1 换向过程

1. 直线换向

由上面介绍可知，元件的换向过程即使元件中的电流从一条支路电流为 $+i_a$ 向另一条支路电流为 $-i_a$ 变化的过程。这期间，如果电流随时间是均匀地变化的，即在整个换向周期 T_c 里电流随时间呈线性关系，如图 2.52 中直线所示，这种换向称为直线换向。直线换向电流变化均匀，在换向周期里电刷中各处电流密度相等，换向元件中各种电动势的总和 $\sum e$ 为零，因此刷下火花很小，基本上可以实现无火花换向。

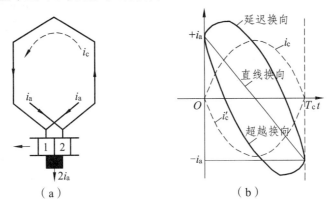

图 2.52　各种换向时电流变化波形

2. 延迟换向

直线换向时，换向元件中 $\sum e = 0$。但在实际电机中换向元件的总电动势并不等于零。电机在正常运行时换向元件中产生以下电动势。

1）电抗电势

由于换向电流的变化，与换向元件相链的磁通也相应地变化，在换向元件中产生自感电

势 e_L。如果与该元件同槽的其他元件也同时换向，则由于互感作用，还会在该换向元件中产生互感电势 e_M。通常我们把自感电势 e_L 与互感电势 e_M 合在一起统称为电抗电势 e_x，即

$$e_x = e_L + e_M = -(L+M)\frac{\mathrm{d}i}{\mathrm{d}t} = -L_r\frac{\mathrm{d}i}{\mathrm{d}t}$$

式中，L_r 为换向元件的电感系数；L 为换向元件的自感系数；M 为换向元件的互感系数。

根据楞次定律，电抗电势的方向总是反对换向元件中电流变化的，所以它与元件换向前电流 $+i_s$ 方向相同。

2）反应电势

直流电机运行时，换向元件总在几何中性线处。在几何中性线附近，虽然主磁极磁场基本为零，但电枢反应磁场 B_a 却有一定数值，换向元件切割电枢反应磁场产生电枢反应电动势 e_a。分析表明，无论是发电机还是电动机，电枢反应电动势 e_a 的方向都与电抗电动势 e_x 的方向一致，都是阻碍电流换向的。由电抗电势和电枢反应电势共同作用产生附加换向电流 i_c，此时换向元件中的电流 i_a 是由直线换向电流 i_L 和附加换向电流 i_c 叠加而成。由于附加换向电流 i_c 的出现，使换向元件中的电流改变方向的时刻向后推延，因此称为延迟换向，如图 2.52(b)所示。延迟换向电流开始变化得慢，电刷的前刷边电流密度小，后刷边电流密度大。当换向结束、被电刷短路的换向元件离开的瞬时，换向元件中产生的一部分磁场能量 $L_r\dfrac{i_c^2}{2}$，以弧光放电的形式释放出来因而后刷边常常会出现火花。所以大电流、高转速的电机其换向比较困难。

3. 超越换向

为了改善换向，可在换向元件中产生改善换向的电动势 e_k，并尽量使 e_k 与 $e_x + e_a$ 大小相等、方向相反。但如果 e_k 的作用大于 $e_x + e_a$，则换向元件中 $\sum e$ 的方向将帮助换向元件中电流变化，使附加换向电流 i_c 反向，从而使换向元件中电流方向改变的时刻比直线换向提前，如图 2.52（b）所示，这种换向称为超越换向。超越换向使电刷的前刷边电流密度大，产生较大火花，火花严重时影响电机正常运行。

2.8.3 改善换向的方法

改善换向的目的在于消除或削弱电刷下的火花。产生火花的原因是多方面的，有上面分析的电磁原因，还有机械原因、化学原因。其中最主要的是电磁原因。换向不良会使电刷下出现火花、换向器表面受到损伤、电刷磨损加快，从而影响电机正常运行。

为了改善换向，一般直流电机都在两个主极之间的几何中性线处安装换向极，如图 2.53 所示。换向极磁场的方向应与电枢反应磁场方向相反，其强度应

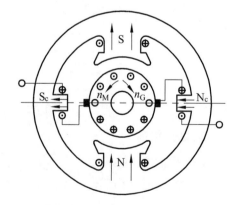

图 2.53 用换向极改善换向

比电枢反应磁场稍强。因此装有换向极后，换向极产生的磁动势除应抵消电枢反应磁动势外，

还应在换向区产生附加电动势 e_k，与电抗电动势 e_x 相抵消，这样就可消除附加换向电流 i_c，使换向变为直线换向。

换向极的极性可以按换向极磁场与电枢磁场相反的原则确定。对于发电机，换向极的极性应与顺电枢旋转方向下一个主磁极的极性相同；对于电动机，换向极的极性应与顺电枢旋转方向下一个主磁极的极性相反。

由于电抗电动势 e_x 与电枢电流 I_a 成正比，所以换向极磁场也应与电枢电流 I_a 成正比，以便附加电动势 e_k 与电抗电动势 e_x 在不同负载下都相抵消，因此换向极绕组应与电枢绕组串联。只要换向极的设计与调整良好，就能实现无火花换向。直流电机容量大于 1 kW 时，大多设计装有换向极。对于不装换向极的小型直流电机，则可通过移动电刷的方法，使换向元件在主磁场的影响下产生与 $e_x + e_a$ 相抵消的电动势来改善换向，以消灭电刷下的电磁性火花；这种效果虽不理想，但比较简单。另外，电刷的质量对换向也有很大的影响。

2.8.4 环火与补偿绕组

电枢反应使磁场发生畸变，不仅给换向带来困难，而且在极尖下增磁区域内可使磁密达到很大数值。当元件切割该磁密时，将感应出较大的感应电势，使与这些元件相连接的换向片的片间电位差较高。当片间电位差超过一定极限时，会使换向片之间的空气发生电离击穿，从而在换向片的片间形成电位差火花。电刷下的换向火花与换向片间的电位差火花汇合在一起，可能会导致正、负电刷之间形成很长的电弧，在换向器的整个圆周上发生环火，如图 2.54 所示。

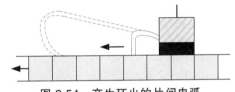

图 2.54　产生环火的片间电弧

这种环火能在很短的时间内烧坏换向器和电刷，甚至烧坏电枢绕组。为防止环火，必须设法克服电枢磁势对气隙磁场的影响，有效的办法是在主磁极上装设补偿绕组，即在主极极靴上专门冲出一些均匀分布的槽，槽内安装一套补偿绕组，如图 2.55 所示。

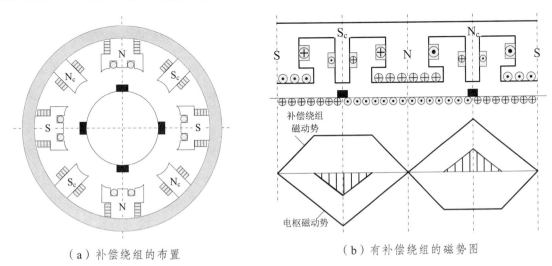

（a）补偿绕组的布置　　　　　　　（b）有补偿绕组的磁势图

图 2.55　补偿绕组安装位置及其作用

补偿绕组与电枢绕组串联，其磁动势方向与电枢反应磁动势方向相反，使任何负载下都能减少或消除电枢反应所引起的气隙磁场畸变，从而达到消除环火的目的。由于在主磁极上装设补偿绕组，结构复杂、成本较高，所以一般电机不采用，只在大容量和重载运行的电机中加装补偿绕组。

2.9　直流电动机拖动

电机的拖动按照运动过程，分为起动、调速和制动，需要以电机的人为机械特性为基础，借助一定的设备或方法来实现拖动的目的和要求。直流电机的起动和调速往往可以采用同一设备实现，本节将以他（并）励直流电动机为例，对起动与调速、制动过程所涉及的典型方法分别进行分析说明。

2.9.1　直流电机机械特性

以他励直流电动机为例，在 $U=U_N=$ 常值时，转速 n 与电磁转矩 T_{em} 之间的关系曲线 $n=f(T)$ 称为机械特性。机械特性是电动机力学性能的主要表现，与运动方程式相联系，将决定拖动系统稳定运行及过渡过程的工作情况。

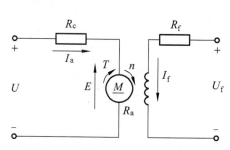

图 2.56　他励直流电动机原理图

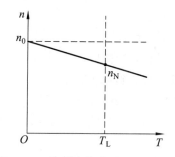

图 2.57　他励直流电动机机械特性

他励直流电动机的原理图如图 2.56 所示。由电磁转矩公式 $T_{em}=C_T\Phi I_a$ 可得到电枢电流 I_a 的表达式 $I_a=\dfrac{T_{em}}{C_T\Phi}$，将其代入电动机转速特性公式 $n=\dfrac{U}{C_e\Phi}-\dfrac{R}{C_e\Phi}I_a$，即可得到机械特性方程式

$$n=\frac{U}{C_e\Phi}-\frac{R}{C_eC_T\Phi^2}T_{em} \tag{2.45}$$

在式当中，U 为电机所加电压，R 为电枢回路电阻，包含电枢电阻 R_a 以及串联电阻 R_c，Φ 为直流电机每极下的磁通量。如果保持 U、R 和 Φ 不变，以转矩 T 为横轴、转速 n 为纵轴，随转矩 T 不断增大，可得到一条向下倾斜的直线，如图 2.57 所示，这根直线就是他励直流电动机的机械特性 $n=f(T)$。从该特性可以发现，随着转矩 T 的增大，n 会有所降低；当 $T=0$ 时，

对应的转速 n 为理想空载转速 n_0，也写作

$$n_0 = \frac{U}{C_e \Phi} \tag{2.46}$$

在 U、R 和 Φ 不变的情况下，定义 $\beta = R / C_e C_T \Phi^2$，因此机械特性也可写成如下形式

$$n = n_0 - \beta T \tag{2.47}$$

β 为机械特性的斜率，β 越大，负载情况下相对于理想空载转速的转速降 $\Delta n = \beta T$ 也越大，因此机械特性越软；反之，β 越小，机械特性越硬。为了衡量机械特性的软硬，一般以额定转速变化率 $\Delta n_N \%$ 来衡量。

$$\Delta n_N \% = \frac{n_0 - n_N}{n_0} \times 100\% \tag{2.48}$$

一般他励直流电动机机械特性都较硬，Z_2 系列他励直流电动机的 $\Delta n_N \%$ 只有 10% 左右。

他励直流电动机的机械特性有固有机械特性和人为机械特性之分，固有机械特性是指在额定电压 U_N、电枢回路不串电阻只有电枢电阻 R_a、磁通为额定磁通 Φ_N 时的机械特性，即

$$n = \frac{U_N}{C_e \Phi_N} - \frac{R_a}{C_e C_T \Phi_N{}^2} T_{em} \tag{2.49}$$

人为机械特性是指人为地改变一些参数而得到的机械特性。从他励直流电动机机械特性方程可知，其人为机械特性有三种，分别是：图 2.58（a）所示的降压特性，其特点是与固有机械特性平行（斜率 β 不变），n_0 随电压降低而降低；图 2.58（b）所示的串电阻特性，特点是 n_0 不变，斜率 β 随所串电阻增大而增大；图 2.58（c）所示的弱磁特性（调节励磁时一般不超过额定磁通），特点是 n_0 和斜率 β 均变大。

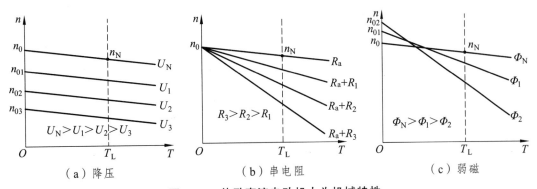

（a）降压　　　　　　（b）串电阻　　　　　　（c）弱磁

图 2.58　他励直流电动机人为机械特性

后续章节中所涉及的起动、调速和制动，都是以直流电机的人为机械特性为基础进行调节的。

2.9.2　直流电机起动与调速

当直流电动机起动时，必须满足下列两项要求：① 应有足够的起动转矩来克服机组的静止摩擦转矩、惯性转矩以及负载转矩（如果带负载起动的话），尽可能使起动过程加快；② 应把起动电流限制在安全范围以内。

直流电动机的常用起动方法有直接起动、降压起动两种。

所谓直接起动，是指不采取任何措施，直接将电机投入额定电压的起动过程。直接起动一般只限于小容量电机，只有容量在数百瓦以下的微型电机，才能在额定电压下直接起动，这是因为微型电机的电枢电阻具有较大的阻值，且其转动惯量很小，在起动时转速上升很快，因此对电网和自身的冲击都不太大，同时操作简便，无须添加任何起动设备。直流电机直接运动时的电流和转速曲线如图2.59所示。

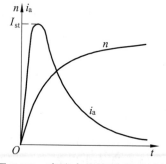

图 2.59　直流电机直接起动时的
电流和转速曲线

降压起动是通过降低端电压来限制起动电流的一种起动方式。一般有两种方法：一种是降低电源电压起动，另一种是电枢回路串电阻起动。

调速是电力拖动机组在运行过程中的最基本要求，他（并）励直流电动机由于电枢电流和励磁电流可以分别独立控制，因此具有在宽广范围内平滑经济调速的优良性能。对应直流电机的三种人为机械特性，直流电动机有电枢回路串电阻、改变励磁电流和改变端电压三种调速方式。

在直流电动机调速方法中，最主要的是降低电枢电压调速和弱磁调速，其中降低电枢电压又有电枢串电阻调速和降低电源电压两种方式。

1. 降低电源电压起动与调速

降低电源电压起动，即起动时将施加在直流电动机电枢两端的电源电压降低，以减小起动电流 I_{st}，电动机起动后，随着电动机转速的增加，再逐渐提高电枢电压，并使电枢电流限制在一定范围之内，最后把电压升到额定电压 U_N。降低电源电压起动方式的机械特性如图2.60所示。

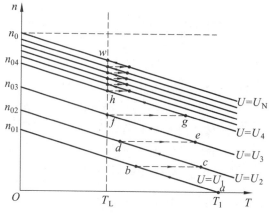

图 2.60　降低电源电压起动时的起动过程

采用这种方法的优点是起动过程中起动平滑，能量消耗少，缺点是设备投资高，需配有专用可调压电源设备。

采用调压设备同样可以进行调速。保持直流电动机磁通为额定值，电枢回路不串接电阻，通过改变电枢电压来改变直流电动机转速的调速方法称为调压调速，最高电压不应超过额定电压。

由直流电动机的机械特性 $n = \dfrac{U}{C_e \Phi_N} - \dfrac{R_a T}{C_e C_T \Phi_N^2}$ 可知，改变电枢电压时，机械特性仍为直线，斜率 $\beta = \dfrac{R_a}{C_e C_T \Phi_N^2}$ 保持不变，随着电枢电压的降低，机械特性平行地向下移动。如图2.60所示，起动时电枢电压为 U_1，与横轴交点 a 即为起动点，由于此时电磁转矩 T_1 大于 T_L，转速就会沿 U_1 机械特性上升，上升过程中随转速上升，电枢电流和电磁转矩均会下降，至 b 点时，升高电枢电压至 U_2，由于电机转速不能突变，工作点由 b 平移至点 c，此时电磁转矩比 T_L 大，转速会沿着 U_2 机械特性至点 d。同理增加电枢电压至 U_3、U_4，工作点由 d 至 e，f，g 直至 h。前面这几次电枢电压的提升都是有级提升，如果提升幅度太大，有可能造成电枢电流或电磁转矩过大，如果将电枢电压无级连续提升，就相当于两档电枢电压之间有很多个档位的电枢电压值，就如图中所示 U_4 与 U_N 之间有很多条人为机械特性，电机工作点会沿着图中的折线由 h 点到达最终的 w 点，即额定运行点，完成平滑的起动过程。调压调速的原理和过程与上述描述类似，调速范围只能在额定转速之下调节，调速平滑性好，可实现无级调速，调速效率高且稳定性好。目前的直流调压起动和调速常使用斩波器，又称为PWM直流斩波器，作为可调直流电源为电机供电，其效率高、可靠性好、体积小、重量轻，是目前直流调速的主流。

2. 电枢回路中串电阻起动与调速

直流电动机电枢回路串电阻起动时，若负载 T_L 已知，可根据起动的基本要求确定所串电阻的数值。在起动过程中，可以随着转速上升，逐段将电阻短接。起动完成后，起动电阻全部切除，电动机稳定运行在额定工作点。

下面以图2.61所示的三级电阻起动为例说明，图中，r_{st1}、r_{st2}、r_{st3} 为起动电阻；$R_1 = R_a + r_{st1}$；$R_2 = R_a + r_{st1} + r_{st2}$；$R_3 = R_a + r_{st1} + r_{st2} + r_{st3}$；$KM_1$、$KM_2$、$KM_3$ 为接触器的动合触点，起动时全部断开，电枢回路总电阻 $R_3 = R_a + r_{st1} + r_{st2} + r_{st3}$，接通电源电压，电机运行点在图2.62中的 a 点，$n = 0$，$E_a = 0$，起动电流 $I_1 = \dfrac{U}{R_3}$，起动转矩为 $T_1 > T_L$，电动机转速开始沿 R_3 线上升，电势 E_a 增大，电枢电流下降，到 b 点，起动电流降到切换电流 I_2。在此瞬间 KM_3 闭合，切除电阻 r_{st3}，电枢回路总电阻变为 $R_2 = R_a + r_{st1} + r_{st2}$，切除电阻瞬间转速不变，电枢电流就突增到最大电流 I_1，运行点由 b 点到 c 点，然后由 c 点沿 R_2 线转速上升，电枢电流逐渐下降到 I_2 时，到达 d 点，此时将 KM_2 闭合，切除一段起动电阻 r_{st2}，电枢回路总电阻变为 $R_1 = R_a + r_{st1}$。同理，运行点由 d 点到 e 点，然后沿着 R_1 线，由 e 点运行至 f 点，再将 KM_1 闭合，切除最后一段起动电阻 r_{st1}，电枢回路总电阻变为 $R = R_a$，运行点由 f 点到 g 点。此后电动机在固有机械特性上升速，直到 w 点，$T = T_L$，起动过程结束。

采用分级起动，合理地选择时机并切除每次的电阻值时，就能使得起动过程中把电枢电

流限制在 I_1 和 I_2 之间（T_1 和 T_2 之间），I_1 为最大电流，I_2 为切换电流，T_1 为最大转矩，T_2 为切换转矩。

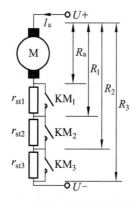 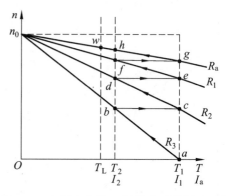

图 2.61   电枢串电阻三级起动接线图   图 2.62   电枢串电阻三级起动时的起动过程

这种分级起动方法设备简单，操作方便，缺点是起动过程中能量消耗大，因此频繁起动的大、中型电动机不宜采用。

上述分级起动设备同样可以用于调速，他励直流电动机拖动负载运行时，保持电源电压及励磁电流为额定值不变，在电枢回路中串入不同的电阻值，电动机将运行于不同的转速。

以图中恒转矩负载为例，当电枢回路串入电阻 R_c 时，电动机的理想空载点 n_0 不变，机械特性的斜率 $\beta = \dfrac{R_a + R_c}{C_e C_T \Phi_N^2}$ 将增大，电动机和负载的机械特性的交点将下移，即电机稳定运行转速降低。

电枢回路串接电阻调速方法的优点是设备简单，调节方便。缺点是电枢回路串入电阻后电动机的机械特性变软，使负载波动时电动机产生较大的转速变化，稳定性差，电能损耗增大，调速效率较低，很不经济。

3. 弱磁调速

弱磁调速是保持他励直流电动机电枢电压为额定电压，电枢回路不串电阻，人为地减少励磁电流使主磁通减少，以达到改变电动机转速的目的。由他励直流电动机机械特性方程可知，减弱励磁磁通，理想空载转速 n_0 升高，同时机械特性斜率也变大，所以减弱励磁磁通转速会升高。直流电动机带恒转矩负载弱磁调速时的机械特性如 2.63 所示，图中曲线 1 为电动机的固有机械特性，励磁磁通为额定值，电动机的机械特性和负载特性的交点为 A，电动机轴上带恒转矩负载运行。曲线 2 为弱磁后的人为特性。

当电动机励磁电路突然串联电阻，磁路未饱和情况下，励磁电流及磁通都按指数规律减小。由于电动机转速 n 具有机械惯性来不及变化，电动机的感应电动势 E_a 将随磁通 Φ 减小而减小，这样电枢电流迅速由 I_{a1} 增大，相对来讲 I_a 增加的量比 Φ 下降的量大，因此电动机转矩 $T = C_T \Phi I_a$ 在增大，并使系统加速，转速由 n_1 开始上升。n 的不断上升使 E_a 由一开始的下降经某一最小值逐渐回升，I_a 和 T 由一开始的上升经某一最大值后逐渐下降，直到 T 下降到和负载相等，达到新的平衡，转速上升至 n_2 位置，运行点转移到曲线 2 的 B 点。图中动态曲线 3 表明了从 A 点到 B 点转矩和转速的变化过程。

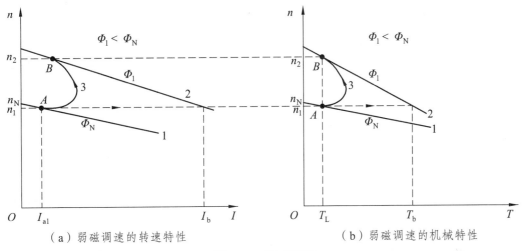

（a）弱磁调速的转速特性　　　　　　（b）弱磁调速的机械特性

图 2.63　弱磁调速

弱磁磁调速适用于恒功率负载。弱磁调速的优点是在功率较小的励磁回路内控制励磁电流，功率损耗小、设备简单、运行费用低。

2.9.3　直流电动机的制动

当电动机处于电动状态时，其电磁转矩 T 与 n 是同向的，电动机吸收电网电能并转化为机械能带动负载；与电动状态相对应的是制动状态，此时 T 与 n 反向，电动机吸收机械能并转化为电能。

电动机的电气制动可用于两个目的：① 使系统迅速减速停车；② 限制位能性负载的下降速度。

电制动有能耗制动、反接制动、回馈制动三种形式。

1. 能耗制动

他励直流电动机能耗制动的特点是：电枢电源电压 $U = 0$，电动机制动时，将电枢与电源脱离，电枢回路通过电阻 R_b 构成闭合回路，将系统动能转换成电能消耗在电枢回路的电阻上，能耗制动由此而得名。

图 2.64（a）是他励直流电动机能耗制动的接线图。

当 $\mathrm{KM_1}$ 闭合、$\mathrm{KM_2}$ 断开时，电动机拖动反抗性恒转矩负载工作在正向电动运行状态，电动机电磁转矩 T 与转速 n 的方向相同，T 为拖动转矩，$T = T_L$，这时 I_a、T、T_L 和 n 均为正值。电动机工作于图 2.64（b）中 A 点。能耗制动时，保持电动机励磁不变，使 $\mathrm{KM_1}$ 断开、接触器 $\mathrm{KM_2}$ 闭合，此时电动机电枢脱离电源接到能耗制动电阻 R_b 上，电枢电源电压 $U = 0$。由于机械惯性，制动初始瞬间转速 n 不能突变，保持原来的方向和大小，工作点由特性曲线 1 上

的 A 点平移到特性曲线 2 上的 B 点，E_a 也保持原来的大小和方向，而电枢电流 $I_a = \dfrac{-E_a}{R_a + R}$，即电流 I_a 变为负，其方向与原来电动运行时相反，因此电磁转矩 T 也变负，此时 T 因方向与转速 n 的方向相反而起制动作用，系统进入制动过程。能耗制动的机械特性是一条通过坐标原点并与电枢回路串接电阻 R_b 的人为机械特性平行的直线。如果电动机拖动的是反抗性恒转矩负载，能耗制动开始，电动机的运行点从 A 到 B 点，在制动转矩的作用下，系统减速，转速沿机械特性曲线 2 下降。在减速过程中，E_a 逐渐减小，I_a、T 随之变小，直至 $n = 0$，此时 $E_a = 0$、$I_a = 0$、$T = 0$，制动过程结束，系统停车。

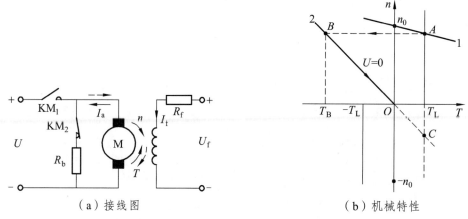

（a）接线图　　　　　　　　　（b）机械特性

图 2.64　他励直流电机能耗制动接线图和机械特性

如果电动机拖动的是位能性恒转矩负载，当制动运行到 $T = 0$、$n = 0$ 时，负载转矩 $T_L \neq 0$，系统在负载带动下开始反向旋转，电动机将继续沿图 2.64（b）中机械特性 2 直到 C 点，此时 $T = T_L$，电动机稳定运行，因此 C 点是稳定工作点。在 C 点上，n 为负，T 为正，所以 T 是制动转矩，电动机在 C 点上的稳定运行就叫作能耗制动运行。

能耗制动方法比较简单，制动时，$U = 0$，电动机不吸收电功率，比较经济和安全；常用于反抗性负载制动停车、位能性负载匀速下放。

2. 反接制动

他励直流电动机反接制动分为电压反接制动和转速反向的反接制动。

1）电压反接制动

图 2.65（a）是电压反接制动时的接线图。电动机加额定励磁 Φ_N，接触器的触点 KM_1 闭合、KM_2 断开，电动机拖动反抗性恒转矩负载在固有机械特性的 A 点运行，如图 2.65（b）所示，电动机处于正向电动运行状态，电磁转矩 T 与转速 n 的方向相同。当断开触头 KM_1、闭合 KM_2 时，使电枢电压反极性，$U = -U_N$，$n_0 = -\dfrac{U_N}{C_e\Phi_N}$ 为负值。同时电枢回路串入电阻 R_c，电枢回路总电阻为 $R_a + R_c$，电动机则进入电压反接制动状态。此时电动机机械特性方程式变为

$$n = \frac{-U_N}{C_e \Phi_N} - \left(\frac{R_a + R_c}{C_e C_T \Phi_N^2} \right) T = -n_0 - \beta T \qquad (2.45)$$

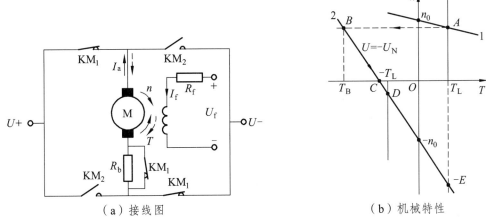

（a）接线图　　　　　　　（b）机械特性

图 2.65　他励直流电动机电压反接制动接线图和机械特性

相应的机械特性曲线为图 2.65（b）中第 Ⅱ 象限的线 2。反接制动初始瞬间，由于机械惯性，转速不能突变而保持原来的方向和大小，电枢感应电动势也保持原来的大小和方向，工作点从 A 点过渡到机械特性 2 上的 B 点，电枢电流变为 $I_a = \dfrac{-U_N - E_a}{R_a + R_c} < 0$ 为负值，$T = C_T \Phi I_a$ 为负值，电磁转矩 T 与转速 n 方向相反，电磁转矩为制动转矩。T 与 n 沿着机械特性曲线 2 的 $B \to C$ 向下变化，电动机减速，在 C 点 $n = 0$，制动停车结束，此时应将 KM_2 断开并切断电源，使制动过程结束。否则，因为电动机轴上带的是反抗性恒转矩负载，若不切断电源，电动机将反向起动，并在 D 点反向稳定运行。若是位能性恒转矩负载，则电机最终会稳定运行于 E 点，为反向回馈制动运行状态。

电压反接的制动效果与制动电阻 R_b 的大小有关，R_b 小，电枢电流 I_a 大，制动转矩 T_a 大，制动过程短，停机快。

采用电压反接制动，在转速降低后仍有良好的制动效果，并能将拖动系统的制动停车和反向运行主动结合起来，因此，一些频繁正、反转的可逆拖动系统，例如龙门刨床主传动系统，从正转变为反转时，用反接制动最为方便。

2）转速反向的反接制动

他励直流电动机拖动位能性恒转矩负载运行时，为了实现稳速下放重物，电动机应提供制动性的电磁转矩，即采用转速反向反接制动，使电动机工作于限速制动运行状态。设他励直流电动机拖动位能性恒转矩负载，以 n_A 的速度提升重物，电动机转速及电磁转矩均为正值，工作点为图 2.66（b）中线 1 与负载 T_L 的交点 A。为了低速下放重物，在电动机电枢回路中串入一较大电阻 R_c，电动机机械特性变为曲线 2，由于转速来不及突变，工作点由 A 点平移到 B 点，因 $T_B < T_L$，系统降速，工作点沿人为特性下降，电枢电势 E_a 随之减小，电枢电流 I_a 和电磁转矩 T 随之增大。到 C 点时系统速度为零，重物停止上升，此时 $T_C < T_L$，

故重物将拖动电动机反向加速，但电枢电流 $I_a = \dfrac{U - (-E_a)}{R_a + R_c}$ 与电动运行时方向一致，电磁转矩仍为正，与此时转速方向相反，成为阻碍运动的制动转矩。工作点由 C 点下移到 D 点，$T = T_L$，系统重新稳定运行。这时 n 反向，电枢电势 E_a 也改变方向，电动机处在反接制动运行状态下，稳定下放重物。这种制动情况是电动机在位能性负载作用下，以正向电动相反的方向旋转，因此也可以形象地叫作"倒拉反转运行"。

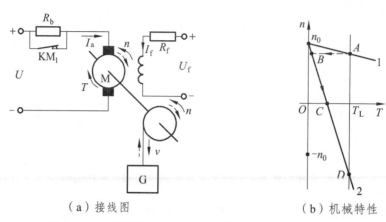

（a）接线图　　　　　　　　（b）机械特性

图 2.66　他励直流电动机转速反接制动接线图及机械特性

转速反向的反接制动效果与制动电阻 R_b 的大小有关，R_b 越小，特性2的斜率越小，转速越低，下放重物的速度越慢。

需要说明的是，能耗制动和反接制动都是把机组的动能甚至于电网供给的功率全部消耗在电枢回路中的电阻 $R_a + R_b$ 上，很不经济。

3. 回馈制动

他励直流电动机运行时，若电动机实际转速在外部条件作用下变得高于其理想空载转速 n_0，使电枢电势 E_a 大于电网电压 U_N，电动机处于发电状态，将系统的动能转换成电能回馈电网，故称为回馈制动状态。

图 2.67 绘出了电枢电压由 U_N 突降至 U_1 的机械特性。若原来稳定工作点在第一象限的 A 点上，电压降到 U_1，工作点变化情况如图中箭头所示，从 $A \to B \to C \to D$，最后稳定运行于 D 点，在这个降速过程中，从 $B \to C$ 这一阶段，电动机转速 $n > n_0'$，相应的电枢电势 $E_a > U_1$，所以电枢电流为负值，电流回馈给电网，电磁转矩为负值，是一个阻碍运动的制动转矩，该制动转矩使拖动系统更快地降速。当工作点降到 C 点时，$n = n_0'$，$T = 0$，电枢电流和相应的制动转矩均下降到零，制动过程结

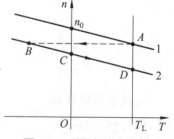

图 2.67　调速时出现的
正向回馈制动

束。在这之后，工作点进入第一象限，电动机工作于电动状态，由于 $T < T_L$，电动机继续降速至 D 点稳定运行。这种回馈制动过程中，输入的机械功率是系统从高速到低速这一降速过程中释放出来的动能所提供的，大部分电能被送回到直流电源。这就是把这种制动方式称为回馈制动的原因。

还有一种回馈制动运行情况，如图2.65（b）中的第四象限所示。电动机带位能性恒转矩负载，从一开始第一象限的正向电动状态工作点A，经电压反接制动，运行点由$A→B$，T_B变负，在T_B与T_L的共同作用下，转速迅速降低到$n=0$（图中C点），在T_B与T_L的继续作用下，电动机开始反转，工作点沿机械特性继续下移，经过反向电动状态进入第四象限，最后稳定运行于E点，匀速下放重物，此时$|n|>|-n_0|$，电动机处于反向回馈制动运行状态。

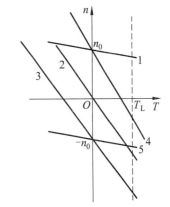

2.9.4　直流电机四象限运行

通过直流电机不同运行状态下的机械特性分析，可以得出直流电机四象限运行状态，如图2.68所示。

在图中，第一象限（正向）和第三象限（反向）对应电动状态，电机电磁转矩和转速同向，第二象限和第四象限为制动状态，电机电磁转矩和转速反向。图中的几条线分别表示了直流电机固有机械特性，能耗制动、电源反接制动、转速反向反接制动（倒拉反转）以及反向回馈制动机械特性。在分析直流电机运行状态时，四象限运行的机械特性是很有用的方法和工具。

1—固有机械特性；2—能耗制动特性；3—电源反接制动特性；4—转速反向反接制动特性；5—反向回馈制动特性。

图 2.68　直流电机四象限运行

本章小结

1. 直流电机原理

直流电机按原理分为直流发电机和直流电动机。在直流电动机中，利用的是载流导体在磁场中受到电磁力作用的原理；为了获得方向不变的电磁转矩，换向器和电刷起到了逆变的作用。直流发电机中，利用的是磁场中运动导体产生电动势的原理；为了获得直流电动势，换向器和电刷起到了整流的作用。由于直流电机的可逆性原理，直流发电机和直流电动机两种状态可在一定条件下互相转化。

2. 直流电机绕组

重点掌握直流电机单叠绕组和单波绕组的规律、特点和异同；理解单叠绕组的规律是无头无尾的闭合绕组，且每一极下元件串联，并联支路数为$2a$；单波绕组的规律是每一极性下元件串联，并联支路数为2。绕组形式的改变不能改变电机的容量或功率。

3. 直流电机的磁场

直流电机的励磁方式可分为他励、并励、串励和复励，不同励磁方式的直流电机特性是不同的。直流电机空载磁场即主磁极磁场的磁密为僧帽形。负载后电枢电流产生电枢磁场，引起电枢反应。其中交轴电枢反应主要是使主磁场发生畸变，使物理中性线偏离几何中性线，且饱和情况下会有去磁效果；直轴电枢反应会因电机运行状态的不同以及电刷偏离中性线的位置而产生增磁或去磁的效果。

4. 直流电机方程

直流电机最重要的两个公式：一个是感应电动势公式 $E_a = C_e \Phi n$，反映了发电机的本质；一个是电磁转矩公式 $T = C_T \Phi I_a$，反映了电动机的本质。根据直流电机的电动机和发电机的参考定向，我们可以得到直流电机电压方程。根据直流电机发电机和电动机转矩方程，可以得到直流电动机和直流发电机的功率和损耗流向。

5. 直流电动机工作特性

并励、串励和复励直流电动机的工作特性各有不同。他励或并励电动机转速随负载增加而略微下降，而串励电动机转速随负载增加而迅速下降；并励和串励电动机的转矩都是随负载增大而增大，而效率都是在可变负载等于不变负载时达到最大。复励电机由于兼有并励和串励，因此其特性也介于两者之间。

6. 直流发电机特性

他励直流发电机的空载特性曲线类似于直流磁化曲线，其外特性可用电压调整率来衡量。并励发电机自励需要满足条件，其外特性的电压随负载增大下降快于他励发电机。串励电机不宜作发电机。

7. 直流电机拖动

以直流电机人为机械特性为基础，他励直流电机起动需要降压或串电阻分级起动以限制起动电流，直流电机调速方法分为调压调速、串电阻调速及弱磁调速，与能耗制动，反接制动及回馈制动一起，共同构成直流电机四象限运行。

习　题

一、选择题

1. 一台他励直流发电机由额定运行状态转速下降到原来的 60%，而励磁电流、电枢电流都不变，则（　　）。

  A. E_a 下降到原来的 60%　　　　　　B. T_{em} 下降到原来的 60%

  C. E_a 和 T_{em} 下降到原来的 60%　　D. 端电压下降到原来的 60%

2. 并励直流发电机正转时，空载电动势 $E_0 = 230\,V$，停下来后在下列第_____种情况下空载电动势 $E_0 = 230\,V$，第_____种情况下空载电动势 $E_0 = 0\,V$，第_____种情况下空载电动势 $E_0 = -230\,V$。

  A. 原动机以同样的转速反转

  B. 对调一下励磁绕组的两出线端，原动机以同样的转速正转

  C. 对调一下励磁绕组的两出线端，原动机以同样的转速反转

  D. 照原来一样，原动机转速转向不变

3. 直流电动机的额定功率指（   ）。

    A. 转轴上吸收的机械功率   B. 转轴上输出的机械功率

    C. 电枢端口吸收的电功率   D. 电枢端口输出的电功率

4. 一台四极直流发电机，单叠绕组，额定功率为 20 kW，现将其改接为单波绕组，则电机的额定功率为（   ）。

    A. 减少一半   B. 保持不变   C. 增大 1 倍   D. 增大 2 倍

5. 直流电机的铁耗产生在（   ）。

    A. 电枢铁芯   B. 主磁极铁芯   C. 电机机座   D. 电枢绕组

6. 直流电动机的机械特性描述的是（   ）之间的关系。

    A. 速度与电压   B. 速度与电流   C. 转矩与电压   D. 转矩与速度

7. 直流电机的感应电势 $E = C_e \Phi n$，这里的 Φ 指的是（   ）。

    A. 励磁磁动势产生的主磁通   B. 漏磁通

    C. 每极合成磁通   D. 气隙总的合成磁通

8. 直流电机交轴电枢反应磁动势最大值的位置取决于（   ）。

    A. 电刷的位置   B. 主磁极轴线的位置

    C. 转子旋转方向   D. 电枢的几何中性线

9. 下列关于直流电机电刷的说法，哪些是正确的？（   ）

    A. 电刷是随电枢旋转的   B. 电刷是固定不动的

    C. 电刷是绝缘的   D. 电刷是由电碳制品制成的导体

10. 直流电机右行单叠绕组的合成节距为（   ）。

    A. 1   B. 2   C. $Q_u/2p$ D. $\dfrac{Q_u}{2p} \pm \varepsilon$

11. 下列关于直流电机电枢反应的说法正确的有（   ）。

    A. 气隙中磁场是励磁磁动势与电枢磁动势共同作用的结果

    B. 电枢反应分直轴和交轴反应

    C. 交轴反应会使主磁极磁场发生畸变

    D. 直轴反应会使主磁场增强

12. 并励直流发电机的转速升高 10%，则空载时的端电压（   ）。

    A. 升高 10%   B. 不变

    C. 升高超过 10%   D. 升高不超过 10%

13. 他励直流电动机的人为机械特性与固有特性相比，其理想空载转速和斜率均发生了变化，则这条人为机械特性是（   ）。

    A. 串电阻的人为特性   B. 降压的人为特性

    C. 弱磁的人为特性

14. 直流发电机电刷在几何中性线处，如果磁路饱和，则电枢反应的性质是（   ）。

    A. 直轴去磁   B. 交轴，略有助磁

    C. 直轴助磁   D. 交轴，略有去磁

15. 一台并励直流发电机希望改变电枢两端的正负极性，应采用（   ）。

    A. 改变原动机的转向   B. 改变励磁绕组的接法

    C. 既改变原动机的转向又改变励磁绕组的接法

16. 若并励直流电动机在运行时，励磁绕组断开了，电机将（   ）。

    A. 飞车   B. 停转

    C. 可能飞车，也可能停转   D. 既不会飞车，也不会停转

17. 若串励直流电动机在运行时，励磁绕组断开了，电机将（   ）。

    A. 电机转速升到危险的高速   B. 保险丝熔断   C. 停转

二、判断题

1. 并励电动机不可以空载或轻载运行。（   ）

2. 直流电动机稳定运行时，主磁通在励磁绕组上也要感应电动势。（   ）

3. 电磁转矩与负载转矩的大小相等，则电机可以稳定运行。（   ）

4. 直流电机工作在电动状态时，电磁转矩与转速的方向始终相同。（   ）

5. 直流电机电枢绕组的元件中的电动势和电流是交流的。（   ）

6. 直流电机单叠绕组并联支路对数 $a = p$，单波绕组并联支路对数 $a = 1$，因此直流电机将单波绕组改绕为单叠绕组后，功率可以增大为原来的 p 倍。（   ）

7. 一台直流电机只能作发电机使用或者只能作电动机使用。（   ）

8. 一台并励直流电动机，若改变电源的正负极，则转向也会改变。（   ）

9. 串励直流电动机的固有机械特性比他励的软。（   ）

10. 直流电动机的电磁转矩为驱动性质,稳定运行时,电磁转矩越大,转速就越高。（   ）

11. 直流电机主磁通既链着电枢绕组又链着励磁绕组，因此这两个绕组中都存在感应电动势。（   ）

12. 并励直流发电机稳态运行时短路电流很大。（   ）

13. 串励直流电动机不可轻载运行。（   ）

14. 串励直流电机一般不作为发电机使用。（   ）

三、问答题

1. 换向器在直流电机中起什么作用？

2. 为什么直流电机能发出直流电?如果没有换向器，直流电机能不能发出直流电流？

3. 直流电机正、负极性电刷间的感应电动势与电枢导体中的感应电动势有什么不同？电枢导体流过的电流是直流还是交流电流？

4. 叠绕组和波绕组的元件连接规律有何不同？同样极对数为 p 的单叠绕组和单波绕组的支路对数为何相差 p 倍？

5. 一台并励直流电动机将其电枢单叠绕组改为单波绕组，问对其电磁转矩有什么影响？

6. 说明下列各数量间的关系：电枢槽数 Q、换向片数 K、线圈数 S、每槽每层圈边数 u、线圈匝数 N、电枢导体总数 Z。

7. 一台四极单叠绕组直流发电机：

（1）去掉相邻两只电刷，端电压有何变化？发电机能供给多大的负载？

（2）若有一元件断线，端电压有何变化？发电机能供给多大的负载？

（3）只用相对的两只电刷是否能够运行？

（4）若有一极失磁，将会产生什么后果？

8. 为什么交轴电枢磁动势会产生去磁作用？直轴电枢磁动势会不会产生交磁作用？

9. 直流发电机和直流电动机的电枢反应有哪些共同点？有哪些主要区别？

10. 如何判断直流电机是运行在发电机状态还是电动机状态？它们的电磁转矩、转向、电枢电动势、电枢电流的方向有何关系？

11. 直流发电机和直流电动机的电枢电动势的性质有何区别，它们是怎样产生的？直流发电机和直流电动机的电磁转矩的性质有何区别，它们又是怎样产生的？

12. 决定电磁转矩大小的因素是什么？电磁转矩的性质和电机运行方式有何种关系？

13. 并励直流电动机的起动电流取决于什么？正常工作时，电枢电流又取决于什么？

14. 试述直流发电机的空载特性曲线和电机的磁化曲线有何区别？有何联系？

15. 在实际应用中，如果并励直流发电机不能自激建压，试分析可能产生的原因，怎样检查，应采取哪些措施？

16. 并励直流发电机正转能自励，反转能否自励？为什么？如果反接励磁绕组，电机并以额定转速反转，这种情况能否自励建压？

17. 试解释他励和并励发电机的外特性为什么是一条下倾的曲线？

18. 并励直流电动机在运行时励磁回路突然断线，问电机有剩磁的情况下会有什么时候后果？若在起动时就断线，又会出现什么后果？

19. 串励直流电动机为什么不能空载运行？和并励直流电动机相比，串励直流电动机的性能有何特点？

20. 在经典换向理论中，什么叫直线换向？为什么直线换向是理想情况？实际情况换向电流如何变化？

21. 换向磁极的作用是什么？它装在哪里？它的绕组如何激磁？

四、计算题

1. 一台直流电动机，四极，额定数据为：$P_N = 7.5 \text{ kW}$，$U_N = 220 \text{ V}$，效率为83%，转速为 1500 r/min，电枢绕组为单波绕组（双层），槽数 $Q = 29$，元件匝数 $w_y = 4$ 匝。试求：

（1）电动机的额定电流和额定输出转矩；

（2）换向片数 K，绕组元件数 S，总导体数 N 和绕组各节距（左行）。

2. 一直流发电机数据 $2p = 6$，总导体数 $N = 780$，并联支路数 $2a = 6$，运行角速度 $\omega = 40\pi \cdot \text{rad/s}$，每极磁通为 0.039 2 Wb。试计算：

（1）发电机感应电势；

（2）速度为 900 r/min，磁通不变时发电机的感应电势；

（3）磁通为 0.043 5 Wb，$n = 900 \text{ r/min}$ 时电机的感应电势；

（4）若每一线圈电流的允许值为 50 A，在第（3）问情况下运行时，发电机的电磁功率。

3. 一台他励直流电动机，铭牌数据为 $P_N = 60 \text{ kW}$，$U_N = 220 \text{ V}$，$I_N = 305 \text{ A}$，$n_N = 1000 \text{ r/min}$。试求：（1）固有机械特性并画在坐标纸上。（2）$T = 0.75T_N$ 时的转速。（3）转速 $n = 1100 \text{ r/min}$ 时的电枢电流。

4. 一台并励直流电动机的额定数据如下：$P_N = 17$ kW，$U_N = 220$ V，$n = 3000$ r/min，$I_N = 88.9$ A，电枢绕组电阻 $r_a = 0.089\,6\ \Omega$，励磁回路电阻 $R_f = 181.5\ \Omega$，若忽略电枢反应的影响，试求：

（1）电动机的额定输出转矩；

（2）在额定负载时的电磁转矩；

（3）额定负载时的效率；

（4）在理想空载（$I_a = 0$）时的转速；

（5）当电枢回路串入一电阻 $R = 0.15\ \Omega$ 时，在额定转矩时的转速。

5. 已知一台他励直流电动机的数据为 $P_N = 75$ kW，$U_N = 220$ V，$I_N = 383$ A，$n_N = 1500$ r/min，电枢回路总电阻 $R_a = 0.019\,2\ \Omega$，忽略磁路饱和的影响。求额定运行时：

（1）电磁转矩；（2）输出转矩；（3）输入功率；（4）效率。

6. 一台他励直流电动机，额定功率 $P_N = 2.2$ kW，额定电压 $U_N = 200$ V，额定效率 $\eta_N = 75\%$，$n_N = 975$ r/min，电枢绕组电阻 $r_a = 1.5\ \Omega$，若忽略电枢反应：

（1）求转速为 1000 r/min 和 1200 r/min 时的电枢电流；

（2）分析上述两种情况，电机处于发电机还是电动机状态。

7. 一台并励直流发电机，励磁回路电阻 $R_f = 44\ \Omega$，负载电阻 $R_L = 4\ \Omega$，电枢回路电阻 $R_a = 0.25\ \Omega$，端电压 $U = 220$ V。

试求：（1）励磁电流 I_f 和负载电流 I；

（2）电枢电流 I_a 和电动势 E_a（忽略电刷电阻压降）；

（3）输出功率 P_2 和电磁功率 P_{em}。

8. 一台并励直流发电机，$P_N = 35$ kW，$U_N = 115$ V，$n_N = 1450$ r/min，电枢回路电阻 $R_a = 0.024\,3\ \Omega$，一对电刷压降 $2\Delta U_b = 2$ V，励磁回路电阻 $R_f = 20.1\ \Omega$，求额定时的电磁功率和电磁转矩。

9. 一台并励直流电动机，$U_N = 220$ V，$I_N = 80$ A，额定运行时，电枢回路总电阻 $R_a = 0.099\ \Omega$，励磁回路电阻 $R_f = 110\ \Omega$，$2\Delta U_b = 2$ V，附加损耗占额定功率 1%，额定负载时的效率 $\eta_N = 85\%$，求：（1）额定输入功率；出功率；（3）总损耗；（4）电枢回路铜损耗；（5）励磁回路铜损耗；（6）电刷接触电阻损耗；（7）附加损耗；（8）机械损耗和铁损耗之和。

10. 一台并励直流电动机，$P_N = 7.5$ kW，$U_N = 110.0$ V，$I_N = 82.2$ A，$n = 1500$ r/min，电枢绕组电阻 $r_a = 0.104\ \Omega$，励磁回路电阻 $R_f = 46.7\ \Omega$，若忽略电枢反应：

（1）求电动机电枢电流 $I_a = 60$ A 时的转速；

（2）假如负载转矩不随转速改变而改变，电机的主磁通减小 15%，求达到稳定状态时的电枢电流及转速。

第 2 章习题参考答案

第 3 章　变压器

【学习指导】

1. 学习目标

（1）掌握变压器工作原理与结构；

（2）掌握如何根据变压器空载、负载电磁关系导出等值电路；

（3）掌握变压器等值电路各参数的物理意义；

（4）了解变压器中存在哪些损耗，其大小与哪些因素有关；

（5）掌握变压器参数测定方法；

（6）掌握三相变压器磁路特点、连接组号的确定方法；

（7）了解绕组连接法和磁路系统对空载电动势波形的影响；

（8）掌握变压器并联运行问题；

（9）掌握电压调整率及效率的计算；

（10）了解自耦变压器、电压互感器、电流互感器基本原理。

2. 学习建议

本章学习时间为 15 ~ 16 小时，其中：

3.1 节建议学习时间：1 小时；

3.2 节建议学习时间：2 小时；

3.3 节建议学习时间：2 小时；

3.4 节建议学习时间：1.5 小时；

3.5 节建议学习时间：1.5 小时；

3.6 节建议学习时间：2 小时；

3.7 节建议学习时间：2 小时；

3.8 节建议学习时间：1.5 小时；

3.9 节建议学习时间：2 小时。

3. 学习重难点

（1）变压器等值电路的导出；

（2）变压器参数测定；

（3）三相变压器绕组连接法和磁路系统对空载电动势波形的影响；

（4）变压器并联运行；

（5）变压器特性分析与计算。

变压器是一种静止的电气设备，它利用电磁感应原理，根据需要将一种交流电压的电能转换成同频率的另一种交流电压的电能。

在电力系统中，为了将发电机发出的大功率电能经济地输送到远距离的用户区，需采用升压变压器将发电机电压（通常为 10.5 ~ 20 kV）升高到 220 ~ 500 kV 或更高等级，以减少线路损耗。当电能输送到用户地区后，再用降压变压器将高等级电压逐级降到各种配电电压（如 10 kV、6 kV、380 V、220 V），供动力设备、照明设备方便地使用。在电力系统中，变压器具有相当重要的作用。

另外，在其他行业如交通运输等行业或电炉、电焊、实验、测量等特殊用电场合，变压器应用也非常广泛。

虽然为不同用途制造的变压器其容量、电压等级、体积、重量等差别很大，但其基本工作原理都是相同的。本章以油浸式电力变压器为研究对象，先分析单相变压器的基本原理、结构、运行性能，然后讨论三相变压器的特殊问题，最后介绍几种特殊变压器的相关理论。

3.1　变压器的原理与结构

3.1.1　变压器的工作原理

图 3.1 为双绕组变压器原理图，两个相互绝缘的绕组套在同一个铁芯上，这两个绕组只有磁的耦合而没有电的联系。我们把接交流电源的绕组称为一次绕组（或称原边、初级绕组），其物理量用下标"1"表示；而把接负载的绕组称为二次绕组（或称副边、次级绕组），其物理量用下标"2"表示。

当一次绕组接交流电压 u_1 后，通入的电流 i_1 在铁芯可产生一个交变的主磁通 Φ，此交变磁通同时交链一、二次绕组，根据电磁感应定律，两个绕组中将产生同频率的感应电势 e_1、e_2。若略去绕组电阻和漏抗压降，则变压器的一次侧电压、二次侧电压分别为

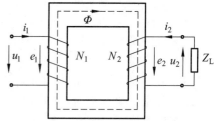

图 3.1　双绕组变压器原理图

$$u_1 \approx e_1 = -N_1 \frac{\mathrm{d}\Phi}{\mathrm{d}t}$$

$$u_2 \approx e_2 = -N_2 \frac{\mathrm{d}\Phi}{\mathrm{d}t}$$

可见，一次侧电压、二次侧的电压之比为

$$\frac{u_1}{u_2} = \frac{e_1}{e_2} = \frac{N_1}{N_2} = k$$

式中，k 为变压器的电压比，也称变比，它等于一次绕组、二次绕组匝数之比。从此式可以看出，若 u_1 固定，只要改变匝数比即可达到改变电压 u_2 的目的。

3.1.2　变压器的分类

变压器的类别众多，可根据用途、绕组数目、相数、铁芯结构、绝缘和冷却方式分别进行分类。

变压器按用途来分，可分为电力变压器、互感器、特种变压器。电力变压器又可以分为升压变压器、降压变压器、配电变压器、联络变压器及厂用变压器等。特种变压器是根据不同部门的不同要求而提供特种电源的变压器，如牵引变压器、整流变压器、高压实验变压器、电炉用变压器、电焊用变压器及矿用变压器等。

变压器按绕组数目来分，可分为双绕组变压器、三绕组变压器及自耦变压器。

变压器按相数来分，可分为单相变压器、三相变压器和多相变压器。

变压器按铁芯结构来分，可分为心式变压器和壳式变压器。

变压器按绝缘和冷却方式来分，可分为干式变压器和油浸变压器。干式变压器以空气、SF_6 气体或固体绝缘材料为绝缘冷却介质，油浸变压器以变压器油作为绝缘冷却介质。

3.1.3　变压器的基本结构

图 3.2 为油浸电力变压器结构图，其主要结构部件有铁芯、绕组、油箱、绝缘套管及分接开关等。其中，铁芯和绕组两个基本电磁感应部分构成变压器器身，是需要我们重点掌握的内容。

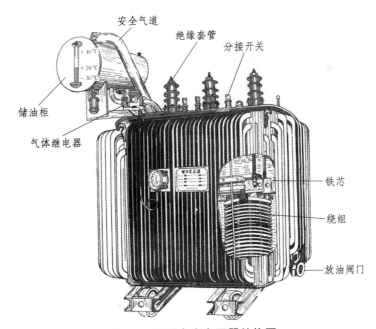

图 3.2　油浸电力变压器结构图

1. 铁　芯

铁芯是变压器的磁路部分，有铁芯柱和铁轭两部分，如图 3.3 所示。铁芯柱上套绕组，铁轭将铁芯柱连接起来构成闭合磁路。

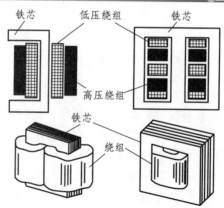

图 3.3　变压器铁芯

为了减少交变磁通在铁芯中产生的磁滞损耗和涡流损耗，变压器铁芯通常由厚度为 0.35 mm 左右且表面涂有绝缘漆的冷轧硅钢片叠装而成。

铁芯结构有心式和壳式两种基本形式。心式变压器的铁轭靠着绕组的顶面和底面，但不包围绕组的侧面，如图 3.4 所示，它的结构简单，绕组的装配和绝缘容易，因此，电力变压器通常采用心式结构。而在壳式结构中，铁轭不仅靠着绕组的顶面和底面，而且包围绕组的侧面，如图 3.5 所示。壳式结构虽然铁轭像外壳一样包着绕组，机械强度高，但由于制造复杂，用料多，因而一般只用于特种变压器和小容量的单相变压器。

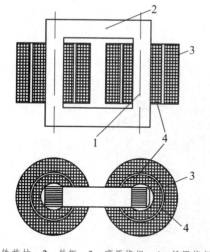

1—铁芯柱；2—铁轭；3—高压绕组；4—低压绕组。

图 3.4　心式变压器

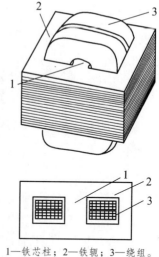

1—铁芯柱；2—铁轭；3—绕组。

图 3.5　壳式变压器

2. 绕　组

绕组是变压器的电路部分，它一般由包有绝缘材料的铜（或铝）导线绕制而成。

变压器中接高压电网的绕组称为高压绕组，而接低压电网的绕组称为低压绕组。根据高压绕组、低压绕组布置方式的不同，绕组可分为同心式和交叠式两类。

同心式绕组适用于心式变压器，装配时将圆筒形的高、低压绕组同心地套在铁芯柱上，一般低压绕组靠着铁芯，高压绕组套在低压绕组外面，高、低压绕组间设置有油道（或气道），以加强绝缘和散热。高、低压绕组两端到铁轭之间都要衬垫端部绝缘板，如图 3.6 所示。

交叠式高、低压绕组的线圈都做成圆饼状，沿铁芯柱依次交叠放置，如图 3.7 所示。为便于绝缘，一般最上和最下层为低压绕组。交叠式绕组多用于壳式变压器。

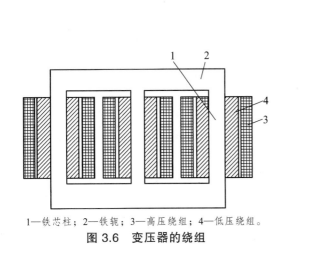

1—铁芯柱；2—铁轭；3—高压绕组；4—低压绕组。

图 3.6　变压器的绕组

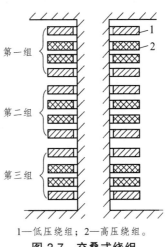

1—低压绕组；2—高压绕组。

图 3.7　交叠式绕组

3.1.4　变压器的额定值

变压器额定值是制造厂根据变压器设计和试验数据而指定的、表示变压器在规定的正常运行条件下的运行特征的一些数值。额定值通常标注在变压器铭牌上或产品说明书上，又称铭牌数据。

变压器主要的额定值有以下几个。

1. 额定容量 S_N

额定容量是变压器的视在功率，单位为 V·A、kV·A 或 MV·A。由于变压器效率高，对于双绕组变压器，设计规定一次侧、二次侧额定容量相等。

2. 额定电压

一次侧额定电压 U_{1N} 是变压器正常运行时一次绕组外接电压有效值。二次侧额定电压 U_{2N} 是当变压器一次侧外加额定电压时二次侧的空载电压有效值。对于三相变压器，一次侧、二次侧额定电压都是指线电压，单位为 V 或 kV。

3. 额定电流

额定电流是根据额定容量和额定电压计算出来的电流有效值。对于三相变压器，一次侧、二次侧额定电流都是指线电流，单位为 A。

变压器额定容量、额定电压和额定电流之间的关系如下：

对于单相变压器：

$$S_N = I_{1N}U_{1N} = I_{2N}U_{2N} \tag{3.1}$$

对于三相变压器：

$$S_N = \sqrt{3}I_{1N}U_{1N} = \sqrt{3}I_{2N}U_{2N} \qquad (3.2)$$

注意：其中的电压、电流是额定线电压、额定线电流。

4. 额定频率

我国标准规定工业用电频率（简称工频）为 50 Hz。

除以上额定值外，变压器铭牌上还标有额定温升、阻抗电压、连接组别及额定效率等额定值及型号、相数、冷却方式、组号等数据。

3.2 变压器空载运行

变压器空载运行是指变压器一次侧接入交流电压、二次侧开路的运行状态。图 3.8 为空载运行的单相双绕组变压器示意图，正方向规定如下：

① 一次绕组相当于电负载，按用电惯例定向，i_0 与产生它的电压 u_1 正方向相同；

② 二次绕组对外相当于电源，按发电机惯例定向，i_2 与 e_2 正方向相同；

③ 磁通正方向与产生它的电流的正方向符合右手螺旋关系；

④ 感应电动势的正方向与产生它的磁通的正方向符合右手螺旋关系。

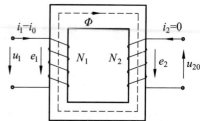

图 3.8 空载运行的单相双绕组变压器示意图

下面我们先讨论空载运行时的各电磁物理量及其关系，再根据电磁平衡关系推导等效电路及相量图。

3.2.1 空载运行时的电磁关系

1. 空载运行时的磁通

空载运行时一次侧接入交流电压，产生的电流 i_0 称为空载电流。

由空载电流产生的磁势 $F_0 = N_1 i_0$ 将在变压器磁路中产生交变磁场，为方便分析，我们把磁通分为两部分：一部分沿着铁芯闭合，同时与一次绕组和二次绕组相交链，称为为主磁通 Φ；另一部分仅与绕组自身交链，通过油或空气闭合，为漏磁通 $\Phi_{1\sigma}$。

由于铁芯的磁导率远大于空气等非铁磁材料的磁导率，因此虽然主磁通和漏磁通都是由空载电流产生的，但主磁通却远大于漏磁通（漏磁通仅占总磁通的 0.1% ~ 0.2%）。

主磁通同时交链一、二次绕组，是能量传递的媒介，其路径为沿着铁芯闭合的磁路，由于铁磁材料有饱和现象，因而铁芯为非线性磁路。而漏磁通路径大部分为非铁磁物质，磁路为线性磁路，但其仅在一次绕组感应电动势，故不能传递能量。

2. 磁通与感应电动势的关系

不考虑铁芯饱和，假设磁通 $F_0 = N_1 i_0$ 产生的主磁通 Φ、漏磁通 $\Phi_{1\sigma}$ 都以电源电压频率 f 随

时间按正弦规律变化，即

$$\Phi = \Phi_m \sin \omega t , \quad \Phi_{1\sigma} = \Phi_{1\sigma m} \sin \omega t$$

式中　Φ_m、$\Phi_{1\sigma m}$——主磁通、一次漏磁通的最大值；

　　　ω——角频率，$\omega = 2\pi f$。

按图 3.1 的参考方向，主磁通在一、二次绕组中产生的感应电势为

$$\left. \begin{array}{l} e_1 = -N_1 \dfrac{\mathrm{d}\Phi_m}{\mathrm{d}t} = -N_1\Phi_m\omega \sin\left(\omega t - \dfrac{\pi}{2}\right) = -\sqrt{2}E_1 \sin\left(\omega t - \dfrac{\pi}{2}\right) \\[3mm] e_2 = -N_2 \dfrac{\mathrm{d}\Phi_m}{\mathrm{d}t} = -N_2\Phi_m\omega \sin\left(\omega t - \dfrac{\pi}{2}\right) = -\sqrt{2}E_2 \sin\left(\omega t - \dfrac{\pi}{2}\right) \end{array} \right\} \quad (3.3)$$

用相量形式表示为

$$\left. \begin{array}{l} \dot{E}_1 = \dfrac{\dot{E}_{1m}}{\sqrt{2}} = -\mathrm{j}\dfrac{2\pi f N_1 \dot{\Phi}_m}{\sqrt{2}} = -\mathrm{j}\sqrt{2}\pi f N_1 \dot{\Phi}_m = -\mathrm{j}4.44 f N_1 \dot{\Phi}_m \\[3mm] \dot{E}_2 = \dfrac{\dot{E}_{2m}}{\sqrt{2}} = -\mathrm{j}\dfrac{2\pi f N_2 \dot{\Phi}_m}{\sqrt{2}} = -\mathrm{j}\sqrt{2}\pi f N_2 \dot{\Phi}_m = -\mathrm{j}4.44 f N_2 \dot{\Phi}_m \end{array} \right\} \quad (3.4)$$

有效值为

$$\left. \begin{array}{l} E_1 = 4.44 f N_1 \Phi_m \\ E_2 = 4.44 f N_2 \Phi_m \end{array} \right\} \quad (3.5)$$

一次漏磁通在绕组中产生的感应漏电势为

$$e_{1\sigma} = -N_1 \dfrac{\mathrm{d}\Phi_{1\sigma}}{\mathrm{d}t} = -\mathrm{j}4.44 f N_2 \dot{\Phi}_{1\sigma m} \quad (3.6)$$

写成相量形式为

$$\dot{E}_{1\sigma} = -\mathrm{j}4.44 f N_1 \dot{\Phi}_{1\sigma m} \quad (3.7)$$

由于漏磁路为线性磁路，磁导为常数，又由于 $E_{1\sigma} \propto \Phi_{1\sigma} \propto I_0$，由此可得

$$e_{1\sigma} = -N_1 \dfrac{\mathrm{d}\Phi_{1\sigma}}{\mathrm{d}t} = -N_1 \dfrac{\mathrm{d}\left(N_1 i_0 \Lambda_{1\sigma}\right)}{\mathrm{d}t} = -N_1^2 \Lambda_{1\sigma} \dfrac{\mathrm{d}i_0}{\mathrm{d}t} = -L_{1\sigma} \dfrac{\mathrm{d}i_0}{\mathrm{d}t}$$

写成相量形式为

$$\dot{E}_{1\sigma} = -\mathrm{j}\dot{I}_0\omega L_{1\sigma} = -\mathrm{j}\dot{I}_0 X_{1\sigma} \quad (3.8)$$

式中　$\Lambda_{1\sigma}$——一次绕组漏磁路的磁导；

　　　$L_{1\sigma}$——一次绕组漏电感；

　　　$X_{1\sigma}$——一次绕组漏电抗。

通常认为 $\Lambda_{1\sigma}$、$L_{1\sigma}$、$X_{1\sigma}$ 都是常数。

3. 电动势平衡方程

按图 3.8 所示的参考方向，根据基尔霍夫电压定律有

$$\left.\begin{array}{l} u_1 = -e_1 - e_{1\sigma} + i_0 R_1 \\ u_2 = e_2 \end{array}\right\} \tag{3.9}$$

用相量表示为

$$\dot{U}_1 = -\dot{E}_1 - \dot{E}_{1\sigma} + \dot{I}_0 R_1 = -\dot{E}_1 + j\dot{I}_0 X_{1\sigma} + \dot{I}_0 R_1 = -\dot{E}_1 + \dot{I}_0 Z_1 \tag{3.10}$$

式中 R_1 ——一次绕组的电阻；

        Z_1 ——一次绕组的漏阻抗，$Z_1 = R_1 + jX_{1\sigma}$。

空载时，电力变压器一次绕组的漏阻抗压降 $\dot{I}_0 Z_1$ 相对于 $\dot{U}_1$ 来说很小，可以忽略，则式（3.10）可写成

$$\dot{U}_1 \approx -\dot{E}_1 = j4.44 f N_1 \dot{\Phi}_\mathrm{m} \tag{3.11}$$

上式变形则有

$$\Phi_\mathrm{m} \approx \frac{U_1}{4.44 f N_1} \tag{3.12}$$

因此，我们可得出结论：影响主磁通大小的因素是电源电压 U_1、电源频率 f 和一次侧线圈匝数 N_1，而与铁芯材质及几何尺寸基本无关。

由式（3.9）和式（3.11）可得

$$\frac{U_1}{U_2} = \frac{|\dot{E}_1|}{|\dot{E}_2|} = \frac{E_1}{E_2} = \frac{N_1}{N_2} = k$$

式中，k 为变压器变比，是一次侧、二次侧相电动势之比，也等于一、二次绕组匝数比。

4. 空载电流与励磁电流

变压器空载运行时，空载电流的主要作用是建立主磁通，所以空载电流 i_0 就是励磁电流。

根据前面的分析，当变压器外加电压为正弦波时，磁通也基本为正弦波。为充分利用铁磁材料，实际变压器在运行中磁路是饱和的，此时励磁电流与磁通为非线性关系，如图 3.9（a）所示。为能够获得正弦波的磁通，励磁电流必须是尖顶波；且由于铁耗的存在，励磁电流必须超前磁通一个小角度。

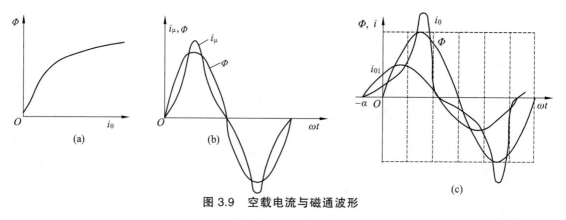

图 3.9   空载电流与磁通波形

工程上为了分析方便，通常用一个正弦励磁电流 $\dot{I}_0$ 来等效实际中非正弦的空载电流 i_0，

$\dot{I}_0$可以分解为两部分：一部分为无功分量$\dot{I}_\mu$，称为磁化电流，用于建立磁通，磁化电流与磁通同时变化，相位相同；另一部分为有功分量，由于空载时的有功功率主要是铁耗，故称为铁耗电流分量$\dot{I}_{Fe}$，铁耗电流分量与$\dot{U}_1$同相位。因此，合成励磁电流超前磁通α角，称为铁耗角，如图 3.9 所示。

3.2.2　空载运行时的等效电路及相量图

1. 相量图

根据前面分析的变压器空载运行时各电磁量之间的关系及电动势平衡方程，可画出对应的相量图，如图 3.10 所示。

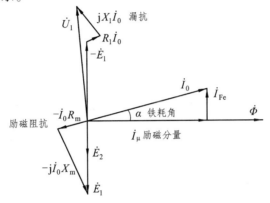

图 3.10　变压器空载运行时的相量图

作图步骤如下：

（1）画$\dot{\Phi}_m$，指定其为参考相量；

（2）根据$\dot{E}_1 = -j4.44fN_1\dot{\Phi}_m$，$\dot{E}_2 = -j4.44fN_2\dot{\Phi}_m$，画出滞后$\dot{\Phi}_m$ 90°的$\dot{E}_1$、$\dot{E}_2$；

（3）画超前$\dot{\Phi}_m$铁耗角α的等效励磁电流$\dot{I}_0$；

（4）根据一次侧、二次侧电压平衡关系，画$\dot{U}_1$、$\dot{U}_2$。

2. 等效电路

变压器运行既有电路问题，又有磁路问题，分析、计算复杂，如果将变压器内部的电磁关系用一个纯电路形式的等效电路表示出来，则可使分析大为简化。"场化路"是研究变压器和电机理论的基本方法。

前面已推导出变压器空载时的一次侧电压平衡方程为

$$\dot{U}_1 = -\dot{E}_1 - \dot{E}_{1\sigma} + \dot{I}_0 R_1 = -\dot{E}_1 + j\dot{I}_0 X_{1\sigma} + \dot{I}_0 R_1 \tag{3.13}$$

式中我们引入了漏电抗来等效漏磁通的电磁效应，现在用同样的处理方法来等效主磁通的电磁效应，考虑主磁通在铁芯中要产生有功损耗，不能单独地引入一个电抗，而应引入励磁阻抗$Z_m = R_m + jX_m$，其中X_m是励磁电抗，反映励磁电流产生的主磁通感应电势的作用，是表征变压器铁芯磁化性能的重要参数；而R_m是励磁电阻，是反映铁耗的等效电阻。于是有

$$-\dot{E}_1 = \dot{I}_0 Z_m = \dot{I}_0 \left(R_m + jX_m\right) \tag{3.14}$$

将式（3.14）代入式（3.13），得

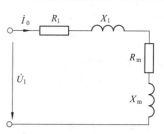

$$\begin{aligned}\dot{U}_1 &= \dot{I}_0 Z_m + \dot{I}_0 Z_1 \\ &= \dot{I}_0 \left(R_m + jX_m\right) + \dot{I}_0 \left(R_1 + jX_{1\sigma}\right)\end{aligned} \qquad (3.15)$$

据此方程，可画出变压器空载等效电路，如图 3.11 所示。

需要注意的是 R_1、X_1 与漏磁路有关，是常数；R_m、X_m 因铁芯饱和程度的不同而变化，不是常数。另外，由于主磁通远大于漏磁通，故 $X_m \gg X_{1\sigma}$。

图 3.11　变压器空载等效电路

3.3　变压器负载运行

变压器负载运行是指一次侧接入交流电压，二次侧接负载的运行状态。图 3.12 为负载运行的单相双绕组变压器示意图，参考方向的规定如图中所示。

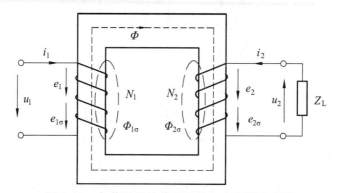

图 3.12　负载运行的单相双绕组变压器示意图

3.3.1　负载运行时的电磁关系

如果在变压器的二次侧接上负载，则在感应电动势 e_2 的作用下，二次绕组将产生电流 i_2。这时，一次绕组的电流将由 i_0 增大为 i_1，如图 3.12 所示。由电流 i_2 产生的磁动势也要在铁芯中产生磁通，因此，变压器负载运行时铁芯中的主磁通应由一、二次绕组的磁动势共同产生。于是有

$$\dot{F}_1 + \dot{F}_2 = \dot{F}_m \qquad (3.16)$$

由 $\dot{U}_1 \approx -\dot{E}_1 = j4.44 f N_1 \Phi_m$ 可知，在外加电压 U_1 和频率 f 不变的情况下，主磁通 Φ_m 基本保持不变。因此，负载时产生主磁通的合成磁通势应和空载时磁通势基本相等，用公式表示，即

$$\dot{F}_1 + \dot{F}_2 = \dot{F}_m \approx \dot{F}_0 \qquad (3.17)$$

式（3.17）也可写成

$$N_1 \dot{I}_1 + N_2 \dot{I}_2 = N_1 \dot{I}_m \approx N_1 \dot{I}_0 \qquad (3.18)$$

这一关系称为变压器的磁动势平衡方程式。整理可得

$$\dot{I}_1 = \dot{I}_0 + \left(-\frac{N_2}{N_1}\right)\dot{I}_2 = \dot{I}_0 + \dot{I}_{1L} \qquad (3.19)$$

式（3.19）说明一次侧电流有两个分量：一个是励磁分量 $\dot{I}_0$，用于建立主磁通；另一个是负载分量 $\dot{I}_{1L} = -\dfrac{N_2}{N_1}\dot{I}_2$。由于

$$N_1 \dot{I}_{1L} + N_2 \dot{I}_2 = 0 \qquad (3.20)$$

因此，负载分量 $\dot{I}_{1L}$ 产生的磁势用于抵消二次侧的磁势。

3.3.2　负载运行时的电压平衡方程式

根据图 3.12 所示的参考方向，可写出一次侧、二次侧电压平衡方程为

$$\left.\begin{array}{l} \dot{U}_1 = -\dot{E}_1 - \dot{E}_{1\sigma} + \dot{I}_1 R_1 \\ \dot{U}_2 = \dot{E}_2 + \dot{E}_{2\sigma} - \dot{I}_2 R_2 \end{array}\right\} \qquad (3.21)$$

式中，R_1、R_2 分别为一、二次绕组的电阻。

按照空载运行分析的方法，用漏电抗等效漏磁通电势，有

$$\dot{E}_{1\sigma} = -\mathrm{j}\dot{I}_1 X_{1\sigma}, \quad \dot{E}_{2\sigma} = -\mathrm{j}\dot{I}_2 X_{2\sigma}$$

则电压平衡方程变为

$$\left.\begin{array}{l} \dot{U}_1 = -\dot{E}_1 + \dot{I}_1(R_1 + \mathrm{j}X_{1\sigma}) = -\dot{E}_1 + \dot{I}_1 Z_1 \\[2mm] \dot{U}_2 = \dot{E}_2 - \dot{I}_2(R_2 + \mathrm{j}X_{2\sigma}) = \dot{E}_2 - \dot{I}_2 Z_2 \\[2mm] k = \dfrac{\dot{E}_1}{\dot{E}_2} \\[2mm] \dot{I}_1 + \dfrac{\dot{I}_2}{k} = \dot{I}_0 \\[2mm] -\dot{E}_1 = \dot{I}_0 Z_m \\[2mm] \dot{U}_2 = \dot{I}_2 Z_L \end{array}\right\} \qquad (3.22)$$

式中，Z_2 为二次绕组的漏阻抗，$Z_2 = R_2 + \mathrm{j}X_{2\sigma}$。

式（3.22）基本方程中包含两个靠磁场耦合的电路的众多物理量的复数方程，而且通常变比 k 很大，一次绕组和二次绕组电量、阻抗值相差很大，不便于计算，精度低，分析复杂、不方便。为推导出便于分析的负载运行等效电路，需要用绕组折算的方法。

3.3.3　绕组折算

为了得到变压器的等效电路，先要进行绕组折算。通常是二次绕组折算到一次绕组，当然也可以相反。二次绕组折算到一次侧，就是用一个和一次绕组匝数相等的等效绕组，代替

原来实际的二次绕组。

折算条件是保证折算前后变压器的电磁过程、能量传递不变，因此要求：

（1）保持磁场不变，即从一次侧看各物理量的关系不变；

（2）保持能量传递关系不变，即从电源输入到一次侧的有功、无功功率不变。

在满足折算要求的前提下，可得到二次侧的电动势、电流、电阻及漏抗的折算值（在原符号上加 "′"） E_2'、I_2'、R_2'、X_2'，此时 $N_2' = N_1$。

1. 电流的折算

根据折算条件（1）的要求，磁场不变、磁势平衡关系不变，则

$$N_1 I_2' = N_2 I_2$$

可得出电流折算值为

$$I_2' = \frac{N_2}{N_1} I_2 = \frac{1}{k} I_2 \tag{3.23}$$

2. 电动势和电压的折算

由于折算前后磁场不变，且 $\dot{E}_2 = -\text{j}4.44 f N_2 \dot{\Phi}_\text{m}$，则电势与匝数成正比，于是有

$$E_2' = \frac{N_1}{N_2} E_2 = k E_2 = E_1 \tag{3.24}$$

根据能量关系不变，即二次侧输出功率不变，有

$$U_2' I_2' = U_2 I_2$$

由此可得

$$U_2' = k U_2 \tag{3.25}$$

3. 电阻和电抗的折算

根据能量传递关系不变，折算前后有功功率和无功功率都不变，有

$$I_2'^2 R_2' = I_2^2 R_2, \quad I_2'^2 X_{2\sigma}' = I_2^2 X_{2\sigma}$$

由此可得

$$R_2' = \left(\frac{I_2}{I_2/k} \right)^2 R_2 = k^2 R_2, \quad X_{2\sigma}' = \left(\frac{I_2}{I_2/k} \right)^2 X_{2\sigma} = k^2 X_{2\sigma} \tag{3.26}$$

可见，将二次侧的各个物理量折算到一次侧时，电流除以变比，电压、电动势乘以变比，电阻、电抗、阻抗乘以变比的平方。

3.3.4 负载运行的等效电路与相量图

1. T 形等效电路的导出

由式（3.22）可知，将二次绕组折算到一次侧后的变压器方程组为

$$
\left.
\begin{aligned}
\dot{U}_1 &= -\dot{E}_1 + \dot{I}_1 Z_1 \\
\dot{U}_2' &= \dot{E}_2' - \dot{I}_2' Z_2' \\
\dot{E}_1 &= \dot{E}_2' \\
\dot{I}_1 + \dot{I}_2' &= \dot{I}_0 \\
-\dot{E}_1 &= \dot{I}_0 Z_m \\
\dot{U}_2' &= \dot{I}_2' Z_L'
\end{aligned}
\right\} \tag{3.27}
$$

根据折算后的方程组，可以把方程式所表示的电磁关系用等效电路来表示，把"场化为路"来分析。图 3.13 是变压器的等效电路，因变压器本身的等效电路形状像字母"T"，故称其为 T 形等效电路。

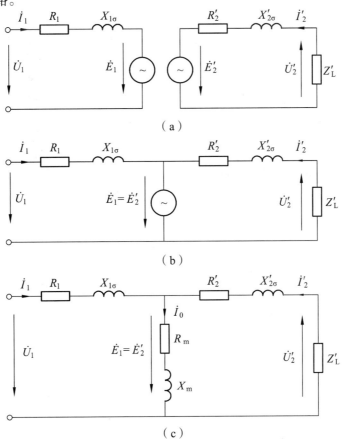

图 3.13　变压器 T 形等效电路的形成过程

2. Γ 形等效电路

Γ 形等效电路能准确地反映变压器运行时的物理情况，但它含有串联、并联支路，运算较为复杂。对于电力变压器，实际上励磁阻抗 Z_m 远远大于漏阻抗 Z_1，漏阻抗压降很小。根

据 $\dot{U}_1 = -\dot{E}_1 + \dot{I}_1 Z_1$，$\dot{U}_1 \approx -\dot{E}_1$，可将励磁支路前移与电源并联，使得分析和计算大为简化，如图 3.14 所示，该电路称为近似 Γ 形等效电路。

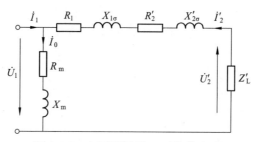

图 3.14　变压器近似 Γ 形等效电路

3. 简化等效电路

当变压器负载电流很大或变压器短路运行时，可以忽略很小的励磁电流，即将励磁支路断开，从而得到简化等效电路，如图 3.15 所示。

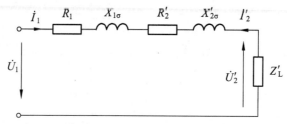

图 3.15　变压器简化等效电路

合并图 3.15 中参数，可得短路参数为

$$\left.\begin{array}{l} R_k = R_1 + R_2' \\ X_k = X_{1\sigma} + X_{2\sigma}' \\ Z_k = R_k + jX_k \end{array}\right\} \tag{3.28}$$

根据简化等效电路可知，当变压器发生稳态短路时，$\dot{U}_2' = 0$，短路电流仅仅由内部的漏抗参数限定，即 $I_k = \dfrac{U_1}{Z_k}$。这个电流很大，可以达到额定电流的 10 ~ 20 倍。

4. 相量图

根据折算后的基本方程式（3.27），可以作出变压器负载运行时的相量图，如图 3.16 所示。作图步骤如下：

（1）取折算后的二次侧电压 $\dot{U}_2'$ 为参考相量；

（2）根据 $\dot{I}_2'$ 滞后 $\dot{U}_2'$ 角度 φ_2 画出 $\dot{I}_2'$；

（3）由 $\dot{U}_2' + \dot{I}' R_2' + j\dot{I}_2' X_{2\sigma}' = \dot{E}_2'$，画出 $\dot{E}_2' = \dot{E}_1$；

（4）画 $\dot{\Phi}_m$（超前 $\dot{E}_1$ 90°）；

（5）画 $\dot{I}_0$（超前 $\dot{\Phi}_m$ 铁耗角 α）；

（6）根据 $\dot{I}_1 = -\dot{I}_2' + \dot{I}_0$ 画 $\dot{I}_1$；

（7）由 $-\dot{E}_1 + \dot{I}_1 R_1 + \mathrm{j}\dot{I}_1 X_{1\sigma} = \dot{U}_1$ ，画出 $\dot{U}_1$ 。

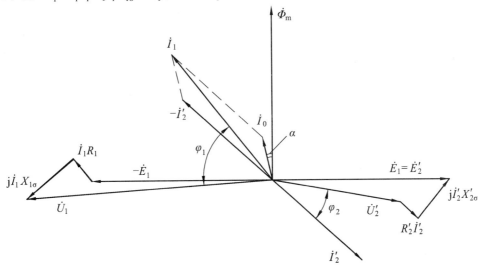

图 3.16　变压器负载运行时的相量图（$\cos\varphi_2$ 滞后）

3.4　变压器的参数测定

3.3 节介绍的分析变压器的基本方程式、等效电路、相量图方法，都需要知道变压器等效电路的参数。这些参数可以在设计变压器时计算求得，也可以通过对制成的变压器进行试验求得。本节介绍变压器参数试验测定方法。

3.4.1　空载试验

空载试验又称开路试验，单相变压器空载试验接线图如图 3.17 所示，在一次侧外加电压 U_1、二次侧开路（即 $I_2' = 0$）时，测量一次电压 U_1、二次电压 U_{20}、空载电流 I_0、输入功率 P_0，由试验数据即可计算变比 k、励磁阻抗 Z_m、励磁电阻 R_m，并进一步计算励磁电抗 X_m。

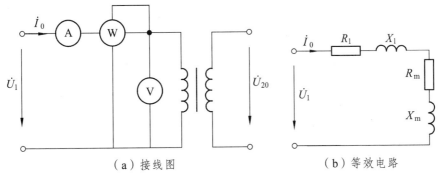

（a）接线图　　　　　　　　　　（b）等效电路

图 3.17　单相变压器空载试验接线图

空载时，变压器等效电路中 $Z_m \gg Z_1$，因而 Z_1 可忽略不计，则 $k = \dfrac{U_{20}}{U_1}$，输入功率 P_0 近似

等于变压器的铁耗 p_{Fe} ，由此得

$$Z_m = \frac{U_1}{I_0} ; \quad R_m = \frac{P_0}{I_0^2} ; \quad X_m = \sqrt{Z_m^2 - R_m^2} \tag{3.29}$$

空载试验需要注意以下几点：

（1）为了安全起见，通常空载试验在低压侧进行，然后再折算到高压方。

（2）对于三相变压器，由于测量值为线值，而式（3.29）中的参数必须使用相值，故需要进行换算。

（3）由于磁路饱和，R_m、X_m 不是常数，而是随电压的大小而变化的，故应该取对应额定电压时的测量值进行计算。

3.4.2 短路试验

单相变压器短路试验接线图如图 3.18 所示，二次侧短路 $(U_2' = 0)$，在一次侧外加可调低电压 U_k，使 U_k 从零开始逐渐调高到一次侧电流达到额定值 I_{1N}，测量此时一次电压 U_k、短路电流 I_k、输入功率 P_k，由试验数据即可计算短路阻抗 Z_k、短路电阻 R_k，并进一步计算短路电抗 X_k。

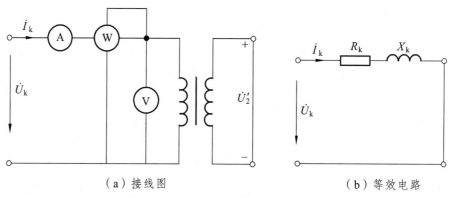

（a）接线图   （b）等效电路

图 3.18　单相变压器短路试验接线图

变压器短路时的等效电路如图 5.18 所示，由于短路电压很低，主磁通小，因此励磁电流、铁耗可忽略不计，则此时输入功率 P_k 近似等于变压器的铜耗 p_{Cu}，由此可得

$$Z_k = \frac{U_k}{I_k} ; \quad R_k = \frac{P_k}{I_k^2} ; \quad X_k = \sqrt{Z_k^2 - R_k^2} \tag{3.30}$$

短路试验需要注意以下几点：

（1）为试验方便，一般在高压侧接电源，低压侧短接。

（2）一般认为：$R_1 \approx R_2' = \frac{1}{2} R_k$ ；$X_1 \approx X_2' = \frac{1}{2} X_k$ 。

（3）对于三相变压器，测量值为线值，而式（3.30）中的参数必须使用相值，故需要进行换算。

（4）由于线圈电阻与温度有关，短路试验时温度可能与运行温度不同，国标规定应将其折算到 75℃。

对铜线：
$$R_{k75°C} = \frac{235+75}{235+\theta} R_k \qquad (3.31)$$

对铝线：
$$R_{k75°C} = \frac{228+75}{228+\theta} R_k \qquad (3.32)$$

则
$$Z_{k75°C} = \sqrt{R_{k75°C}^2 + X_k^2} \qquad (3.33)$$

3.4.3 短路电压（阻抗电压）

短路电压 U_k 是短路试验时使短路电流为额定电流时一次侧所加的电压，它反映了变压器在额定负载下运行时漏阻抗压降的大小。它一般标在变压器铭牌上，并且通常用占额定电压的百分数表示：

$$u_k(\%) = \frac{U_{kN}}{U_{1N}} \times 100\% = \frac{I_{1N} Z_{k75°C}}{U_{1N}} \times 100\% \qquad (3.34)$$

其中，$U_{kN} = I_{1N} Z_{k75°C}$ 为额定电流在短路阻抗上的压降，又称作阻抗电压。

【例 3.1】某单相变压器，$S_N = 1\,000$ kV·A，$\dfrac{U_{1N}}{U_{2N}} = \dfrac{60\text{ kV}}{6.3\text{ kV}}$，$f_N = 50$ Hz，空载及短路实验的结果如表 3.1 所示。

表 3.1

实验名称	电压/V	电流/A	功率/W	电源加在
空载	6 300	10.1	5 000	低压边
短路	3 240	15.15	14 000	高压边

试计算：

（1）折算到高压边的参数（实际值及标幺值），假定 $R_1 = R_2' = \dfrac{R_k}{2}$，$X_{1\sigma} = X_{2\sigma}' = \dfrac{X_k}{2}$；

（2）画出折算到高压边的 T 形等效电路；

（3）计算短路电压的百分值及其二分量；

（4）满载及 $\cos\varphi_2 = 0.8$ 滞后时的电压变化率及效率；

（5）最大效率。

解 （1）由空载实验数据可以得到折算到高压边的参数。

$$Z_m = k^2 \cdot \frac{U_0}{I_0}，\text{ 而 } k = 60/6.3 = 9.524$$

所以
$$Z_m = 9.524^2 \cdot \frac{6\,300}{10.1} = 56.577 \quad (\text{k}\Omega)$$

$$R_m = 9.524^2 \cdot \frac{P_0}{I_0^2} = 4.446 \quad (\text{k}\Omega)$$

$$X_m = \sqrt{Z_m^2 - R_m^2} = 56.402 \quad (\text{k}\Omega)$$

根据短路实验得到折算到低压边的参数。

$$R_1 = R_2' = \frac{1}{2} \cdot \frac{P_k}{I_k^2} = \frac{14\,000}{2 \times 15.15^2} = 30.5 \quad (\Omega)$$

$$\frac{Z_k}{2} = \frac{U_k}{2I_k} = \frac{3\,240}{2 \times 15.15} = 106.93 \quad (\Omega)$$

$$X_{1\sigma} = X_{2\sigma}' = \sqrt{\left(\frac{Z_k}{2}\right)^2 - R_1^2} = 102.5 \quad (\Omega)$$

$$Z_{1N} = \frac{U_{1N}}{I_{1N}} = \frac{U_{1N}^2}{S_N} = 3.6 \quad (k\Omega)$$

所以
$$R_m^* = \frac{R_m}{Z_{1N}} = 1.235, \quad X_m^* = \frac{X_m}{Z_{1N}} = 15.667$$

$$R_1^* = (R_2')^* = \frac{R_1}{Z_{1N}} = 8.472 \times 10^{-3}$$

$$X_{1\sigma}^* = (X_{1\sigma}')^* = \frac{X_{1\sigma}}{Z_{1N}} = 2.847\,2 \times 10^{-2}$$

（2）折算到高压侧的 T 形等效电路如图 3.19 所示。

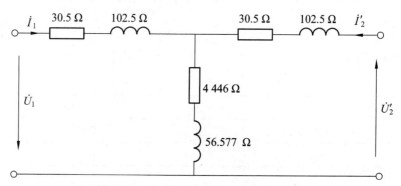

图 3.19　折算到原边的 T 形等效电路

（3）$U_{kr} = R_1^* + (R_2')^* = 2R_1^* = 1.694\,4\%$，$\quad U_{kx} = X_{1\sigma}^* + (X_{2\sigma}')^* = 2X_{1\sigma}^* = 5.694\,4\%$

所以
$$U_k = \sqrt{U_{kr}^2 + U_{kx}^2} = 5.94\%$$

（4）电压变化率
$$\begin{aligned}
\Delta U &= U_{kr} \times \cos\varphi_2 + U_{kx}\sin\varphi_2 \\
&= (1.694\,4 \times 0.8 + 5.694\,4 \times 0.6)\% \\
&= 4.77\%
\end{aligned}$$

此时
$$U_2' = U_{1N} - \Delta U \cdot U_{1N} = 57.138 \quad (kV)$$

而
$$I_2' \approx I_{1N} = \frac{S_N}{U_{1N}} = 16.667 \ (A)$$

所以
$$P_2 = U_2' I_2' \cos\varphi_2 = 57.138 \times 16.667 \times 0.8 = 952.3 \quad (kW)$$

故
$$P_1 = P_2 + P_0 + \left(\frac{I_{1N}}{I_k}\right)^2 P_k = 974.24 \quad (kW)$$

则
$$\eta = \frac{P_2}{P_1} \times 100\% = \frac{952.3}{974.24} \times 100\% = 97.75\%$$

（5）达到最大效率时，$p_{Cu} = p_{Fe} = 5000 \text{ W}$，所以

$$I_1 = \sqrt{\frac{5\,000}{R_1 + R_2'}} = 9.05 \text{ (A)}, \quad I_1^* = \frac{9.05}{16.67} = 0.543$$

所以

$$\eta_{max} = \left(1 - \frac{P_0 + (I_1^*)^2 P_k}{I_1^* S_N \cos\varphi_2 + P_0 + (I_1^*)^2 P_k}\right) \times 100\% = 98.19\%$$

3.5　标幺值

在电机的工程计算实践中，电压、电流、阻抗、功率等通常不用它们的实际值表示，而用标幺值来表示。

某物理量的实际值与其选定的同单位的基值之比称为该物理量的标幺值。为了区别，在各物理量符号右上角加"*"号表示其标幺值。

$$标幺值 = 实际值/基值 \tag{3.35}$$

显然，基值选取不同则同一物理量的标幺值也不同。

采用标幺值的同时，应该保持各物理量的标幺值之间的关系式与各物理量实际值之间的关系式的一致性。因此，在电机和变压器中，常用各物理量的额定值作为基值。

在单相变压器中，分别选额定电压 U_{1N}、U_{2N} 为一次侧、二次侧电压的基值；额定电流 I_{1N}, I_{2N} 为一次侧、二次侧电流的基值；功率的基值选额定容量 S_N；一次侧、二次侧阻抗基值为 $Z_{1N} = \dfrac{U_{1N}}{I_{1N}}$，$Z_{2N} = \dfrac{U_{2N}}{I_{2N}}$，分别是其电压与电流的基值之比。由此可得

电压、电流标幺值：$U_1^* = \dfrac{U_1}{U_{1N}}$，$U_2^* = \dfrac{U_2}{U_{2N}}$，$I_1^* = \dfrac{I_1}{I_{1N}}$，$I_2^* = \dfrac{I_2}{I_{2N}}$

容量、功率标幺值：$S^* = \dfrac{S}{S_N}$，$P^* = \dfrac{P}{S_N}$，$Q^* = \dfrac{Q}{S_N}$

阻抗标幺值：$Z_1^* = \dfrac{Z_1}{Z_{1N}} = \dfrac{I_{1N}}{U_{1N}} Z_1$，$Z_2^* = \dfrac{Z_2}{Z_{2N}} = \dfrac{I_{2N}}{U_{2N}} Z_2$

电阻标幺值：$R_1^* = \dfrac{R_1}{Z_{1N}}$，$R_2^* = \dfrac{R_2}{R_{2N}}$

电抗标幺值：$X_1^* = \dfrac{X_1}{Z_{1N}}$，$X_2^* = \dfrac{X_2}{Z_{2N}}$

由于三相变压器电流、电压有相、线之分，功率也有单相、三相功率两种，因此在选择基值时要注意：

（1）三相变压器的线电压、线电流的基值选额定电压、额定电流；而相电压、相电流的基值要选额定相电压、额定相电流。

其标幺值为

$$U_{1l}^* = \frac{U_{1l}}{U_{1N}}, \quad U_{2l}^* = \frac{U_{2l}}{U_{2N}}, \quad U_{1\phi}^* = \frac{U_{1\phi}}{U_{1N}}, \quad U_{2\phi}^* = \frac{U_{2\phi}}{U_{2N}} \tag{3.36}$$

（2）三相变压器总功率的基值为三相额定视在功率 S_N，而一相功率的基值为每相额定容量 $S_{N\phi}$。

（3） 阻抗的基值为相电压基值与相电流基值之比，即 $Z_{1N} = \dfrac{U_{1N\phi}}{I_{1N\phi}}$， $Z_{2N} = \dfrac{U_{2N\phi}}{I_{2N\phi}}$。

采用标幺值进行分析计算有如下优点：

（1）不论变压器容量大小、形状如何，其用标幺值表示的各参数以及性能数据的变化范围都小，便于对不同容量的变压器进行比较。例如空载电流标幺值范围在 0.005 ~ 0.025；短路阻抗标幺值范围在 0.04 ~ 0.105。

（2）采用标幺值后，二次侧各物理量不需要折算了。因为折算前的标幺值与折算后的标幺值相等，如

$$Z_2^* = \frac{Z_2}{Z_{2N}} = \frac{I_{2N}}{U_{2N}} Z_2 = \frac{\dfrac{I_{2N}}{k} Z_2 k^2}{k U_{2N}} = \frac{I_{1N}}{U_{1N}} Z_2' = Z_2'^*$$

（3）采用标幺值后，各物理量的数值简化了，所有额定值的标幺值都是1。

（4）采用标幺值后，某些物理量具有相同的标幺值。如短路阻抗 Z_k 的标幺值等于短路阻抗电压 U_k 的标幺值，即

$$Z_k^* = \frac{Z_k}{Z_N} = \frac{I_N}{U_N} Z_k = \frac{U_k}{U_N} = U_k^* \tag{3.37}$$

同理有

$$R_k^* = U_{kr}^*, \quad X_k^* = U_{kx}^* \tag{3.38}$$

3.6 变压器的运行特性

变压器的运行性能可以用两个重要特性来反映：一是外特性，反映输出电压随负载变化的规律；二是效率特性，反映变压器效率随负载变化的规律。这两个特性的性能指标分别是电压调整率和效率。

3.6.1 外特性与电压变化率

从前面的分析可知，变压器在负载运行中，当电源电压不变时，随着负载的增加，一次侧输入电流增大，则一次、二次漏抗压降也随之增加，所以二次绕组的端电压 U_2 将下降。

当变压器一次绕组电压 U_1 和负载功率因数 $\cos\varphi_2$ 一定时，二次绕组电压 U_2 随负载电流 I_2 变化的曲线称为变压器的外特性，用 $U_2 = f(I_2)$ 表示。图 3.20 画出了变压器的两条外特性曲线。对于电阻性和电感性负载来说，

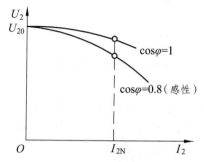

图 3.20 变压器的外特性曲线

变压器的外特性曲线是稍向下倾斜的，且感性负载的功率因数越低，U_2 下降得越快。

从空载到额定负载，变压器外特性的变化程度可用电压变化率 ΔU 来表示，即

$$\Delta U\% = \frac{U_{20}-U_2}{U_{2N}} \times 100\% = \frac{U_{2N}-U_2}{U_{2N}} \times 100\% = \frac{U'_{2N}-U'_2}{U'_{2N}} = \frac{U_{1N}-U'_2}{U_{1N}} \quad (3.39)$$

即电压变化率为变压器一次侧绕组施加额定电压、负载大小及其功率因数一定、空载与负载时，二次侧端电压的变化值 $(U_{20}-U_2)$ 与二次侧额定电压 U_{2N} 之比。

电压变化率反映变压器输出电压随负载变化的程度，反映供电电压稳定性。通常希望电压 U_2 的变化愈小愈好。在一般变压器中，其电阻和漏磁感抗均很小，电压变化率较小，电力变压器的电压变化率一般在5%左右，而小型变压器的电压变化率可达 20%。

根据变压器简化等效电路及相量图，可推导出电压变化率的计算公式。

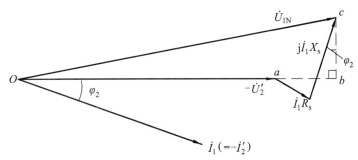

图 3.21   变压器简化等效电路对应及相量图

如图 3.21 所示，过 c 点作 $\overline{Oa}$ 垂线交于 b 点，由于 $\dot{U}_{1N}$ 与 $-\dot{U}'_2$ 夹角很小，故有 $\overline{Oc} \approx \overline{Ob}$，可得

$$\Delta U = \frac{U_{1N}-U'_2}{U_{1N}} \times 100\% \approx \overline{ab}$$

其中 $\overline{ab} = I'_2 R_k \cos\varphi_2 + I'_2 X_k \sin\varphi_2$，则

$$\Delta U \approx \frac{I'_2 R_k \cos\varphi_2 + I'_2 X_k \sin\varphi_2}{U_{1N}}$$

简化等效电路中 $I_1 = I'_2$，因此上式可写为

$$\Delta U \approx \frac{I_1 R_k \cos\varphi_2 + I_1 X_k \sin\varphi_2}{U_{1N}} \quad (3.40)$$

$$= \frac{(I_1 R_k \cos\varphi_2 + I_1 X_k \sin\varphi_2)/I_{1N}}{U_{1N}/I_{1N}}$$

$$= \frac{(R_k \cos\varphi_2 + X_k \sin\varphi_2)I_1/I_{1N}}{Z_{1N}}$$

$$= I_1^*(R_k^* \cos\varphi_2 + X_k^* \sin\varphi_2) \quad (3.41)$$

式中，$I_1^* = \dfrac{I_1}{I_{1N}}$ 为电流 I_1 的标幺值，或用负载系数 $\beta = I_1^* = \dfrac{I_1}{I_{1N}}$，于是式（3.41）可写为

$$\Delta U = \beta(R_k^* \cos\varphi_2 + X_k^* \sin\varphi_2) \quad (3.42)$$

从式（3.42）可以看出，变压器的电压变化率决定于短路参数、负载系数、负载功率因数。

在电力变压器中，一般 $X_k \gg R_k$，当负载为纯电阻时，ΔU 很小；当负载为感性负载时（$\cos\varphi_2$ 滞后），$\cos\varphi_2$、$\sin\varphi_2$ 均为正，ΔU 为正值，二次侧端电压 U_2 随负载电流 I_2 的增大而下降；当负载为容性负载时（$\cos\varphi_2$ 超前）$\cos\varphi_2 > 0$、$\sin\varphi_2 < 0$，则 ΔU 有可能为负，$\Delta U < 0$ 表示二次侧端电压随负载的增加而升高。

3.6.2 变压器的效率及效率特性

1. 效率的计算

与交流铁芯线圈一样，变压器的损耗包括铁耗、铜耗两部分。其中，变压器在额定电压下运行时，主磁通基本不随负载改变而变化，可近似认为铁耗不随着负载变化，称为不变损耗；而铜耗与负载电流平方成正比，随负载变化而变化，为可变损耗。

因此，效率为

$$\eta = \frac{P_2}{P_1} = \frac{P_2}{P_2 + p_{Cu} + p_{Fe}} = \frac{P_1 - \sum p}{P_1} = \left(1 - \frac{p_{Cu} + p_{Fe}}{P_2 + p_{Cu} + p_{Fe}}\right) \times 100\% \qquad (3.43)$$

实际计算时我们做如下假设：

（1）额定电压下铁耗为不变损耗，用空载损耗确定。

（2）以额定电流时的短路损耗作为额定负载电流时的铜耗，认为铜耗与负载系数的平方成正比，即 $p_{Cu} = \beta^2 P_{kN}$。

（3）计算输出功率时，忽略二次侧电压的变化，则

$$P_2 = m U_{2N\phi} I_2 \cos\varphi_2 = \beta m U_{2N\phi} I_{2N\phi} \cos\varphi_2 = \beta S_N \cos\varphi_2$$

$$S_N = m U_{2N\phi} I_{2N\phi}$$

于是效率公式可表示为

$$\eta = \left(1 - \frac{P_0 + \beta^2 P_{kN}}{\beta S_N \cos\varphi_2 + P_0 + \beta^2 P_{kN}}\right) \times 100\% \qquad (3.44)$$

由于变压器的损耗很小，所以效率比较高，一般可达到 95% 以上，大型电力变压器效率能达到 99% 以上。

2. 效率特性

效率与负载系数的关系 $\eta = f(\beta)$ 称为效率特性，如图 3.22 所示。

由式（3.44）可知，效率与负载大小及性质有关。当负载功率因数 $\cos\varphi_2$ 一定时，$\beta = 0$，则 $\eta = 0$；当 β 较小时，$\beta^2 P_{kN}$（铜耗）$< P_0$（铁耗），η 随 β 的增大而增大；当 β 较大时，$\beta^2 P_{kN} > P_0$，η 随 β 增大而下降。

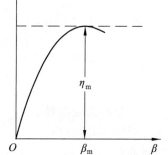

图 3.22　变压器的效率特性曲线

3. 最大效率 η_{m}

从效率特性可见，有一个 β 值 (β_{m}) 对应的效率达到最大，为最大效率 η_{m}。β_{m} 可通过对效率特性曲线求微分的方法求得。即令 $\mathrm{d}\eta/\mathrm{d}\beta = 0$，可得最大效率时的负载系数为

$$\beta_{\mathrm{m}} = \sqrt{P_0 / P_{\mathrm{kN}}} \tag{3.45}$$

由此可见，当 $P_0 = \beta_{\mathrm{m}}^2 P_{\mathrm{kN}}$（即铁耗等于铜耗）时，变压器效率达到最高。

在一般电力变压器中，当负载为额定负载的50%~77%时，即 $\beta_{\mathrm{m}} = 0.5 \sim 0.77$ 时，变压器效率达到最大值。

变压器是长期工作的设备，一次侧长期接在电网上运行，损耗一直存在，所以，应合理地选用变压器的容量，避免长期轻载运行或空载运行而降低运行效率。

3.7　三相变压器

三相变压器在电力系统中应用广泛。三相变压器一般对称稳态运行问题，可根据对称性取一相按单相变压器进行分析，本章前面介绍的分析方法和理论都适合。

本节讨论三相变压器的几个特殊问题：磁路系统、电路连接组以及它们对电动势波形的影响。

3.7.1　三相变压器的磁路系统

三相变压器按磁路不同可分为组式变压器和心式变压器两类。

三相组式变压器是由三个单相变压器组成的三相变压器，亦称三相变压器组，如图 3.23 所示。其特点是三相磁路彼此无关，三相主磁通 $\boldsymbol{\Phi}_{\mathrm{A}}$、$\boldsymbol{\Phi}_{\mathrm{B}}$、$\boldsymbol{\Phi}_{\mathrm{C}}$ 对称，三相空载电流对称。

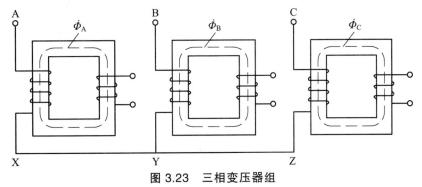

图 3.23　三相变压器组

三相心式变压器结构演变如图 3.24 所示，在图（a）中，当绕组中流过三相交流电时，通过中间铁芯柱的磁通便是 A、B、C 三个铁芯柱磁通的相量和，如果三相电压对称，则三相磁通的总和 $\boldsymbol{\Phi}_{\mathrm{A}} + \boldsymbol{\Phi}_{\mathrm{B}} + \boldsymbol{\Phi}_{\mathrm{C}} = 0$，因此，中间铁芯柱可以省去，如图（b）所示；为了使结构简单、制造方便、减小体积、节省材料，通常将三相铁芯柱的中心线布置在同一平面内，于

是便演变成常用三相心式变压器铁芯，如图（c）所示。

从图 3.24（c）可见，有铁轭把三个铁芯柱连在一起，其特点是三相磁路彼此相关，且各相磁路长度不等。当外施三相对称电压时，各相磁通相等，但三相空载电流不等，中间那相空载电流小一些，但由于空载电流百分值很小（为额定电流的 0.6%～2.5%），它的不对称对变压器负载运行影响极小，因而可以忽略。目前电力系统中，用得较多的是三相心式变压器；部分大容量的变压器由于运输困难等原因，也有采用三相组式结构的。

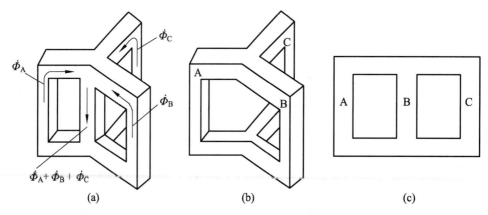

图 3.24　三相心式变压器结构的演变

3.7.2　三相变压器的电路系统

三相变压器的一次侧、二次侧均有三相绕组，它们之间的连接方式对变压器的运行性能有较大影响。变压器电路系统的连接方式通常用连接组表示。

连接组是用来表示变压器一次侧和二次侧对应的线电势（线电压）之间相位关系，采用时钟表示法：把高压绕组电势相量作为长针始终指向 0 点，将低压绕组电势相量作为短针，则短针指向的数字就是连接组号，如 Yd11。

连接组与绕组的连接法、绕组的绕向（同名端问题）、绕组的标法都有关系。下面我们分别进行介绍。

1. 绕组的连接法

三相变压器绕组的首端、末端标记作如表 3.2 的规定。

表 3.2　出线标记规定

绕组名称	首　端	末　端	中性点
高压绕组	A，B，C	X，Y，Z	O
低压绕组	a，b，c	x，y，z	o

三相变压器绕组有星形连接（简记为 Y）和三角形连接（简记为 D）两种方式，如图 3.25 所示。

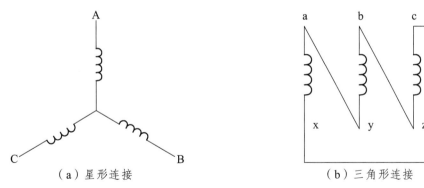

（a）星形连接　　　　　　　　　　　　（b）三角形连接

图 3.25　三相变压器绕组连接法

2. 单相变压器连接组与绕组的绕向（同名端问题）

单相变压器的高、低压绕组都绕在同一个铁芯柱上，它们被同一个主磁通所交链。在高低压绕组中感应的电动势的相位关系只有同相、反相两种可能。

在图 3.26（a）中，从高压绕组首端 A 和低压绕组首端 a 出发，两绕组绕向相同，$\dot{E}_A$、$\dot{E}_a$ 均由主磁通感应产生，相位相同，如图 3.26（b）所示。将上述特征用等效电路描述如图 3.26（c）所示，图中用同名端表示绕向。此时单相变压器连接组为 I/i – 0。

在图 3.27（a）中，从高、低压绕组首端 A、a 出发，两绕组绕向相反，则 $\dot{E}_A$、$\dot{E}_a$ 相位相反，如图 3.27（b）所示。用等效电路来描述，如图 3.27（c）所示。此时单相变压器连接组为 I/i – 6。

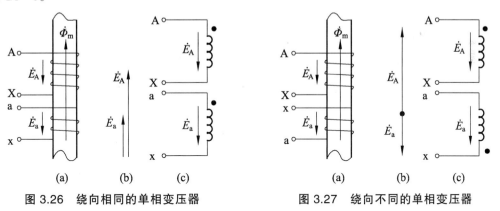

图 3.26　绕向相同的单相变压器　　　　　图 3.27　绕向不同的单相变压器

因此，我们可以得出结论：绕向变化（将其中一个绕组首、尾端交换）则两个交链同一主磁通的电动势相位差变化 180°，此时连接组钟点变化 6 个点。

3. 三相变压器连接组

三相变压器连接组用一次、二次绕组的线电势（线电压）之间的相位差来表示，它不仅与接法有关，还与绕组的标法有关。

下面以常见的 Yy 连接、Yd 连接来具体说明如何根据相量图确定连接组号。

1）Yy 连接

图 3.28 所示为 Yy 连接时的连接图，同名端都为首端，按以下步骤确定连接组号：

（1）作一次侧线电势相量图：以 BA 为垂线，代表 12 点方向。A、B、C 三顶点顺时针排布，构成等边三角形 $\triangle ABC$。其重心为 o，$\overline{oA}$ 表示 $\dot{E}_A$。

（2）对于 Aa 心柱，首端都是同名端，故 $\dot{E}_A$ 与 $\dot{E}_a$ 同方向，同理 Bb 心柱的 $\dot{E}_B$ 与 $\dot{E}_b$ 同方向、Cc 心柱的 $\dot{E}_C$ 与 $\dot{E}_c$ 同方向，因此 $\dot{E}_{AB}$、$\dot{E}_{ab}$ 等一次侧、二次侧对应的线电势也同向。

（3）将端点 A、a 重合。则可根据步骤（2）的判断画出 $\triangle abc$。

（4）$\dot{E}_{AB}$ 代表分针，指向 12，$\dot{E}_{ab}$ 代表时针，可根据其相位判断出组号为 0，因此，连接组为 Yy0。

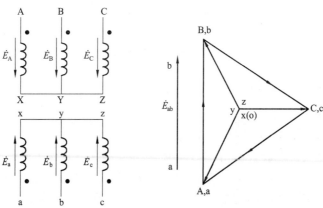

图 3.28 Yy 连接时的连接图

如果一、二次绕组的首端为异名端，如图 3.29 所示，根据同样的分析我们知道相位差为 180°，则连接组为 Yy6，变化 6 个钟点。

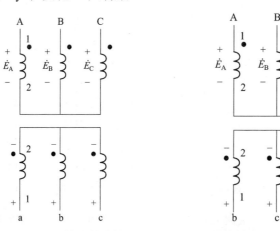

图 3.29 Yy6 连接时的连接图 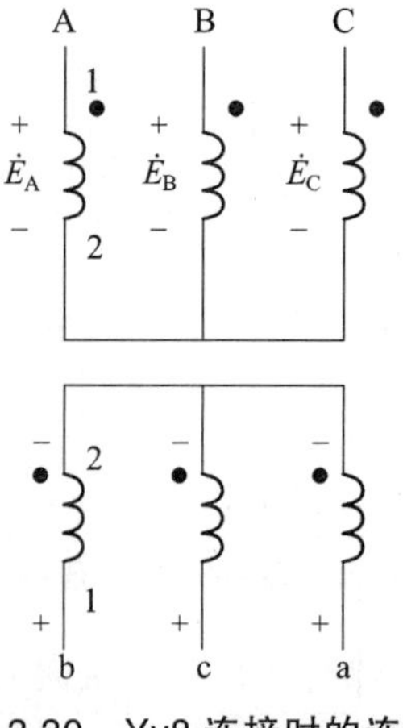   图 3.30 Yy8 连接时的连接图

因为标记是人为标定的，可以变化，如果保持一次侧标记不变，将二次侧的 a、b、c 相依次换为 b、c、a 相，如图 3.30 所示，可以根据同样的方法判断出连接组号为 Yy8，滞后 4 个钟点。

因此，Yy 连接组号有 0，2，4，6，8，10 共 6 个。

2）Yd连接

图 3.31 所示为 Yd 连接时的连接图，按同样的步骤确定连接组号

（1）作一次侧线电势相量图：以 BA 为垂线，代表 12 点方向。A、B、C 3 顶点顺时针排布，构成等边三角形 $\triangle ABC$。其重心为 o，$\overline{oA}$ 表示 $\dot{E}_A$。

（2）对于 Aa 心柱，首端都是同名端，故 $\dot{E}_A$ 与 $\dot{E}_{ac}$ 同方向。同理，Bb 心柱的 $\dot{E}_B$ 与 $\dot{E}_{ba}$ 同方向、Cc 心柱的 $\dot{E}_C$ 与 $\dot{E}_{cb}$ 同方向。

（3）将端点 A、a 重合，则可根据步骤（2）的判断画出 $\triangle abc$。

（4）$\dot{E}_{AB}$ 代表分针，指向 12，$\dot{E}_{ab}$ 代表时针，可根据其相位判断出组号为 11，因此，连接组为 Yd11。

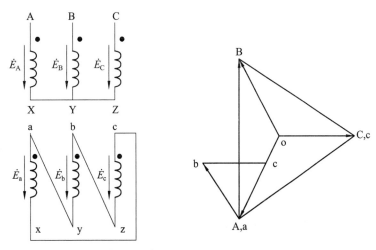

图 3.31　Yd 连接时的连接图

改变同名端和标记，Yd 连接组号有 1，3，5，7，9，11 共 6 个。图 3.32 所示为 Yd1 连接时的连接图。

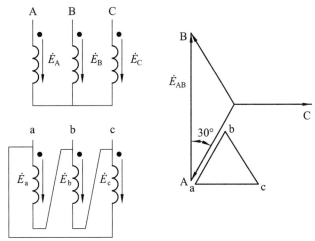

图 3.32　Yd1 连接时的连接图

为便于生产和使用，我国国家标准规定，对 1600 kV·A 以下配电变压器采用 Yy0、Dy11 连接，而大于 1600 kV·A 以上电力变压器则采用 Yd11、Dy11 连接。

3.7.3　三相变压器绕组连接法和磁路系统对空载电动势波形的影响

实际变压器在运行中磁路是饱和的，此时励磁电流与磁通为非线性关系。在本章 3.2 节分析单相变压器时，我们知道：单相变压器要产生正弦变化的磁通，空载电流为尖顶波，含有谐波，其中 3 次谐波为最大的谐波成分。相反，如果空载电流为正弦波，则磁通为平顶波，也含有较强的 3 次谐波，如图 3.33 所示。

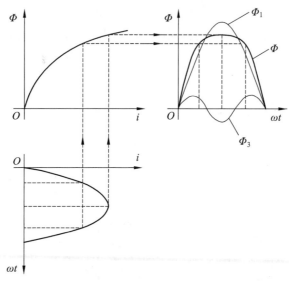

图 3.33 单相变压器中正弦波电流产生的磁通波形

对于三相变压器，由于一次侧三相绕组接法不同，空载电流 3 次谐波分量能否流通与绕组接法有关。另外，磁通的 3 次谐波分量的存在与否同样受磁路结构的影响。下面，我们分别就不同的绕组连接法、磁路结构进行讨论。

1. Yy 连接的三相变压器空载电动势

Yy 连接的变压器，两侧绕组都有 $i_A + i_B + i_C \equiv 0$，而各相电流的三次谐波之间的相位差为 $3 \times 120° = 360°$，即

$$i_{A3} = I_{m3} \sin 3\omega t$$
$$i_{B3} = I_{m3} \sin 3(\omega t - 120°) = I_{m3} \sin 3\omega t$$
$$i_{C3} = I_{m3} \sin 3(\omega t - 240°) = I_{m3} \sin 3\omega t$$

可见各相三次谐波电流大小相等、相位相同，因此 3 次谐波电流无法流通，励磁电流近似为正弦波形。此时磁通波形取决于磁路结构。

1）三相组式变压器的空载电动势

由于三相组式变压器各相磁路相互独立，此时情况与单相变压器相同。空载电流为正弦波，则主磁通为平顶波，含有较强的 3 次谐波。谐波磁通在一、二次绕组中感应的电动势，可以达到基波幅值的 45%～60%，如图 3.34 所示。相电动势中的谐波含量非常大，可能会烧毁绝缘。因此三相组式变压器不能采用 Yy 接法。

2）三相心式变压器的空载电动势

由于三相心式变压器各相磁路相关，主磁通三相对称，因此三相同相位的三次谐波磁通不能沿着主磁路铁芯闭合，只能沿着油、油箱壁闭合，如图 3.35 所示。此时由于磁路磁阻大，故三次谐波磁通很小，主磁通近似为正弦波，感应相电动势也为正弦形。

但是，由于三次谐波磁通通过油箱壁或其他铁构件闭合，会产生涡流损耗，因此变压器效率会降低。一般容量低于 1600 kV·A 的变压器才采用这种连接组。

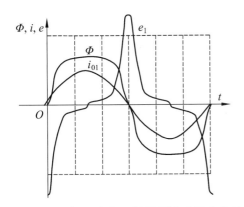

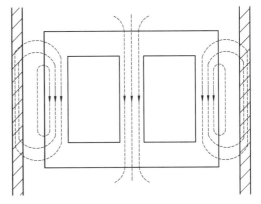

图 3.34　三相组式变压器平顶波磁通产生的电动势波形

图 3.35　三相心式变压器中三次谐波磁通

2. Dy 及 Yd 连接的变压器

Dy 及 Yd 连接的三相变压器，由于三次谐波电流可以在三角形内以环流形式存在，如图 3.36 所示，所以主磁通、相电动势为近似正弦波。

容量大于 1600 kV·A 的变压器，总有一侧绕组接成三角形，就是为了获得正弦磁通与电势。

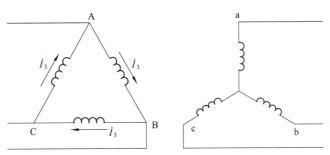

图 3.36　三角形绕组中的三次谐波

3.8　变压器并联运行

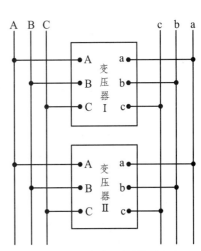

在大容量的变电站中，常采用几台变压器并联的运行方式，即将这些变压器的一次侧、二次侧的端子分别并联到一次侧、二次侧的公共母线上，共同对负载供电，如图 3.37 所示。

变压器并联运行有如下优点：

（1）能提高供电的可靠性。如果某一台变压器发生故障，可以将它从电网中切除检修而不中断供电。

（2）可以减少备用容量。

（3）便于扩容。

图 3.37　两台变压器并联运行

变压器并联运行的理想情况是：

（1）空载时并联的各变压器间无环流；

（2）负载时各变压器所负担的负载电流按容量成比例分配。

要达到上述理想状况，并联运行的各变压器需满足下列条件：

（1）各变压器的一、二次侧额定电压对应相等，即变比相等；

（2）各变压器的连接组号相同；

（3）各变压器的短路阻抗标幺值 Z_k^* 相等，且短路电抗与短路电阻之比相等。

在上述三个条件中，条件（2）必须严格满足。条件（1）、（3）允许有一定误差。下面分别讨论各条件不满足时的情况。

3.8.1 变比不等时变压器的并联运行（设 $k_I \neq k_{II}$）

设两台变压器的连接组号相同，但变比不相等，将一次侧各物理量折算到二次侧，并忽略励磁电流，则得到并联运行时的简化等效电路如图 3.38 所示。在空载时，两变压器绕组之间的环流为（一次侧向二次侧折算）

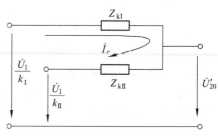

$$\dot{I}_c = \frac{\dfrac{\dot{U}_1}{k_I} - \dfrac{\dot{U}_1}{k_{II}}}{Z_{kI} + Z_{kII}}$$

图 3.38 变比不等的变压器并联运行

式中，Z_{kI}、Z_{kII} 分别是变压器 I、变压器 II 折算到二次侧的短路阻抗的实际值。由于变压器短路阻抗很小，所以即使变比差值很小，也能产生较大的环流。

电力变压器变比误差一般都控制在 0.5% 以内，故环流可以不超过额定电流的 5%。

3.8.2 组别不同时变压器的并联运行

组别不同时，虽然一次侧、二次侧额定电压相同，但二次侧电压相量的相位至少相差 30°，如图 3.39 所示。有

$$\Delta\dot{U}_{20}^* = 2\sin\frac{30}{2} = 0.52$$

$$I_c^* = \frac{\Delta\dot{U}_{20}^*}{Z_{k1}^* + Z_{k2}^*}$$

由于短路阻抗很小，故将产生很大环流。因此，组别不同的变压器绝对不允许并联。

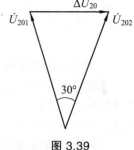

图 3.39

3.8.3 短路阻抗标幺值不等时变压器的并联运行

设两台变压器一次侧、二次侧额定电压对应相等，连接组号相同。满足了上面两个条件，可以把变压器并联在一起。略去励磁电流可得如图 3.40 所示的等效电路。

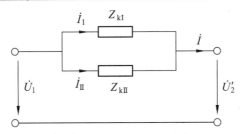

图 3.40 变压器并联运行时的简化等效电路

由图可得到

$$\dot{I}_{I}Z_{kI} = \dot{I}_{II}Z_{kII} \tag{3.46}$$

用标幺值表示为

$$\beta_{I}Z_{kI}^{*} = \beta_{II}Z_{kII}^{*} \tag{3.47}$$

对式（3.47）变形有

$$\beta_{I}:\beta_{II} = \frac{1}{Z_{kI}^{*}}:\frac{1}{Z_{kII}^{*}} \tag{3.48}$$

式中，β_{I} 和 β_{II} 分别是变压器 I 和变压器 II 的负载系数（电流标幺值）。

因此，可得出结论：

（1）各变压器二次侧电流标幺值之比等于短路阻抗标幺值的反比，短路阻抗标幺值大的变压器分担的负载小，短路阻抗标幺值小的变压器分担的负载大；

（2）短路阻抗标幺值小的变压器先达到满载；

（3）当各变压器的短路阻抗标幺值相等且短路阻抗角相同时，各变压器同时达到满载且能带的负载最大。

3.9 特种变压器

3.9.1 三绕组变压器

三绕组变压器有高、中、低三个绕组，大多用于二次侧需要两种不同电压的电力系统。

三绕组变压器第三绕组常常接成三角形，供电给附近较低电压的配电线路，有时仅接同步补偿机和电容器（补偿功率因数）；也有的第三绕组并不引出，专供三次谐波激磁电流形成通路，以改善电势波形和减少不对称运行时负载中点位移。

三绕组变压器每个心柱上套有三个绕组，三个绕组的容量可相等，也可不相等，容量最大的规定为三绕组变压器的额定容量。标准连接组有 Y_{N},y_{no},d_{11} 和 Y_{N},y_{no},y_{0}。

1. 三绕组变压器的基本方程式和等值电路

设一、二、三绕组匝数分别为 N_1,N_2,N_3，则绕组之间的变比为

$$k_{12} = \frac{N_1}{N_2} \quad (\text{一、二绕组电压变比})$$

$$k_{13} = \frac{N_1}{N_3} \quad (\text{一、三绕组电压变比})$$

　　三绕组变压器磁通如图 3.41 所示。磁通可分主磁通 Φ（与三个绕组同时铰链），自漏磁通 $\Phi_{11\sigma}$、$\Phi_{22\sigma}$、$\Phi_{33\sigma}$（只交链自身绕组）和互漏磁通 $\Phi_{12\sigma}$、$\Phi_{23\sigma}$、$\Phi_{31\sigma}$（交链两个绕组）。

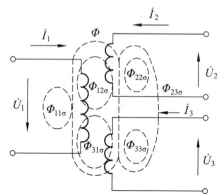

　　主磁通 Φ 由三个绕组的合成磁动势建立，经铁芯磁路闭合，激磁阻抗随铁芯饱和程度而变化。自漏磁通由一个绕组的磁动势所产生，互漏磁通由两个绕组的磁动势产生，它们主要通过空气和油闭合，相应的漏抗为常数。

图 3.41　三绕组变压器磁通示意图

　　图 3.41 对应的电压平衡方程式为

$$\dot{U}_1 - \dot{I}_1(R_1 + jX_{11\sigma}) + j\dot{I}_2' X_{12\sigma} + j\dot{I}_3' X_{13\sigma} = \dot{E}_1 \tag{3.49}$$

$$\dot{E}_2' = \dot{I}_2'(R_2' + jX_{22\sigma}') + j\dot{I}_1 X_{21\sigma}' + j\dot{I}_3' X_{23\sigma}' + \dot{U}_2' \tag{3.50}$$

$$\dot{E}_3' = \dot{I}_3'(R_3' + jX_{33\sigma}') + j\dot{I}_1 X_{31\sigma}' + j\dot{I}_2' X_{32\sigma}' + \dot{U}_3' \tag{3.51}$$

式中　R_1, R_2', R_3' ——各绕组的电阻；

　　　　$X_{11\sigma}, X_{22\sigma}', X_{33\sigma}'$ ——各绕组的自漏抗；

　　　　$X_{12\sigma}, X_{23\sigma}', X_{31\sigma}'$ ——各绕组的互漏抗，有 $X_{12\sigma} = X_{21\sigma}'$，$X_{23\sigma}' = X_{32\sigma}'$，$X_{31\sigma}' = X_{13\sigma}$；

　　　　$\dot{E}_1$、$\dot{E}_2'$、$\dot{E}_3'$ ——主磁通在各绕组内感应的电动势。

　　归算到一次侧后有 $\dot{E}_1 = \dot{E}_2' = \dot{E}_3' = -\dot{I}_m Z_m$。

　　三绕组变压器负载运行时，若忽略激磁电流，则

$$\dot{I}_1 + \dot{I}_2' + \dot{I}_3' = 0 \tag{3.52}$$

　　将式（3.49）减去式（3.50）并代入 $\dot{I}_3' = -(\dot{I}_1 + \dot{I}_2')$ 得

$$\begin{aligned}
\dot{U}_1 - (-\dot{U}_2') &= \left[\dot{I}_1 R_1 + j\dot{I}_1(X_{11\sigma} - X_{12\sigma} - X_{13\sigma})\right] - \left[\dot{I}_2' R_2' + j\dot{I}_2'(X_{22\sigma}' - X_{12\sigma} - X_{23\sigma}' + X_{13\sigma})\right] \\
&= \dot{I}_1(R_1 + jX_1) - \dot{I}_{22}'(R_2' + jX_2') \\
&= \dot{I}_1 Z_1 - \dot{I}_2' Z_2'
\end{aligned} \tag{3.53}$$

　　再将式（3.47）减去式（3.50）并代入 $\dot{I}_2' = -(\dot{I}_1 + \dot{I}_3')$ 得

$$\begin{aligned}
\dot{U}_1 - (-\dot{U}_3') &= \dot{I}_1(R_1 + jX_1) - \dot{I}_3'(R_3' + jX_3') \\
&= \dot{I}_1 Z_1 - \dot{I}_3' Z_3'
\end{aligned} \tag{3.54}$$

　　上两式中：$X_1 = X_{11\sigma} - X_{12\sigma} - X_{13\sigma} + X_{23\sigma}'$ 为一次绕组等效漏阻抗；

　　　　　　　$X_2' = X_{22\sigma}' - X_{12\sigma} - X_{23\sigma}' + X_{13\sigma}$ 为二次绕组等效漏抗；

　　　　　　　$X_3' = X_{33\sigma}' - X_{13\sigma} - X_{23\sigma}' + X_{12\sigma}$ 为三次绕组等效漏抗；

$Z_1 = R_1 + jX_1$ 为一次绕阻等效漏阻抗；

$Z_2' = R_2' + jX_2'$ 为二次绕组等效漏阻抗；

$Z_3' = R_3' + jX_3'$ 为三次绕组等效漏阻抗。

由式（3.53）、式（3.54）可画出三绕组变压器简化等效电路如图 3.42 所示。

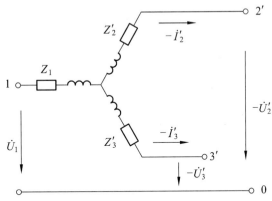

图 3.42　三绕组变压器简化等效电路

2. 三绕组变压器的参数测定

三绕组变压器的等效漏阻抗 Z_1、Z_2'、Z_3' 可用短路实验测定，如图 3.43 所示。由于三绕组变压器中每两个绕组相当于一个两相变压器，因此需做三次短路实验，分别测出每两个绕组间的短路阻抗：$Z_{k12} = Z_1 + Z_2'$ ，$Z_{k13} = Z_1 + Z_3'$ ，$Z_{k23}' = Z_2' + Z_3'$ 。再联立求得

$$Z_1 = \frac{1}{2}(Z_{k12} + Z_{k13} - Z_{k23}')$$

$$Z_2' = \frac{1}{2}(Z_{k23}' + Z_{k12} - Z_{k13})$$

$$Z_3' = \frac{1}{2}(Z_{k13} + Z_{k23}' - Z_{k12})$$

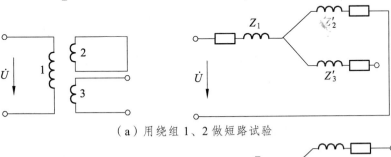

（a）用绕组 1、2 做短路试验

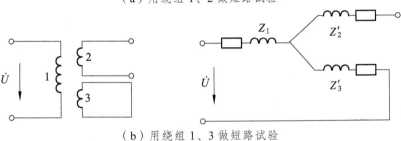

（b）用绕组 1、3 做短路试验

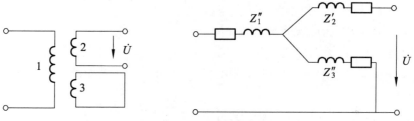

（c）用绕组 2、3 做短路试验

图 3.43　三绕组变压器短路实验

如用标幺值来计算，可不必进行归算，但若三个绕组容量不等，通常用容量最大的作为基值。

3.9.2　自耦变压器

如果变压器的一、二次绕组共用一个绕组，其中二次绕组为一次绕组的一部分，如图 3.44 所示，这种变压器称为自耦变压器。与普通变压器相比，自耦变压器用料少、重量轻、尺寸小，但由于一、二次绕组之间既有磁的联系又有电的联系，故不能用于要求一、二次绕组电路隔离的场合。

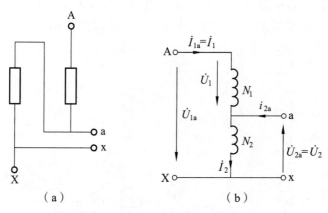

图 3.44　自耦变压器原理图

由于同一主磁通穿过一、二次绕组，所以一、二次绕组电压之比仍等于它们的匝数比，即

$$k_a = \frac{U_1}{U_2} = \frac{N_1 + N_2}{N_2} \tag{3.55}$$

式中，k_a 为自耦变压器变比。

忽略励磁电流，根据磁势平衡原则有

$$N_1 \dot{I}_1 + N_2 \dot{I}_2 = N_1 \dot{I}_0 \approx 0 , \quad \dot{I}_1 = -\frac{1}{k_a - 1} \dot{I}_2$$

自耦变压器容量为

$$S_{aN} = (U_{1N} + U_{2N})I_{1N} = U_{1N}I_{1N} + \frac{U_{2N}I_{1N}}{I_{2N}} = S_N + \frac{S_N}{k} = S_N + \frac{S_N}{k_a - 1} \tag{3.56}$$

可见，自耦变压器的额定容量由两部分组成：一部分功率 S_N 与普通双绕组变压器一样，由电磁感应关系传递到二次侧，称为绕组容量；另一部分功率 S_N/k 则是通过直接传导作用由一次侧传到二次侧，称为传导容量，传导无需耗费变压器的有效材料。变压器的尺寸、有效材料的用量都由绕组容量决定。因此，额定容量相同的自耦变压器比双绕组变压器的绕组容量小，有重量轻、价格低、效率高的优点。

由于 $\dfrac{S_{aN}}{S_N} = \left(1+\dfrac{1}{k}\right) = \dfrac{k_a}{k_a-1} > 1$，因此 k_a 越接近于 1，传导容量所占的比例越大，经济效果越显著。

自耦变压器常用于高、低压比较接近的场合，在工厂和实验室中常用作调压器。

3.9.3 仪用互感器

仪用互感器是电工测量中经常使用的一种专用双绕组变压器，是用于扩大测量仪表的量程和控制、保护电路的特殊用途变压器。仪用互感器按用途不同可分为电压互感器和电流互感器两种。

1. 电压互感器

电压互感器是用来扩大电压测量范围的仪器，图 3.45（a）为其外形图，图 3.45（b）为其连接电路图。其一次绕组匝数（N_1）多，与被测的高压电网并联；二次绕组匝数（N_2）少，与电压表或功率表的电压线圈并联。因为电压表或功率表的电压线圈电阻很大，所以电压互感器二次绕组电流很小，近似于变压器的空载运行。根据电压变换原理可得

$$U_1 = \frac{N_1}{N_2}U_2 = K_u U_2 \tag{3.57}$$

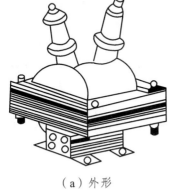

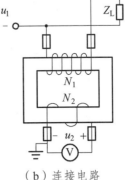

（a）外形　　　　　　　　（b）连接电路

图 3.45　电压互感器

由式（3.57）可知，将测得的二次绕组电压 U_2 乘以变压比 K_u，便是一次绕组高压侧的电压 U_1，故可用低量程的电压表去测量高电压。

通常电压互感器不论其额定电压是多少，二次绕组额定电压皆为 100 V，可采用统一的 100 V 标准电压表。因此，在不同电压等级的电路中所用的电压互感器，其电压比是不同的，其一次绕组的额定电压应选得与被测线路的电压等级相一致，例如 6000 V/100 V、10 000 V/100 V 等。

使用电压互感器时，其铁芯、金属外壳及二次绕组的一端都必须可靠接地。因为当一、二次绕组间的绝缘层损坏时，二次绕组将出现高电压，若不接地，则会危及运行人员的安全。此外，电压互感器的一、二次绕组一般都装有熔断器作为短路保护，以免电压互感器二次绕组发生短路事故后，极大的短路电流烧坏绕组。

2. 电流互感器

电流互感器是用来扩大电流测量范围的仪器，图 3.46（a）为其外形图，图 3.46（b）为其连接电路图。它的一次绕组匝数（N_1）少，有的则直接将被测回路导线作为一次绕组，与被测量的主线路相串联，流过一次绕组的电流为主线路的电流 I_1；它的二次绕组匝数（N_2）较多，导线较细，与电流表或功率表的电流线圈串联，流过整个闭合的二次绕组的电流为 I_2。根据电流变换原理可得

$$I_1 = \frac{N_2}{N_1} I_2 = K_i I_2 \tag{3.58}$$

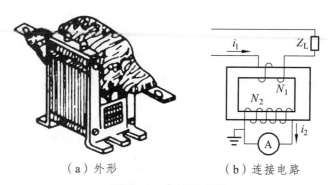

（a）外形　　　　　　　　（b）连接电路

图 3.46　电流互感器

由式（3.58）可知，将测得的二次绕组电流 I_2 乘以变流比 K_i，便是一次绕组被测主线路的电流 I_1 的值，故可用低量程的电流表去测量大电流。通常电流互感器不论其额定电流是多少，其二次绕组额定电流都为 5 A，可采用统一的 5 A 标准电流表。因此，在不同电流等级的电路中所用的电流互感器，其电流比是不同的，其一次绕组的额定电流值应选得与被测主线路的最大工作电流值等级相一致，例如 30A/5A、50A/5A、100A/5A 等。

与电压互感器一样，使用电流互感器时，为了安全起见，其铁芯、金属外壳及二次绕组的一端都必须可靠接地，以防止当一、二次绕组间的绝缘层损坏时，二次绕组上出现高电压，若不接地，则会危及运行人员的安全。此外，电流互感器在运行中不允许其二次绕组开路，因为它正常工作时，流过其一次绕组的电流就是主电路的负载电流，其大小决定于供电线路上负载的大小，而与二次绕组的电流几乎无关，这点和普通变压器是不同的。正常工作时，磁路的工作主磁通由一、二次绕组的合成磁势 $\dot{I}_1 N_1 + \dot{I}_2 N_2$ 产生，因为磁动势 $\dot{I}_1 N_1$ 和 $\dot{I}_2 N_2$ 是相互抵消的，故合成磁势和主磁通值都较小。当二次绕组开路时，则 $\dot{I}_2$ 和 $\dot{I}_2 N_2$ 都为零，合成磁势变为 $\dot{I}_1 N_1$，主磁通将急剧增加，使铁耗巨增，铁芯过热而烧毁绕组；同时二次绕组会感应出很高的过电压，危及绕组绝缘和工作人员的安全。

图 3.47 为钳形电流表，其中图（a）为其外形图，图（b）为电路图。用它来测量电流时不必断开被测电路，使用十分方便，它是一种特殊的配有电流互感器的电流表。电流互

感器的钳形铁芯可以开合，测量电流时先按下扳手，使可动铁芯张开，将被测电流的导线放在铁芯中间，再松开扳手，让弹簧压紧铁芯，使其闭合。这样，该导线就成为电流互感器的一次绕组，其匝数 $N = 1$。电流互感器的二次绕组绕在铁芯上并与电流表接成闭合回路，可从电流表上直接读出被测电流的大小。

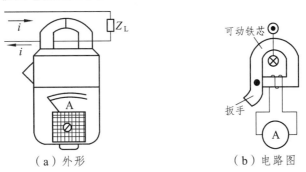

（a）外形　　　　　　　（b）电路图

图 3.47　钳形电流表

本章小结

1. 变压器等效电路的导出

变压器是基于电磁感应原理而工作的，一、二次绕组之间没有电的联系，只有磁的耦合，磁场是变压器能量传递的媒介。

根据磁场的作用的不同，磁通可分为主磁通、漏磁通两部分。主磁通沿铁芯闭合，在一、二次绕组中感应电势，是传递能量的媒介；漏磁通则通过非铁磁材料饱和，不直接参与能量传递，仅在自身绕组中感应电势。

等效电路将变压器的电磁关系转化为电路关系，用励磁阻抗 $Z_m = R_m + jX_m$ 来表征主磁通电磁效应，用漏电抗 $X_{1\sigma}$、$X_{2\sigma}$ 来表征漏磁通的电磁效应，引入绕组折算，得到一、二次侧有电联系的 T 形等效电路，如图 3.48 所示。励磁阻抗 $Z_m = R_m + jX_m$、漏电抗 $X_{1\sigma}$、$X_{2\sigma}$ 都是变压器的重要参数，可以通过空载试验和短路试验进行测量。

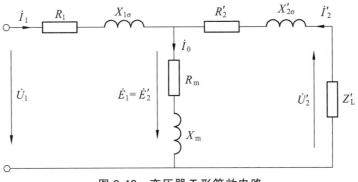

图 3.48　变压器 T 形等效电路

等效电路、基本方程、相量图是分析变压器的三种重要方法。要注意的是：其中物理量都是一相的量，在分析三相变压器时要与线值相区别。

2. 变压器特性

外特性和效率特性是变压器的重要特性，分别用电压调整率、效率作为性能指标。

电压调整率反映变压器输出电压的稳定性，与短路阻抗标幺值、负载率、负载性质有关。

效率反映变压器运行的经济性，在不变损耗（铁耗）和可变损耗（铜耗）相等即 $P_0 = \beta_m^2 P_{kN}$ 时达到最大效率。

3. 变压器空载电动势谐波问题分析

实际变压器在运行中铁芯是饱和的，因此单相变压器的励磁电流（空载电流）与主磁通为非线性关系；当空载电流为正弦波时，主磁通为平顶波，含有谐波成分；当主磁通、电动势为正弦波时，空载电流为尖顶波，含有谐波成分。

对于三相变压器，变压器空载电动势谐波存在与否与绕组的连接方式和磁路结构有关：当三相变压器中有一侧为三角形连接时，由于为励磁电流提供了三次谐波电流的通路，使主磁通波形近似正弦，可以改善电动势波形。当三相变压器为 Yy 连接时，励磁电流无三次谐波分量存在，为正弦波。组式变压器的主磁通为平顶波，电动势为幅值很高的尖顶波；而心式变压器三次谐波磁通不能在铁芯中流通，主磁通近似为正弦波，因此，心式变压器可以采用 Yy 连接。

4. 变压器并联运行

电力系统中经常用多台变压器并联的运行方式，应掌握并联运行的优点、并联运行的变压器应满足的要求及负载分配关系。

习　题

一、选择题

1. 连接组号不同的变压器不能并联运行，其原因是（　　）。

    A. 电压变化率太大　　　　　　　　B. 空载环流太大

    C. 负载时激磁电流太大　　　　　　D. 变比不同

2. 变压器采用从二次侧向一次侧折算的原则是（　　）。

    A. 保持二次侧电流 I_2 不变　　　　　B. 保持二次侧电压为额定电压

    C. 保持二次侧磁通势不变　　　　　D. 保持二次侧绕组漏阻抗不变

3. 分析变压器时，若把一次侧向二次侧折算（　　）。

    A. 不允许

    B. 保持一次侧磁通势不变

    C. 一次侧电压折算关系是 $U_1' = kU_1$

    D. 一次侧电流折算关系是 $I_1' = kI_1$，阻抗折算关系是 $Z_1' = k^2 Z_1$

4. 额定电压为 220/110 V 的单相变压器，一次侧漏阻抗 $X_1 = 0.3\ \Omega$，折算到二次侧后大小为（　　）。

A. 0.3 Ω   B. 0.6 Ω   C. 0.15 Ω   D. 0.075 Ω

5. 额定电压为 220/110 V 的单相变压器，短路阻抗 Z_k = 0.01 + j0.05（Ω），负载阻抗为 0.6 + j0.12（Ω），从一次侧看进去总阻抗大小为（　　　）。

　　A. 0.61 + j0.17（Ω）   B. 0.16 + j0.08（Ω）

C. 2.41 + j0.53（Ω）   D. 0.64 + j0.32（Ω）

6. 某三相电力变压器的 S_N = 500 kV·A，U_{1N}/U_{2N} = 10 000/400 V，Y,yn 接法，下面数据中有一个是它的励磁电流值，它应该是（　　　）。

　　A. 28.78 A   B. 50 A   C. 2 A   D. 10 A

7. 某三相电力变压器带电阻电感性负载运行，负载系数相同的情况下，$\cos\varphi_2$ 越高，电压变化率 ΔU（　　　）。

　　A. 越小   B. 不变   C. 越大   D. 无法确定

8. 额定电压为 10 000/400 V 的三相电力变压器负载运行时，若二次侧电压为 410 V，负载的性质是（　　　）。

　　A. 电阻   B. 电阻电感   C. 电阻电容   D. 电感电容

9. 变压器铁耗与铜耗相等时效率最高，因此设计普通电力变压器时应使铁耗（　　　）铜耗。

　　A. 大于   B. 小于   C. 等于   D. 不一定

10. 单相变压器在磁路饱和情况下，通入正弦波形的励磁电流，二次侧的空载电压波形为（　　　）。

　　A. 正弦波   B. 平顶波   C. 尖顶波   D. 不一定

二、判断题

1. 变压器的电压变比是一、二次侧的额定线电压之比。（　　　）

2. 只要使变压器一、二次绕组匝数不同，就可以达到变压的目的。（　　　）

3. 变压器的参数与铁芯饱和程度无关的常数。（　　　）

4. 用标幺值进行变压器参数计算时，可以不进行绕组折算。（　　　）

5. 变压器空载和负载运行时损耗相等。（　　　）

6. 变压器空载运行时，输入电流为感性。（　　　）

三、问答题

1. 为什么变压器的空载损耗可以近似看成铁耗，短路损耗可以近似看成铜耗？

2. 一台变压器，原设计频率为 50 Hz，现将它接到 60 Hz 的电网上运行，额定电压不变。试问对激磁电流、铁耗、漏抗、电压变化率有何影响？

3. 将一台变压器的一次电压增加 5%，不计磁路饱和，励磁电流、主磁通、漏抗、励磁电抗、铁耗将如何变化？

4. 变压器的其他条件不变，仅将一、二次侧线圈匝数变化 ± 10%，试问对 $X_{1\sigma}$ 和 X_m 的影响怎样？如果仅将外施电压变化 10%,其影响怎样？如果仅将频率变化 10%,其影响又怎样？

5. 一台单相双绕组变压器，在 U_1 = 常数、f = 常数的条件下，试比较下列三种情况下其主磁通的大小（计及漏阻抗压降）:

（1）空载；（2）带感性负载；（3）二次绕组短路。

6. 变压器空载时，一次侧加额定电压，虽然线圈（铜耗）电阻很小，电流仍然很小，为什么？

7. 为什么三变压器组不能采用 Yy 连接？而三相心式变压器又可采用 Yy 连接？

8. 变压器的空载电流很小，但空载合闸时可能出现很大的电流，这是为什么？什么情况下的合闸电流最大？怎样避免过大的合闸电流？

四、计算题

1. 一台额定容量为 $1000\ kV\cdot A$ 的单相变压器，额定电压比为 $60/6.3\ kV$，空载及短路试验的结果见下表。

试验名称	电压/V	电流/A	功率/W	电源加在
空载	6300	10.1	5000	低压边
短路	3240	15.15	14 000	高压边

试计算：（1）画出 T 形等效电路并求折算到高压边的参数（实际值及标幺值）；（2）计算最大效率。

2. 两台单相变压器，电压 $U_{1N}/U_{2N} = 220/110\ V$，匝数相同，但由于励磁阻抗不等（励磁阻抗角是相同的），使励磁电流相差 1 倍，$I_{01} = 2I_{02} = 0.8\ A$，设磁路线性，忽略一、二次侧漏阻抗压降。将两台变压器高压绕组串联，外加 $440\ V$ 电压，求两台变压器二次测空载电压。

3. 单相变压器额定容量为 $10\ kV\cdot A$，额定电压为 $6/0.4\ kV$，空载电流为额定电流的 10%，空载损耗为 $120\ W$，额定频率为 $50\ Hz$。不计磁饱和，试求：

（1）当额定电压不变，频率为 $60\ Hz$ 时的空载电流和铁芯损耗。

（2）当铁芯截面面积加倍时，空载电流及铁芯损耗将如何变化？

（3）当高压绕组匝数增加 10%，空载电流及铁芯损耗将如何变化？

（4）当电源电压增加 10% 时，空载电流及铁芯损耗将如何变化？

4. 有一台 $1000\ kV\cdot A$，$10\ kV/6.3\ kV$ 的单相变压器，额定电压下的空载损耗为 $4900\ W$，空载电流为 0.05（标幺值），额定电流下 $75\ ℃$ 时的短路损耗为 $14\ 000\ W$，短路电压为 5.2%（百分值）。设归算后一次和二次绕组的电阻相等，漏抗亦相等，试计算：

（1）归算到一次侧时 T 形等效电路的参数；

（2）用标幺值表示时近似等效电路的参数；

（3）负载功率因数为 0.8（滞后）时，变压器的额定电压调整率和额定效率；

（4）变压器的最大效率，发生最大效率时负载的大小（$\cos\varphi_2 = 0.8$）。

5. 有一台三相变压器，$S_N = 5600\ kV\cdot A$，$U_{1N}/U_{2N} = 10\ kV/6.3\ kV$，Y,d11 连接组。变压器的开路及短路试验数据为

试验名称	线电压/V	线电流/A	三相功率/W	备注
开路试验	6300	7.4	6800	电压加在低压侧
短路试验	550	323	18 000	电压加在高压侧

试求一次侧加额定电压时:

(1)归算到一次侧时近似等效电路的参数(实际值和标幺值);

(2)满载且 $\cos\varphi_2 = 0.8$(滞后)时,二次侧电压 $\dot{U}_2$ 和一次侧电流 $\dot{I}_1$;

(3)满载且 $\cos\varphi_2 = 0.8$(滞后)时的额定电压调整率和额定效率。

6. 有一台单相变压器,额定容量为 100 kV·A,二次侧额定电压为 $U_{1N}/U_{2N} = 6\,000/230$ V,额定频率 50 Hz。一、二次侧线圈的电阻及漏抗为 $r_1 = 4.32\ \Omega$,$r_2 = 0.006\,3\ \Omega$,$x_{1\sigma} = 8.9\ \Omega$,$x_{2\sigma} = 0.013\ \Omega$。试求:

(1)折算到一次侧的短路电阻 r_k,短路电抗 x_k 及阻抗 Z_k;

(2)将(1)求得的参数用标幺值表示;

(3)计算变压器的短路电压百分比 u_k 及其分量 u_{kr}、u_{kx}。

(4)求满载及 $\cos\varphi_2 = 1$、$\cos\varphi_2 = 0.8$(滞后)、$\cos\varphi_2 = 0.8$(超前)三种情况下的电压变化率 Δu 并讨论计算结果。

7. 现有两台三相变压器,组号均为 Y/D − 7,额定数据为:

Ⅰ:$S_{1N} = 240$ kV·A,$U_{1N}/U_{2N} = 6\,300/400$ V,$z_{k1}^* = 5.2\%$;

Ⅱ:$S_{2N} = 560$ kV·A,$U_{1N}/U_{2N} = 6\,300/400$ V,$z_{k2}^* = 5.8\%$。

试问:

(1)两台变压器能否并联运行?为什么?

(2)如果并联组的总输出为 700 kV·A,每台变压器输出的容量是多少?

(3)在两台变压器都不过载的情况下,并联组能够输出的最大容量是多少?

8. 一台三相变压器的铭牌数据如下:$S_N = 750$ kV·A,$U_{1N}/U_{2N} = 10\,000/400$ V,Y,yn0 连接。低压边空载实验数据为:$U_{20} = 400$ V,$I_{20} = 60$ A,$P_0 = 3800$ W。高压边短路实验数据为:$U_{1k} = 440$ V,$I_{1k} = 43.3$ A,$P_k = 10\,900$ W。试求:

(1)变压器的参数,并画出等值电路;

(2)当:① 额定负载 $\cos\varphi_2 = 0.8$,② $\cos(-\varphi_2) = 0.8$ 时,计算电压变化率 Δu、二次侧电压 U_2 及效率。

9. 有 5 台单相变压器,其相关参数如下表所示,今需供给一个 300 kV·A 负载,应选哪几台变压器并联最理想?

变压器编号	1	2	3	4	5
额定容量/kV·A	100	100	100	200	200
额定电压/V			3000/230		
短路试验电压/V	155	k201	100	138	135
短路试验电流/A	34.4	30.5	22.2	61.3	50
短路试验功率/W	2200	1300	1500	3549	2812

10. 两台变压器 A 和 B,容量各为 100 kV·A,最高效率为 97%,在功率因数为 1、变压器 A 负载系数为 0.9 时,有最高效率,变压器 B 在满载时有最高效率。现负载情况为:空载工作 10 h;满载工作 8 h 且功率因数为 1;过载 10%,工作 6 h 且功率因数 0.8(滞后),应选哪台变压器?

11. 单相变压器额定容量为 180 kV·A，额定电压为 3000/400 V，其试验数据如下：

实验项目	电压/V	电流/A	功率/W
高压方进行短路试验	90	60	4030
低压方进行空载试验	400	13.5	810

　　现将变压器的一、二次绕组改接成 3000/3400 V 升压自耦变压器，供给 $\cos\varphi_2 = 0.8$（滞后）的负载，求该自耦变压器额定容量、满载时的电压调整率及效率。

第 3 章习题参考答案

第 4 章 交流电机

【学习指导】

1. 学习目标

（1）理解感应电动机、同步发电机的基本工作原理；

（2）掌握交流电机绕组的构成及基本知识；

（3）掌握单相交流绕组的磁动势；

（4）掌握三相交流绕组的磁动势、旋转磁场理论；

（5）掌握交流绕组的感应电动势。

2. 学习建议

本章学习时间总共 7~8 小时，其中：

4.1 节建议学习时间：1 小时；

4.2 节建议学习时间：2 小时；

4.3 节建议学习时间：3 小时；

4.4 节建议学习时间：2 小时。

3. 学习重难点

（1）交流电机共同问题；

（2）三相交流绕组的构成；

（3）单相绕组和三相绕组的磁动势的性质、表达式；

（4）旋转磁场的转速、转向、谐波分析；

（5）交流绕组的感应电势的频率、表达式及其各量代表的物理意义。

传统的交流电机主要分为同步电机和异步电机两类。同步电机可用作发电机，是发电厂的主要电气设备，其容量可达 100 万 kW 以上，同步电机还可以用作电动机，或用作专门向电网发送无功功率的同步补偿机（同步调相机）。异步电动机是工农业生产中使用最广泛的一种电动机，其容量从几十瓦到几千千瓦。虽然这两类电机的运行性能有很大差别，但它们在定子绕组的结构型式、定子绕组的感应电动势、磁动势的性质和分析方法上都是相同的。在分别介绍异步电机和同步电机基本原理之前，本章先就交流电机的共性问题进行探讨。

4.1 交流电机的基本工作原理

4.1.1 三相同步发电机基本工作原理

三相同步发电机的原理示意图如图 4.1 所示。定子绕组为空间位置互差 120°的三相对称绕组 AX、BY、CZ。转子上装有励磁绕组，由直流励磁。也可安装永磁体励磁（永磁电机）。

转子上的励磁绕组通入直流电流建立转子磁场。当原动机输入机械能带动转子匀速旋转，转子磁场相对于电机定子即为旋转磁场。转子磁场不断切割定子三相对称绕组，在三相绕组中感应出三相交变电动势。定子带负载则有电流流过，输出电能。

同步电机的定子绕组空间对称分布，正常工作时绕组电流也是对称的，根据旋转磁场理论，定子绕组也将产生旋转磁场，电机工作磁场由定子磁场与转子磁场合成。

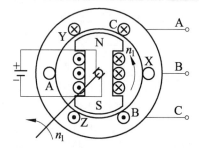

图 4.1 三相同步发电机原理示意图

三相同步发电机的工作有几个要点：

（1）转子直流励磁，磁场的旋转由原动机拖动实现，此转速决定电机的电动势频率。

（2）转子磁场与定子绕组的转速差为 n，在定子绕组中感应电动势。

（3）定子绕组带负载时形成回路，有电流流过，此电流产生旋转磁场，其转速和转子磁场转速相同，这就是同步电机"同步"的含义。

（4）由于三相绕组对称，所以转子磁场旋转时，切割定子绕组有先后顺序，当转子为逆时针方向旋转时，先被切割的一相为 A 相，后被切割的两相分别是 B 相和 C 相，即三相电动势的相序与转子的转向一致，相序由转子的转向决定。

4.1.2 三相异步电动机基本工作原理

异步电动机的工作原理是建立在旋转磁场理论的基础上的（见本章 4.3 节）。三相异步电动机的定子绕组与三相同步电机的定子绕组具有相同的结构，都是空间对称绕组，当接入电源通入三相对称电流后，将产生一个旋转磁场，其转速称为同步转速 n_1。

异步电动机的工作原理示意图如图 4.2 所示，根据电磁感应定律，当旋转磁场与转子绕组有相对运动时将在转子绕组中感应电动势，如果转子回路是闭合的，则转子回路中将产生电流，转子的感应电流与磁场相互作用，将在转子绕组上产生电磁力，从而对转轴形成电磁转矩，驱动电机以速度 n 旋转，将电能转变为机械能。

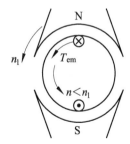

三相异步电动机的工作有以下几个要点：

（1）定子绕组必须产生一个旋转的磁场（实现能量转换的前提）。

（2）转子的转速不能与旋转磁场的转速 n_1 相同，否则没有了相对运动就不会产生电磁转矩，这就是异步电机"异步"的含义。

图 4.2　三相异步电动机工作原理示意图

（3）产生电磁转矩的转子电流为电磁感应作用产生，因此异步电机通常又称作"感应电机"。

4.1.3　异步电机与同步电机的共性问题

综合异步电机与同步电机的工作原理，有以下 3 个问题是共性问题：

（1）交流绕组（定子绕组）的构成。

交流绕组（定子绕组）是产生交流电机旋转磁场，进行电磁感应完成能量转换的关键部分。异步电机和同步电机的绕组具有相同的结构型式。

（2）交流绕组产生的磁动势-旋转磁场。

异步电机和同步电机的绕组具有相同的结构型式，都是对称的交流绕组，正常工作都是通以对称交流电流，故其磁动势分析是一致的。

（3）旋转磁场在交流绕组中产生的感应电动势。

异步电机和同步电机工作磁场都是旋转磁场，绕组又具有相同的结构型式，故旋转磁场在交流绕组中产生的感应电动势的分析也是一致的。

综上，本章将异步电机及同步电机的绕组、磁场、电势作为统一问题展开讨论。

4.2　交流电机的绕组

4.2.1　交流电机绕组的基本要求和基本概念

1. 交流电机绕组的分类

（1）按相数分，可分为单相、两相、三相、多相绕组。

（2）按槽内的层数分，可分为单层、双层绕组。根据连接方式的不同，单层绕组又可分为交叉式、链式和同心式等；双层绕组有叠绕组和波绕组之分。

（3）按每极每相所占的槽数是整数还是分数，可分为整数槽和分数槽绕组。

2. 交流电机绕组的基本构成原则

虽然交流绕组的种类很多，但基本要求却是相同的。从设计制造和运行性能两个方面考虑，三相交流绕组的构成应遵循以下原则：

（1）一定的导体数目下，绕组合成电势和磁势幅值大、波形接近正弦；

（2）三相绕组的基波电动势（磁动势）必须对称；

（3）在产生一定大小电动势和磁动势，且保证绝缘性能和机械强度可靠的条件下，尽量减少用铜量，并使制造检修方便。

3. 交流电机绕组的基本概念及术语

1）线圈（绕组元件）

线圈是构成绕组的基本单元。绕组是线圈按一定规律排列连接而成的。如图 4.3 所示，线圈可以分为单匝线圈和多匝线圈。线圈放置在铁芯槽中的为有效边，槽外连接有效边的两个部分称为端接部分（简称端部）。

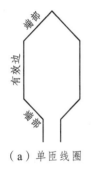 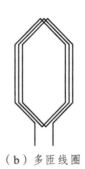 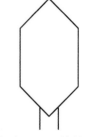

（a）单匝线圈   （b）多匝线圈   （c）多匝线圈简易画法

图 4.3 线圈

2）极距 τ

沿定子铁芯内表面每个磁极所占的距离称为极距 τ，通常用每极所占的定子槽数来表示。若定子槽数为 Z，磁极对数为 p，则

$$\tau = \frac{Z}{2p} \tag{4.1}$$

3）节距 y_1

如图 4.4 所示，一个线圈的两个有效边之间所跨过的槽数称为线圈的节距 y_1。$y_1 = \tau$ 称为整距绕组，$y_1 > \tau$ 称为长距绕组，$y_1 < \tau$ 称为短距绕组。一般的单层绕组都是整距绕组，而双层绕组多采用短距绕组。

4）电角度与机械角度

电机一个圆周的几何角度为 360°，称为机械角度。

对于电磁物理量，从电磁角度看，一对磁极构成一个磁场周期，即一对磁极为 360°电角度。如果电机的极对数为 p，则整个定子内圆

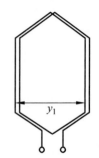

图 4.4 线圈的节距

电角度为 $p \times 360°$。电角度与机械角度的关系为

$$电角度 = p \times 机械角度 \qquad (4.2)$$

如图 4.5 所示，一个 4 极电机的几何角度（也称机械角度）为 360°。电机一个圆周的 4 个磁极就是两个周期 720°电角度。

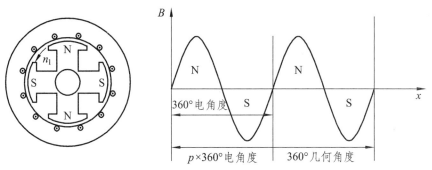

图 4.5 电角度与机械角度

5）槽距电角 α

相邻两个槽之间的电角度称为槽距电角 α，电机一个圆周的总电角度除于总槽数就是一个槽距电角 α，即

$$\alpha = \frac{p \times 360°}{Z} \qquad (4.3)$$

6）槽电动势星形图

若将所有槽内导体电动势大小相等，在时间相位上彼此相差 α 电角度，各槽导体电动势相量依次画出来，组成一个星形，称为槽电动势星形图。例如一台 2 对极 36 槽电机，槽距电角为 20°，其槽电动势星形图如图 4.6 所示。

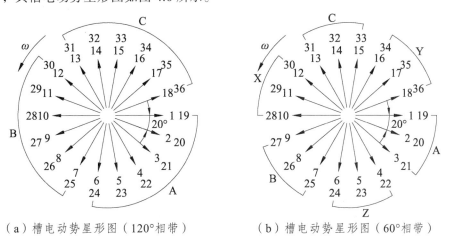

（a）槽电动势星形图（120°相带） （b）槽电动势星形图（60°相带）

图 4.6 槽电动势星形图与相带

7）相带

绕组的相带为每极下每相所占宽度，以电角度表示，有 60°相带、120°相带两种。

如图 4.6 所示，如果将星形图圆周分为三等份（A、B、C 相各一份），每等份 120°（这部分的绕组通入相同相的电流）称为 120°相带。如果将槽电动势星形分为 6 等份（分别通入 A、Z、B、X、C、Y），每等份 60°，称为 60°相带。

采用 120°相带虽然能保证三相绕组对称，但在一个相带内的所有相量分布较分散[如图（a）中 A 相带中的 1、2、3、4、5、6、19、20、21、22、23、24]，合成的感应电动势较小。故交流电机一般不采用 120°相带，而采用 60°相带。

8）每极每相槽数 q

每极下每相所占槽数即为每极每相槽数 q，即

$$q = \frac{Z}{2pm} \tag{4.4}$$

式中，m 为交流绕组相数。

4.2.2　三相单层绕组

单层绕组每槽只嵌放一个线圈边，因此线圈数等于槽数的一半。单层绕组的优点是：元件少，结构简单，嵌线较方便，槽内没有层间绝缘等。但是，单层绕组为等效整距绕组，不能利用短距来改善电动势和磁动势的波形，产生的电动势和磁动势波形较差，电机铁耗和噪声较大，起动性能较差。因此，单层绕组一般用于 10 kW 以下的小容量异步电动机的定子绕组。

单层交流绕组有交叉式、链式和同心式等，它们构成方法、连接步骤基本相同。现以一台定子槽数为 36 的 2 对极三相电机为例来说明交叉式绕组的组成。可分为 5 个步骤：

第 1 步，计算极距。

$$\tau = \frac{Z}{2p} = \frac{36}{4} = 9$$

第 2 步，计算每极每相槽数。

$$q = \frac{Q}{2pm} = \frac{36}{2 \times 2 \times 3} = 3$$

第 3 步，划分相带。

将槽依次编号，电机每极下共 9 槽，每极下每相占有 3 个槽，即每极下分成三等份，每一份为一个相带，按照图 4.6 槽电动势星形图 60°相带分相，共分为 A、B、C、X、Y、Z 六个相带，各相带包含的槽如表 4.1 所列。

表 4.1　交叉式单层绕组 60°相带排列表

相	N			S		
	a	c′	b	a′	c	b′
第一对极	1, 2, 3	4, 5, 6	7, 8, 9	10, 11, 12	13, 14, 15	16, 17, 18
第二对极	19, 20, 21	22, 23, 24	25, 26, 27	28, 29, 30	31, 32, 33	34, 35, 36

第 4 步，组成线圈组。

根据线圈节距将各线圈边按电流方向连接成线圈，并将同极同相的线圈串联起来构成线圈组。以 A 相为例，在第一对极下，可将线圈边 1-10、2-11、3-12 相连构成三个线圈，三个线圈串联组成 A 相第一对极线圈组；第二对极下线圈连接规律不变，三个线圈 19-28、20-29、21-30 也构成 A 相第二对圈组，如图 4.7 所示。

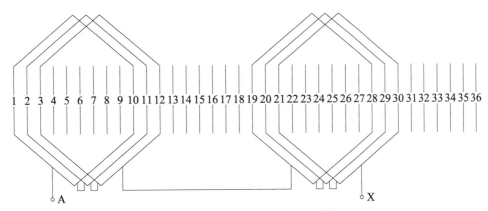

图 4.7　A 相交叉式绕组展开图

第 5 步，确定并联支路数，将线圈组连接成相绕组。

一相绕组可能有多条支路，这些支路能够并联的条件是每条支路电动相量必须相等，否则会产生环流。根据槽电动势星形图和单层绕组展开图，A 相第 1、2 两个线圈组电动势相量相等。这两个线圈组可以作为两条支路并联（并联支路数 $a = 2$），当然也可以串联成为一条支路（$a = 1$），如图 4.7 所示。

根据不同的工艺要求，也可以把绕组按同心式方式连接，如图 4.8 所示，与图 4.7 的交叉式相比，感应电动势的导体数相等，导体分布规律相同，且相绕组电动势相量相等，仅仅是端部连接方式不同。

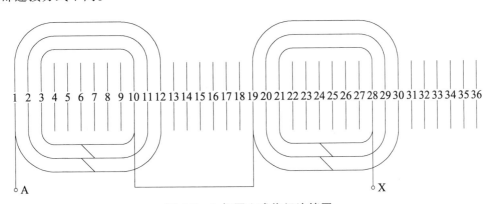

图 4.8　A 相同心式绕组连接图

根据三相绕组对称原则，用与 A 相相同的连接方法可构成 B、C 两相绕组，如图 4.9 所示。

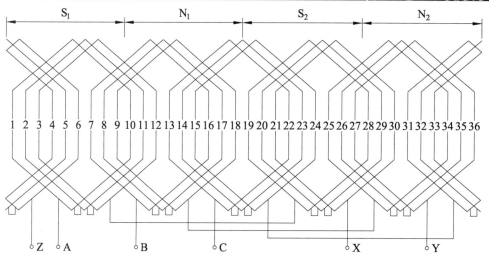

图 4.9 三相单层绕组展开图（$Z = 36$，$2p = 4$，$a = 1$）

4.2.3 三相双层绕组

双层绕组的线圈数等于槽数。每个槽有上下两层，线圈的一个边放在一个槽的上层，另外一个边则放在相隔节距 y_1 槽的下层。

双层绕组具有以下优点：

（1）可选择最有利的节距 y_1，使磁动势和电动势波形更接近正弦波。

（2）所有线圈具有同样的形状和尺寸，生产上便于实现机械化。

（3）端部排列整齐，机械强度高。

（4）可组成较多的并联支路。

一般稍大容量的电机均采用双层绕组。

双层绕组有叠绕组和波绕组两种。下面举例说明槽数 $Z = 36$、极数 $2p = 4$ 的三相双层叠绕组的构成方法、步骤。

（1）计算极距，确定线圈节距，组成线圈。

$$\tau = \frac{Z}{2p} = \frac{36}{4} = 9$$

这里选择 $y_1 = 7$ 槽，双层绕组的线圈的两条边一个在上层，一个在下层。如 1 号线圈的两条边分别放在 1 号槽上层（实线表示）和 8 号槽下层（虚线表示），依此类推。

（2）计算每极每相槽数。

$$q = \frac{Q}{2pm} = \frac{36}{2 \times 2 \times 3} = 3$$

（3）划分相带。

在双层绕组中，我们按上层分相，线圈的另一个有效边按节距放在下层。

上层线圈边的电动势星形图仍然如图 4.6（b）所示。按 60° 相带分相，共分为 A、B、C、X、Y、Z 6 个相带，各相带包含的槽如表 4.2 所列。

表 4.2　双层绕组 60°相带排列表

相	N			S		
	a	c′	b	a′	c	b′
第一对极	1，2，3	4，5，6	7，8，9	10，11，12	13，14，15	16，17，18
第二对极	19，20，21	22，23，24	25，26，27	28，29，30	31，32，33	34，35，36

（4）构成线圈组。

双层绕组每相可构成 $2p$ 个线圈组，这里就是每相 4 个线圈组。

以 A 相为例，根据表 4.2 所示的分相结果可知，1、2、3 号线圈串联组成 A 相第一对极 N 极下的线圈组，同属于 A 相的线圈组还有 10、11、12 号串联组成的线圈组，19、20、21 号组成的线圈组，28、29、30 号组成的线圈组，如图 4.10 所示。

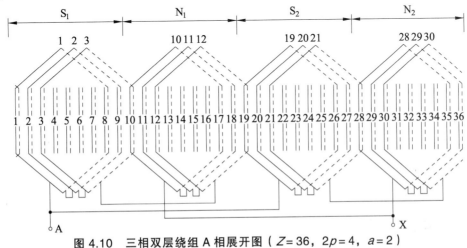

图 4.10　三相双层绕组 A 相展开图（Z＝36，$2p$＝4，a＝2）

（5）确定并联支路数，将线圈组连接成相绕组。

相邻的两个线圈组的感应电动势的大小相等，相位相反。将各线圈组采用串并联的方式形成所要求的并联支路数 a。在形成相绕组时，为了保证每条支路电动势相量相等，应该有 $2p/a$＝整数。对于双层绕组，每相最大并联支路数等于极数 $2p$。

本例中 a 可以取 1、2、4。在线圈组之间串并联时要注意相位问题（顺接、反接）。

取 a＝2，画出三相绕组展开图，如图 4.10 所示。

根据三相绕组对称原则，用与 A 相相同的连接方法可构成 B、C 两相绕组。

对比图 4.9（4 极 36 槽单层绕组）、图 4.10（4 极 36 槽双层绕组）可见，双层绕组线圈数是单层绕组的 2 倍。

4.3　交流绕组的磁动势

上节讨论了交流绕组的构成，如果交流电机的定子绕组中通以交流电流，将产生磁场。本节将对交流绕组磁动势的性质、大小和分布情况作进一步分析。

交流绕组在空间结构上是分布的，而且有多个相，绕组中流过的电流又是交变的。因此，交流绕组磁动势既是时间的函数又是空间位置角的函数，分析比较复杂。

研究交流绕组磁动势的方法是运用叠加原理。三相绕组磁动势是由三个单相绕组磁动势叠加而成的，下面首先分析单相绕组的磁动势，然后再分析三相合成磁动势。

为了简化分析，做如下假设：

（1）槽内导体集中于槽中心处；

（2）线圈中电流随时间正弦变化；

（3）气隙均匀；

（4）铁芯不饱和，忽略铁芯磁压降，磁动势全部降在气隙上。

4.3.1　单相绕组的磁动势

1. 整距集中绕组的磁动势

在气隙均匀的交流电机定子铁芯内嵌放三相对称的整距线圈 AX、BY、CZ，当线圈 AX 中流过正弦交流电流 $i_y = I_m \cos \omega t$ 时，在电机气隙中产生磁动势，其磁场分布如图 4.11 所示。若线圈匝数为 N_y，假设气隙中磁势处处相等，根据安培环路定律，有

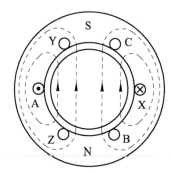

图 4.11　整距集中绕组的磁动势

$$F_y = \frac{1}{2} i_y N_y = \frac{1}{2} I_m N_y \cos \omega t \tag{4.5}$$

假想将此电机在 A 处切开后展开，取绕组的轴线位置为纵坐标轴，用纵坐标轴表示磁动势的大小，横坐标轴表示沿定子内圆周的空间距离，可得到图 4.12 所示的磁动势沿气隙圆周的空间分布波形，形状为矩形波。

由于绕组电流的大小和正负是随时间交变的，图 4.12 所示的磁动势波形仅是某一瞬间的波形，F_y 的大小和正负随时间变化，如图 4.13 所示。即矩形波的高度和正负随时间变化，变

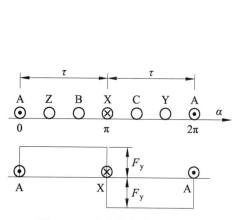

图 4.12　磁动势空间分布波形

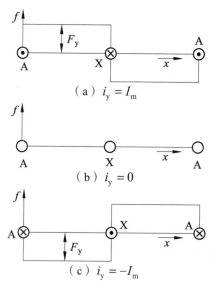

图 4.13　不同时刻的磁动势空间分布波形

化的快慢取决于电流的频率大小。这种空间位置固定不动，波幅大小和正负随时间变化的磁动势，称为脉振磁动势。

可见，整距集中绕组的磁动势有以下特点：

（1）磁动势空间位置是固定的；

（2）磁动势幅值随电流大小改变；

（3）瞬间波形为矩形波（含有较强的谐波分量）；

（4）磁动势既是时间的函数，又是空间的函数，磁动势性质为脉振磁动势。

将坐标原点取在 AX 的中心上，磁动势可表示为

$$f(x,t)=\begin{cases}\dfrac{1}{2}i_y N_y & \left(-\dfrac{\tau}{2}<x\leqslant\dfrac{\tau}{2}\right)\\[3mm]-\dfrac{1}{2}i_y N_y & \left(\dfrac{\tau}{2}<x\leqslant\dfrac{3\tau}{2}\right)\end{cases} \tag{4.6}$$

按照傅里叶级数分解的方法将式（4.6）进行分解，有

$$f(x,t)=\frac{2\sqrt{2}}{\pi}I\cdot N_y\left(\cos\frac{\pi}{\tau}x-\frac{1}{3}\cos 3\frac{\pi}{\tau}x+\frac{1}{5}\cos 5\frac{\pi}{\tau}x-\cdots\right)\cos\omega t$$

$$=0.9I\cdot N_y\cdot\cos\omega t\cdot\sum_{i=0}^{\infty}\frac{(-1)^i}{\nu}\cos\nu\frac{\pi}{\tau}x \tag{4.7}$$

式中，$\nu=2i+1$。

令 $\alpha=\dfrac{\pi}{\tau}x$，用电角度表示位置，有

$$f(\alpha,t)=0.9I\cdot N_y\cos\omega t\cdot\sum_{i=0}^{\infty}\frac{(-1)^i}{\nu}\cos\nu\alpha \tag{4.8}$$

式中，$\nu=2i+1$。

由于矩形波具有对称性，傅里叶级数展开式中只含有 1、3、5 等奇次项，波形如图 4.14 所示。

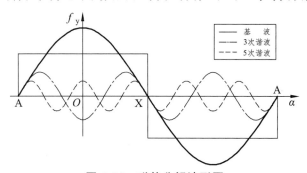

图 4.14　磁势分解波形图

其中，基波表达式为

$$f_1(\alpha,t)=0.9I\cdot N_y\cos\omega t\cos\nu\alpha \tag{4.9}$$

基波幅值为 $F_{m1}=0.9I\cdot N_y$。可见，整距集中绕组产生的基波磁动势在空间呈正弦分布。

另外，整距集中绕组产生的磁势存在奇次谐波，其表达式为：

$$f_v(v\alpha,t) = \frac{(-1)^i}{v} 0.9I \cdot N_y \cos\omega t \cos v\alpha \text{ , 其中 } v = 2i+1 \tag{4.10}$$

其幅值为 $F_{mv} = \frac{1}{v}0.9I \cdot N_y = \frac{1}{v}F_{m1}$，可见谐波幅值为基波的 $\frac{1}{v}$，谐波越高的分量越小。11 次以上的谐波分量小于基波的 9%，可见，若能消除 3、5、7、9 次谐波分量，磁动势的波形可以得到很大的改善。

通常交流电机绕组采用短距分布绕组来消除谐波改善磁动势波形。

2. 整距分布绕组的磁动势

将集中在一个槽内（$q=1$）的线圈分散放在多个槽内（$q>1$），就是分布绕组。图 4.15 所示为 $q=1$ 的集中绕组和分布绕组（$q=3$）结构图，分布绕组的 q 个线圈串联，通相同的电流。

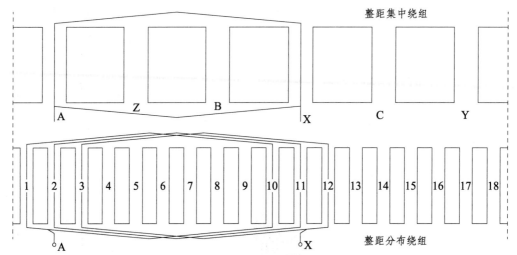

图 4.15 集中绕组和分布绕组结构图

将图 4.15 中 A 相分布绕组的 3 个线圈分别记为 A_1X_1、A_2X_2、A_3X_3，三个线圈产生的矩形磁动势波形如图 4.16 所示，由于 3 个线圈的电流相同而位置不同，因此产生的磁动势幅值、波形相同，位置不同（波形的空间位置差一个槽距电角）。

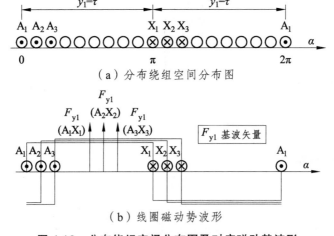

（a）分布绕组空间分布图

（b）线圈磁动势波形

图 4.16 分布绕组空间分布图及对应磁动势波形

将三个线圈产生的矩形波叠加起来,可得到分布绕组磁动势波形——梯形波如图 4.17 所示。

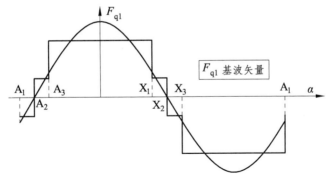

图 4.17　分布绕组磁动势波形

对分布绕组的梯形波磁动势进行傅里叶分解,同样得到基波和奇次谐波,由于各分量均为空间分布正弦波,和时间向量一样可以用空间矢量来表示,矢量的长度代表幅值的大小,矢量的位置代表幅值所处的空间位置。F_{y1} 代表各线圈产生的基波磁动势有效值,$F_{y\nu}$ 代表各线圈产生的 ν 次谐波磁动势有效值。

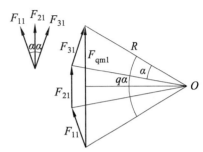

图 4.18　分布绕组磁动势矢量合成

设 A_1X_1、A_2X_2、A_3X_3 产生的基波磁动势矢量分别为 F_{11}、F_{21}、F_{31},其合成基波磁动势矢量为 F_{qm1},用矢量图表示如图 4.18 所示,F_{11}、F_{21}、F_{31} 大小相等,相位互差一个槽距角 α,三个磁动势矢量相加构成正多边形的一部分。

对 F_{qm1} 的求解可借助几何辅助的方法,为磁动势矢量构成的正多边形做一个半径为 R 的外接圆,如图 4.18 所示,图中 O 为外接圆圆心,线圈组基波磁动势的有效值为

$$F_{qm1} = 2R\sin\frac{q\alpha}{2} \tag{4.11}$$

其中 R 与线圈基波磁动势有效值的关系为 $F_{y1} = 2R\sin\dfrac{\alpha}{2}$,因此有

$$F_{qm1} = qF_{y1}\frac{\sin\dfrac{q\alpha}{2}}{q\sin\dfrac{\alpha}{2}} \tag{4.12}$$

因为谐波磁动势的电角度为基波的 ν 倍,线圈谐波磁动势有效值为 $F_{y\nu}$,因此有

$$F_{qm\nu} = qF_{y\nu}\frac{\sin\nu\dfrac{q\alpha}{2}}{q\sin\nu\dfrac{\alpha}{2}} = k_{q\nu}\times qF_{y\nu} \tag{4.13}$$

式中,$k_{q\nu}$ 为绕组的分布系数。

$$k_{q\nu} = \frac{\sin\nu\dfrac{q\alpha}{2}}{q\sin\nu\dfrac{\alpha}{2}} \tag{4.14}$$

可见，由于分布绕组 $q>1$，所以 $k_{q\nu}<1$。

以 $q=3$、$\alpha=20°$ 为例，分布系数如表 4.3 所列。

表 4.3   绕组的分布系数

ν	1	3	5	7
$k_{q\nu}$	0.959 8	0.666 7	0.217 6	− 0.177

综上所述，可以得出下面结论：

（1）采用分布绕组后，线圈组基波、谐波磁势幅值均下降，下降比例等于分布系数；

（2）分布绕组谐波磁势幅值的下降比例远大于基波幅值的下降比例；

（3）合成磁势较接近正弦波。

3. 短距分布绕组（线圈组）的磁动势

图 4.19（a）所示为 $p=1$、$q=3$、$y_1=7$、$\tau=9$ 的双层短距绕组分布图。线圈 A_1X_1、A_2X_2、A_3X_3 构成一个线圈组，线圈 A_4X_4、A_5X_5、A_6X_6 构成另一个线圈组，各线圈电流大小相等，方向如图所示。

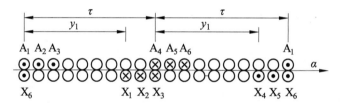

（a）双层短距绕组空间分布图

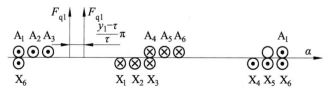

（b）双层短距绕组磁动势分布

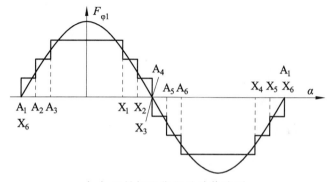

（c）双层短距绕组磁动势波形

图 4.19   双层短距绕组的磁动势

将 A_1A_4、A_2A_5、A_3A_6 分别看成是一个线圈，构成一个单层整距分布绕组；将 X_1X_4、X_2X_5、X_3X_6 分别看成是一个线圈，构成另一个单层整距分布绕组。这样磁动势的合成就变成两个单层分布绕组产生的磁动势的叠加，两个单层分布绕组产生的磁动势均为阶梯波，两个阶梯波合成即得相绕组磁动势，仍为阶梯波，如图 4.19（c）所示。

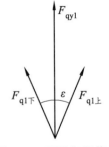

设上、下层绕组产生的基波磁动势矢量分别为 $F_{q1上}$、$F_{q1下}$，用矢量图表示如图 4.20 所示。图中 ε 为短距角，有

图 4.20 双层短距绕组磁动势矢量合成

$$\varepsilon = \pi\left(1 - \frac{y_1}{\tau}\right) \quad (4.15)$$

合成的基波磁动势的有效值为

$$F_{qy1} = 2F_{qm1}\cos\frac{\varepsilon}{2} = 2F_{qm1}\cos\left(\frac{\pi}{2} - \frac{\pi y_1}{2\tau}\right) = 2F_{qm1}\sin\left(\frac{\pi}{2} \cdot \frac{y_1}{\tau}\right) \quad (4.16)$$

谐波磁动势电角度是基波的 ν 倍，故谐波磁动势的有效值为

$$F_{qy\nu} = 2F_{qm\nu}\sin\left(\frac{\pi}{2} \cdot \frac{y_1}{\tau}\right) = 2k_{y\nu}F_{qm\nu} \quad (4.17)$$

式中 $k_{y\nu}$ 为绕组的短距系数，有

$$k_{y\nu} = \sin\left(\frac{\nu\pi}{2} \cdot \frac{y_1}{\tau}\right) \quad (4.18)$$

可见，由于短距绕组 $y_1 < \tau$，所以 $k_{q\nu} < 1$。

只要选取适当的节距，就可以大幅度减小谐波分量。当选取 $y_1 = \frac{\nu-1}{\nu}\tau$ 时，$k_{y\nu} = 0$，即此时 ν 次谐波磁动势为零。通常电机取 $y_1 = \frac{5}{6}\tau$，这时 5、7 次谐波都能得到较大的削弱。

参照式（4.8）可得短距分布绕组的磁动势为

$$f_{q\nu}(\alpha, t) = 0.9I \cdot (2qN_y) \cdot k_{w\nu} \cdot \cos\omega t \cdot \sum_{i=0}^{\infty} \frac{(-1)^i}{\nu}\cos\nu\alpha \quad (4.19)$$

式中，$k_{w\nu} = k_{q\nu}k_{y\nu}$ 称为绕组系数。

基波有效值为

$$F_{qy1} = 0.9I \cdot (2qN_y) \cdot k_{w1}$$

4. 单相绕组的磁动势

由于每对极下的线圈组所产生的磁动势和磁阻构成一条分支磁路，电机若有 p 对极，就有 p 条分支磁路，所以一相绕组基波磁动势的幅值，就是该相绕组在一对极下线圈组所产生的基波磁动势幅值，即也用式（4.19）来计算。

为了应用方便，一般用相电流 I_Φ、每相串联匝数 N 来代替线圈电流、线圈匝数。由式（4.19）可得

$$f(x,t) = 0.9 \cdot \frac{NI_\Phi}{p} \cos \omega t \cdot \sum_{i=0}^{\infty} k_{w\nu} \frac{(-1)^i}{\nu} \cos \nu\alpha \qquad (4.20)$$

单相绕组磁动势的基波分量幅值为

$$F_{\Phi 1} = 0.9 \cdot 2q k_{w1} I_y N_y = 0.9 \frac{N k_{w1} I_\Phi}{p} \qquad (4.21)$$

单相绕组的磁动势表达式为

$$f_{\Phi 1}(\alpha,t) = F_{\Phi 1} \cdot \cos \omega t \cdot \sum_{i=0}^{\infty} \frac{(-1)^i}{\nu} \cos \nu\alpha \qquad (4.22)$$

综上所述，可以得出下面结论：

（1）单相绕组磁动势为脉振磁动势；

（2）相绕组磁动势包含基波（极对数为 p）和 $\nu = 3$、5、7…奇次谐波（极对数为 νp）；

（3）基波和谐波的波幅均在绕组的中心线上；

（4）采用短距和分布绕组可以削弱高次谐波，谐波磁动势的波幅与绕组系数成正比；

（5）脉振磁动势是物理学中的驻波，既是时间的函数又是空间的函数，基波、谐波的波幅必在相绕组的轴线上。

应用三角函数公式可以将式（4.17）分解，可得

$$\begin{aligned}
f_\nu(x,t) &= F_{m\nu} \cdot \cos(\omega t) \cdot \cos\left(\nu \frac{\pi}{\tau} x\right) \\
&= \frac{1}{2} F_{m\nu} \left[\cos\left(\nu \frac{\pi}{\tau} x - \omega t\right) + \cos\left(\nu \frac{\pi}{\tau} x + \omega t\right) \right] \\
&= f_{\nu+} + f_{\nu-} \qquad (4.23)
\end{aligned}$$

可见，脉振磁动势可以分解成两个分量，其中正向分量为 $f_{\nu+} = \frac{1}{2} F_{m\nu} \cos\left(\nu \frac{\pi}{\tau} x - \omega t\right)$，反向分量为 $f_{\nu-} = \frac{1}{2} F_{m\nu} \cos\left(\nu \frac{\pi}{\tau} x + \omega t\right)$。

我们取正向分量 $f_{\nu+}$ 进行分析，有以下特点：

（1）磁势幅值 $F_{\nu+} = \frac{1}{2} F_{m\nu}$，与时间 t 无关；

（2）磁动势空间正弦分布，波形形态与时间和位置无关；

（3）磁动势幅值出现的位置满足条件：$\frac{\pi}{\tau} x_m - \omega t = k\pi$，即幅值出现位置随时间在空间上移动，方向与电流相序相同；

（4）磁动势幅值移动的速率为 ω；

（5）$f_{\nu+}$ 的矢量 $\dot{F}_{\nu+}$ 的顶点在空间轨迹为圆形，磁动势为圆形旋转磁动势。

圆形旋转磁动势就是一个在空间按正弦分布的磁动势行波，可以用一个空间矢量 $\dot{F}$ 来表

示，如图 4.21 所示，矢量长短表示该磁动势的幅值，矢量的位置就在该磁动势波正波幅所在的位置。

反向分量与正向分量性质相同，不同之处在于磁动势幅值出现的位置满足条件 $\dfrac{\pi}{\tau}x_{\mathrm{m}} + \omega t = k\pi$，即磁动势旋转方向与正向分量相反。

图 4.22 为不同时刻的正向分量与反向分量，脉振磁动势为两个矢量的合成。如图 4.23 所示，脉振磁动势可以分解为两个方向相反、转速相等的圆形旋转磁动势。

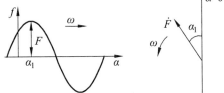

图 4.21　磁动势矢量表示

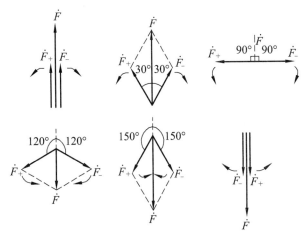

图 4.22　脉振磁动势的矢量合成

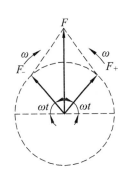

图 4.23　脉振磁动势的分解

4.3.2　三相绕组的磁动势

1. 三相绕组的圆形旋转磁动势

我们已经推导出单相绕组的磁动势，将三个单相绕组的磁动势叠加即可求出三相绕组的合成磁动势。下面分别用比较直观的图解法及解析法来分析。

1）图解法

在三相交流电机中，定子绕组是对称设置的，即 A、B、C 三相绕组的轴线在空间相差 120°电角度，因此，相绕组各自产生的基波磁动势在空间互差 120°电角度。在对称运行时，三相电流亦是对称的，三相绕组电流表达式为

$$I_{\mathrm{A}} = I_{\mathrm{m}}\cos\omega t$$

$$I_{\mathrm{B}} = I_{\mathrm{m}}\cos\left(\omega t - \frac{2\pi}{3}\right)$$

$$I_{\mathrm{C}} = I_{\mathrm{m}}\cos\left(\omega t + \frac{2\pi}{3}\right)$$

如图 4.24（a）所示，当 $\omega t = 0$ 时，$I_{\mathrm{A}} = I_{\mathrm{m}}$，$I_{\mathrm{B}} = I_{\mathrm{C}} = -0.5I_{\mathrm{m}}$，故三相合成磁动势 F 位于 A 相轴线上。

如图 4.24（b）所示，当 $\omega t = \dfrac{1}{3}\pi$ 时，$I_C = -I_m$，$I_A = I_B = 0.5I_m$，三相合成磁动势 F 转到 C 相轴线反方向上，合成磁动势 F 相对于 A 相轴线逆时针旋转 $\dfrac{1}{3}\pi$。

如图 4.24（c）所示，当 $\omega t = \dfrac{2}{3}\pi$ 时，$I_B = I_m$，$I_A = I_C = -0.5I_m$，三相合成磁动势 F 转到 B 相轴线上，合成磁动势 F 相对于 A 相轴线逆时针旋转 $\dfrac{2}{3}\pi$。

如图 4.24（d）所示，当 $\omega t = \pi$，$I_A = -I_m$，$I_B = I_C = -0.5I_m$，三相合成磁动势 F 转到 A 相轴线反方向上，合成磁动势 F 相对于 A 相轴线逆时针旋转 π。

如图 4.24（e）所示，当 $\omega t = \dfrac{4}{3}\pi$ 时，$I_C = I_m$，$I_A = I_B = -0.5I_m$，三相合成磁动势 F 转到 C 相轴线上，合成磁动势 F 相对于 A 相轴线逆时针旋转 $\dfrac{4}{3}\pi$。

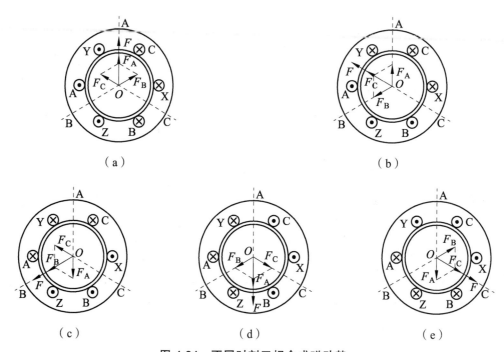

（a）   （b）

（c）   （d）   （e）

图 4.24　不同时刻三相合成磁动势

当 $\omega t = 2\pi$ 时与 $\omega t = 0$ 时刻相同，三相合成磁动势 F 转回到 A 相轴线上，合成磁动势 F 旋转 360°电角度，这里极对数 $p = 1$，即旋转一圈。

可见，电流变化一个周期，合成磁动势在空间旋转 360°电角度。对于一对极的电机，电流变化一个周期，磁动势转一周，磁动势转 1/p 周，磁场转速与极对数关系为

$$n_1 = \frac{60f}{p} \tag{4.24}$$

图 4.24 中电流的相序为 A-B-C，则合成磁动势的旋转方向也是沿着 A-B-C 轴线方向旋

转，因此，旋转磁动势的旋转方向取决于电流相序，是由电流超前相转向滞后相。若要改变磁场旋转方向，改变电流的相序即可。实现起来很简单，只要将从电网接到电机绕组的三根电线任意对调两根即可。

2）解析法

根据前面的分析可知，三相绕组的磁动势为

$$\left.\begin{array}{l} f_{A\nu}(x,t) = F_{\Phi\nu}\cos\left(\nu\dfrac{\pi}{\tau}x\right)\cos\omega t \\[2mm] f_{B\nu}(x,t) = F_{\nu}\cos\nu\left(\dfrac{\pi}{\tau}x - \dfrac{2\pi}{3}\right)\cos\left(\omega t - \dfrac{2\pi}{3}\right) \\[2mm] f_{C\nu}(x,t) = F_{m\nu}\cos\nu\left(\dfrac{\pi}{\tau}x + \dfrac{2\pi}{3}\right)\cos\left(\omega t + \dfrac{2\pi}{3}\right) \end{array}\right\} \qquad (4.25)$$

进行三角函数积化和差，得

$$f_{A\nu}(x,t) = \frac{1}{2}F_{m\nu}\cos\left(\nu\frac{\pi}{\tau}x - \omega t\right) + \frac{1}{2}F_{m\nu}\cos\left(\nu\frac{\pi}{\tau}x + \omega t\right)$$

$$f_{B\nu}(x,t) = \frac{1}{2}F_{m\nu}\cos\left[\nu\frac{\pi}{\tau}x - \omega t - (\nu-1)\frac{2\pi}{3}\right] + \frac{1}{2}F_{m\nu}\cos\left[\nu\frac{\pi}{\tau}x + \omega t - (\nu+1)\frac{2\pi}{3}\right]$$

$$f_{C\nu}(x,t) = \frac{1}{2}F_{m\nu}\cos\left[\nu\frac{\pi}{\tau}x - \omega t + (\nu-1)\frac{2\pi}{3}\right] + \frac{1}{2}F_{m\nu}\cos\left[\nu\frac{\pi}{\tau}x + \omega t + (\nu+1)\frac{2\pi}{3}\right]$$

三相合成磁动势为

$$f_{\nu}(x,t) = f_{A\nu}(x,t) + f_{B\nu}(x,t) + f_{C\nu}(x,t) \qquad (4.26)$$

基波及各次谐波三相合成磁动势有三种情况：

（1）当 $\nu = 6n + 1$，即 $\nu = 1$，7，13，19…时，有

$$f_{\nu}(x,t) = \frac{3}{2}F_{m\nu}\cos\left(\nu\frac{\pi}{\tau}x - \omega t\right) \qquad (4.27)$$

（2）当 $\nu = 6n - 1$，即 $\nu = 5$，11，17，23…时，有

$$f_{\nu}(\alpha,t) = \frac{3}{2}F_{m\nu}\cos(\nu\alpha + \omega t) \qquad (4.28)$$

（3）当 $\nu = 3n$，即 $\nu = 3$ 及 3 的倍数时，有

$$f_{\nu}(\alpha,t) \equiv 0 \qquad (4.29)$$

可见，三相交流绕组的合成磁动势有：

（1）每次谐波的两个旋转分量中被抵消一个，因此存在的各次谐波磁势都是圆形旋转磁势；

（2）$\nu = 6n + 1$ 的磁动势为正向旋转磁场（旋转方向与电流相序相同）；

（3）$\nu = 6n - 1$ 的磁动势为反向旋转磁场（旋转方向与电流相序相反）；

（4）3 次及 3 的整数倍谐波磁势恒为 0；

（5）ν 次谐波幅值为基波幅值的 $1/\nu$。

基波磁动势是电机工作最重要的分量，我们重点进行讨论。

基波磁动势为

$$f_1(x,t) = F_1 \cos\left(\frac{\pi}{\tau}x - \omega t\right) \tag{4.30}$$

式中，F_1 为基波磁动势幅值，$F_1 = \frac{3}{2}F_{\Phi 1} = 1.35\frac{Nk_{w1}}{p}I_{\Phi}$。

图 4.25 画出了 $\omega t = 0$ 时基波磁动势的瞬间波形（实线）及经过一定时间波形（虚线），可见 $f_1(x,t) = F_1 \cos\left(\frac{\pi}{\tau}x - \omega t\right)$ 是一个幅值固定、正弦分布的沿圆周旋转的信号（行波），电角速度为 $v = \omega = 2\pi f_1$，机械转速为 $n_1 = \frac{60f}{p}$。

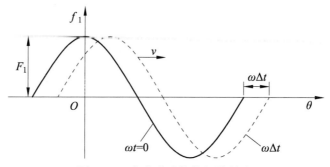

图 4.25 合成磁动势的行波特点

可见，三相交流绕组的基波磁动势有以下特点：

（1）幅值不随时间变化；

（2）幅值出现的位置随时间变化：$\frac{\pi}{\tau}x_m - \omega t = k\pi$，即移动速率为 ω；

（3）气隙中的合成磁动势是一个幅值恒定、转速恒定的旋转磁动势，其波幅的轨迹是一个圆，磁动势性质为圆形旋转磁动势；

（4）圆形旋转磁动势是物理学中的行波，通常又将电机的旋转磁场称为行波磁场。

2. 三相绕组的椭圆形旋转磁动势

通过上节的分析，三相空间对称的绕组通入三相对称电流将产生圆形旋转磁场，本节分析不满足条件时电机的磁动势性质。

当三相电流不对称时，可以利用对称分量法，将它们分解成为正序分量和负序分量以及零序分量。

由于三相绕组在空间彼此相差 120°电角度，故三相零序电流各自产生的 3 个脉振磁动势在时间上同相位、在空间上互差 120°电角度，零序分量的合成磁动势为零。

正序电流将产生正向旋转磁动势 F_+，而负序电流将产生反向旋转的磁动势 F_-，即在气隙中建立的磁动势为这两个分量的合成：

$$f_1(x,t) = F_+ \cos\left(\frac{\pi}{\tau}x - \omega t\right) + F_- \cos\left(\frac{\pi}{\tau}x - \omega t\right) \tag{4.31}$$

不对称电流正序分量、负序分量不同等，因此产生的两个磁动势旋转速度相同、旋转方向相反、幅值不相等，画出矢量合成图如图 4.26 所示，当两个旋转磁势矢量同相的瞬间为最大值，反相的瞬间为最小值，合成磁动势矢量在空间的轨迹为椭圆形。

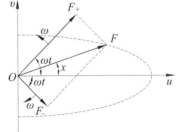

当 $F_+ = 0$ 或 $F_- = 0$ 时，就得到圆形旋转磁动势。

当 F_+ 和 F_- 都存在、且 $F_+ \neq F_-$ 时，便是椭圆形旋转磁动势。

当 $F_+ = F_-$ 时，便得到脉振磁动势，一个脉振磁动势可分解成两个幅值恒定、转向相反的旋转磁动势。

图 4.26　椭圆形旋转磁场

【例 4.1】 一台 50 000 kW 的 2 极汽轮发电机，50 Hz，三相，$U_N = 10.5$ kV，星形连接，$\cos\varphi_N = 0.85$，定子为双层叠绕组，$Z = 72$ 槽，每个线圈 1 匝，$y_1 = 7\tau/9$，$a = 2$，试求当定子电流为额定值时，三相合成磁动势的基波、3、5、7 次谐波的幅值和转速，并说明转向。

解：额定电流为 $I_N = \dfrac{P_N}{\sqrt{3}U_N \cos\varphi_N} = \dfrac{50\,000}{\sqrt{3}\times10.5\times0.85} = 3234.55\,(A)$

因为星形连接，故 $I_\phi = I_N = 3\,234.55\,(A)$

槽距角 $\alpha_1 = \dfrac{p\times360}{Z} = \dfrac{2\times360}{72} = 5°$

每极每相槽数 $q = \dfrac{72}{2\times3} = 12$，极距 $\tau = \dfrac{72}{2} = 36$

各次绕组系数为

$$k_{N1} = k_{y1}k_{q1} = \sin\left(\frac{y_1}{\tau}90°\right)\frac{\sin\frac{q\alpha_1}{2}}{q\sin\frac{\alpha_1}{2}} = 0.897\,6$$

$$k_{N5} = \sin5\times70°\times\frac{\sin(5\times30°)}{12\sin(5\times2.5)} = -0.033\,42$$

$$k_{N7} = \sin4\times90°\times\frac{\sin(21°)}{12\sin(7\times2.5)} = -0.106\,1$$

$$N = \frac{2pq}{a}N_y = \frac{2\times12}{2}\times1 = 12$$

基波磁动势为 $F_1 = 1.35\dfrac{Nk_{N1}}{p}I_\phi = 47\,034$（A/极）

转速 $n_1 = \dfrac{60f}{p} = 3\,000\,(r/min)$，反转。

3 次谐波为 0。

5 次谐波磁动势：$F_5 = 1.35\dfrac{Nk_{N5}}{5P}I_\phi = \dfrac{52\,399.11}{5}\times0.033\,42 = 350$（A/极）

转速为 $n_5 = \dfrac{3\,500}{5} = 600$ (r/min)，反转。

7 次谐波磁动势：$F_7 = \dfrac{52\,399.71}{7} \times 0.033\,42 = 250.2$（A/极）

转速为 $n_7 = \dfrac{3\,000}{7} = 428.6$ (r/min)，反转。

4.4 交流绕组的感应电动势

通过上节学习我们知道：在对称的三相绕组中流过对称的三相电流时，将产生旋转磁动势，由此产生的旋转磁场基波分量在气隙中呈正弦分布，如图 4.27 所示。根据电磁感应定律，旋转磁场切割定子、转子绕组将产生感应电动势。本节讨论旋转磁场在绕组中的感应电动势。

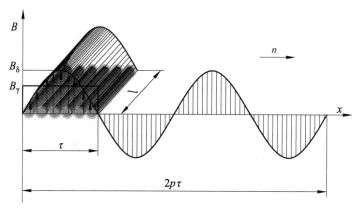

图 4.27   气隙旋转磁场波形图

本书 4.2 节介绍的交流相绕组的构成顺序是：导体→线圈→线圈组→相绕组。这里将按照这个顺序来分析绕组的电动势。

4.4.1   导体的感应电动势

如图 4.27 所示，当 p 对极的正弦分布磁场以转速 n_1 切割导体时，在导体中感应出的电动势为

$$e_{c1} = B_{\delta 1\alpha} l v \tag{4.32}$$

式中，$B_{\delta 1\alpha}$ 为气隙磁密，v 为导体与磁场的相对速度，有

$$B_{\delta 1\alpha}(\alpha, t) = B_{m1}\sin(\alpha - \omega t)，\quad v = \frac{\pi D}{60}n_1 = \frac{2p\tau}{60} \cdot \frac{60f}{p} = 2\tau f$$

正弦分布的磁通密度其最大值 B_{m1} 与平均值 B_{av} 的关系为

$$B_{m1} = \frac{\pi}{2} B_{av}$$

代入每极磁通 $\Phi_{m1} = l\tau B_{av}$ ，有

$$\Phi_{m1} = \frac{2}{\pi} l\tau B_{m1}$$

指定位置 α_0 处导体感应电动势为

$$e_{c1} = B_{\delta 1\alpha} l v = B_{m1} l \cdot 2\tau f_1 \sin(\alpha_0 - \omega t)$$
$$= \frac{\Phi_{m1}\pi}{2l\tau} l \cdot 2\tau f_1 \sin(\alpha_0 - \omega t) = \pi f \Phi_{m1} \sin(\alpha_0 - \omega t)$$

导体感应电动势有效值为

$$E_{c1} = \frac{E_{c1m}}{\sqrt{2}} = \frac{\pi}{\sqrt{2}} f_1 \Phi_{m1} = 2.22 f_1 \Phi_{m1} \tag{4.33}$$

由图 4.27 可见，电机有 p 对磁极，旋转一周时任一导体中感应电动势就变化 p 个周期，磁场以同步转速 n_1 旋转，则导体中感应电动势每秒钟就变化 $\frac{pn_1}{60}$ 周期，即导体中磁感应电动势的频率为

$$f = \frac{pn_1}{60} \tag{4.34}$$

2. 线圈的感应电动势

将嵌放在相邻 y_1 槽的两根导体的一端相连接，就构成了一个单匝线圈，也称线匝。下面分别讨论整矩线圈（$y_1 = \tau$）和短距线圈（$y_1 < \tau$）的感应电动势。

1）整距线圈的感应电动势

整距线圈的两根导体相隔一个极距 τ ，空间相隔 180°电角度，因此，这两根导体的感应电动势 $\dot{E}_{c1}$、$\dot{E}_{c2}$ 相位差也是 180°（大小相等、方向相反）。单匝整距线圈感应电势相量图如图 4.28 所示，线圈的电动势为

$$\dot{E}_{y1} = \dot{E}_{c1} - \dot{E}_{c2} \tag{4.35}$$

每匝整距线圈的电动势有效值 E_{y1} 为

$$E_{y1} = 2E_{c1} = 4.44 f_1 \Phi_m \tag{4.36}$$

若线圈匝数为 N_y ，则整距线圈的电动势有效值为

$$E_{y1} = 2N_y E_{c1} = 4.44 f_1 N_y \Phi_m \tag{4.37}$$

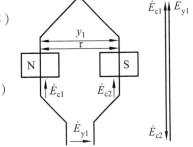

图 4.28 单匝整距线圈感应电势相量图

2）短距线圈的感应电动势

短距线圈的两根导体相隔 y_1（$y_1 < \tau$），感应电势相量图如图 4.29 所示，其感应电动势 $\dot{E}_{c1}$、$\dot{E}_{c2}$ 相位差是 $\frac{y_1}{\tau}180°$ 电角度。根据相量图可知，短距线圈的电动势为

$$\dot{E}_{y1} = \dot{E}_{c1} - \dot{E}_{c2}$$

则 N_y 匝短距线圈的电动势有效值为

$$
\begin{aligned}
E_{y1} &= 2E_{c1} \cos\left[\frac{1}{2}\left(180° - \frac{y_1}{\tau}180°\right)\right] \\
&= 4.44 f_1 N_y \sin\left(\frac{y_1}{\tau} \cdot 90°\right)\Phi_m \\
&= 4.44 f_1 N_y k_{y1}\Phi_m \qquad (4.38)
\end{aligned}
$$

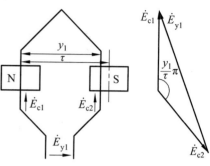

图 4.29　短距线圈的感应电动势

式中，k_{y1} 为绕组的短距系数，$k_{y1} = \sin\left(\frac{\pi}{2} \cdot \frac{y_1}{\tau}\right)$。

对整距绕组（$y_1 = \tau$），$k_{y1} = 1$；对短距绕组（$y_1 < \tau$），$k_{y1} < 1$。

4.4.2　线圈组感应电动势

一个线圈组由 q 个线圈串联组成，相邻线圈相距 α 电角度，即线圈感应电动势相位差为 α，如图 4.30 所示，线圈组电动势为这 q 个线圈组的感应电动势叠加。

以 $q = 3$ 线圈组为例，如图 4.30 所示，三个线圈的感应电动势分别为 $\dot{E}_{11}$、$\dot{E}_{21}$、$\dot{E}_{31}$，线圈组感应电动势 $\dot{E}_{q1}$ 为三个相量相加构成正多边形的一部分。

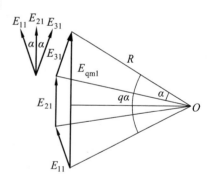

图 4.30　线圈组的感应电动势

对线圈组感应电动势 $\dot{E}_{q1}$ 求解也可以借助几何辅助的方法，为电动势相量构成的正多边形做一个半径为 R 的外接圆，如图 4-30 所示，图中 O 为外接圆圆心，可见线圈感应电势有效值 $E_{y1} = 2R\sin\frac{\alpha}{2}$、线圈组感应电势

$E_{q1} = 2R\sin\frac{q\alpha}{2}$。

因此，可求得线圈组感应电动势的有效值：

$$
E_{q1} = E_{c1}\frac{\sin\frac{q\alpha}{2}}{\sin\frac{\alpha}{2}} = 4.44 f_1 N_y k_{y1}\Phi_m \frac{\sin\frac{q\alpha}{2}}{\sin\frac{\alpha}{2}} = 4.44 f_1 q N_y k_{y1}\frac{\sin\frac{q\alpha}{2}}{q\sin\frac{\alpha}{2}}\Phi_m
$$

代入分布系数 $k_{q1} = \dfrac{\sin\frac{q\alpha}{2}}{q\sin\frac{\alpha}{2}}$，有

$$E_{q1} = 4.44 f_1 q N_{y1} k_{y1} k_{q1} \Phi_m = 4.44 f_1 q N_{y1} k_{w1} \Phi_m \qquad (4.39)$$

4.4.3   相绕组感应电动势

相绕组电动势等于支路电动势。双层绕组每条支路由 $2p/a$ 个线圈组串联构成，单层绕组每条支路由 p/a 个线圈组串联构成，单层绕组每条支路由 p/a 个线圈组串联构成，这些串联线圈组的电动势同大小、同相位。因此，将这些串联的线圈组电动势 E_{q1} 直接相加，即得相绕组感应电动势 E_1 为

$$E_1 = N_1 E_{q1} = 4.44 f_1 N_1 k_{w1} \Phi_m \qquad (4.40)$$

式中，N_q 为每相串联线圈数，N_1 为每相串联匝数；$k_{w1} = k_{y1} k_{q1}$ 为绕组系数。

对于双层绕组，线圈数等于槽数，每相串联匝数为 $N_1 = 2pqN_y/a$。

对于单层绕组，线圈数等于槽数的一半，故 $N_1 = pqN_y/a$。

4.4.4   电动势中的高次谐波及其削弱方法

本章前面部分的讨论都是假设电机磁场为正弦波，因此感应电势也是正弦波，只讨论了基波分量。在实际电机中，气隙中的磁场并非是正弦波，例如凸极同步电机的磁场在气隙中为平顶波，存在基波和一系列奇次谐波，如图 4.31 所示。因此，在定子绕组内感应的电动势也并非正弦波，除了基波外还存在一系列谐波。

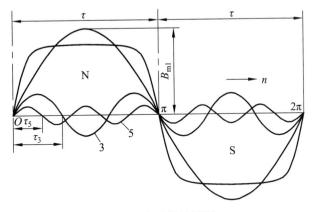

图 4.31   主磁极波形图

ν 次谐波极对数为 $p_\nu = \nu p$，其极距为

$$\tau_\nu = \frac{\tau}{\nu} \qquad (4.41)$$

谐波磁场随转子旋转而形成旋转磁场，其转速等于转子转速，故谐波磁场在定子绕组中感应的高次谐波电动势频率为

$$f_v = \frac{p_v n_v}{60} = v\frac{pn}{60} = vf_1 \qquad (4.42)$$

对照式（4.40），可得 v 次谐波相电动势有效值为

$$E_{\Phi v} = 4.44 f_v N_v k_{wv} \Phi_v \qquad (4.43)$$

式中，$\Phi_v = \frac{2}{\pi} l \frac{\tau}{v} B_{mv}$ 为 v 次谐波每极磁通量；$k_{wv} = k_{yv} k_{qv}$ 为 v 次谐波绕组系数，k_{qv} 和 k_{yv} 分别为 v 次谐波绕组的分布系数和短矩系数，有

$$k_{qv} = \frac{\sin v\frac{q\alpha}{2}}{q \sin v\frac{\alpha}{2}}, \quad k_{yv} = \sin\left(\frac{v\pi}{2}\cdot\frac{y_1}{\tau}\right) \qquad (4.44)$$

高次谐波电动势的存在，使发电机的电动势波形变坏，而且发电机本身的杂散损耗增大，温升增高，串入电网的谐波电流还会干扰通信。因此，要尽可能地削弱谐波电动势，以使发电机发出的电动势波形接近正弦波，一般采用以下几种方法。

1. 使气隙中磁场分布尽可能接近正弦波

对于凸极同步电机，把气隙设计得不均匀，使磁极中心处气隙最小，而磁极边缘处气隙最大，以改善磁场分布情况。对于隐极同步电机，可以通过改善励磁线圈分布范围来实现。

2. 采用对称的三相绕组

三相绕组可连接成星形或三角形。三相 3 次谐波电动势之间在相位上彼此相差 360°，即它们同相位、同大小。若三相绕组接成星形，线电动势 3 次谐波被抵消。若三相绕组接成三角形，则三相绕组中 3 次谐波电动势在闭合的三角形回路中产生环流，相当于短路，仅在各相绕组中产生短路压降，在线电动势中仍然没有 3 次谐波。但 3 次谐波环流在回路中会引起附加损耗，故发电机多采用星型接法。

3. 采用短距绕组

适当地选择线圈的节距，可以使某一次谐波的短距系数为零或很小，以达到消除或削弱该次谐波的目的。若要消除第 v 次谐波电动势，即要使 $k_{yv} = 0$，则只要选取 $y_1 = (1 - \tau/v)$ 就行了，即为了消除第 v 次谐波，只要选用比整距 τ/v 的短距线圈即可。例如，要消除 5 次谐波，采用 $y_1 = 4\tau/5$，可使 $k_{y5} = 0$。图表明 5 次谐波在线圈的两个导体中的感应电动势是互相抵消的。由于三相绕组采用星形或三角形连接，线电压中已经消除了 3 次谐波，因此通常选 $y_1 = 5\tau/6$ 以同时削弱 5、7 次谐波电动势。

4. 采用分布绕组

每极每相槽数 q 越大，谐波电动势的分布系数的总趋势变小，从而抑制谐波电动势的效

果越好。但当 q 太大时，电机成本增高，且 $q>6$ 时，高次谐波分布系数下降已不太显著，因此一般交流电机选择 $2 \leqslant q \leqslant 6$。因此，采用分布绕组时，基波分布系数略小于 1，而 5、7 次谐波分布系数就小很多，从而可以改善电动势波形。

【例 4.2】　一台三相同步发电机，$f=50\text{ Hz}$，$n_N=1\ 500\text{ r/min}$，定子采用双层短距分布绕组，$q=3$，$y_1/\tau=8/9$，每相串联匝数 $N=108$，Y 连接，每极磁通量 $\Phi_1=1.015\times10^{-2}\text{ Wb}$，$\Phi_3=0.66\times10^{-2}\text{ Wb}$，$\Phi_5=0.24\times10^{-2}\text{ Wb}$，$\Phi_7=0.09\times10^{-2}\text{ Wb}$。试求：

（1）电机的极数；

（2）定子槽数；

（2）绕组系数 k_{w1}、k_{w3}、k_{w5}、k_{w7}；

（4）相电动势 E_1、E_3、E_5、E_7 及合成相电动势 E_φ 和线电动势 E_1。

解　（1）极对数 $p=\dfrac{60f}{n_w}=\dfrac{60\times50}{1\ 500}=2$，$2p=4$

（2）定子槽数 $Z=2mpq=36$

（3）绕组系数 $k_{w\nu}=k_{q\nu}k_{y\nu}$

槽距角 $\alpha_1=\dfrac{p\times360°}{Z}=\dfrac{2\times360°}{36}=20°$

基波短距系数 $k_{y1}=\sin\left(\dfrac{y_1}{\tau}\cdot90°\right)=\sin\left(\dfrac{8}{9}\times90°\right)=0.984\ 8$

基波分布系数 $k_{q1}=\dfrac{\sin\dfrac{q\alpha_1}{2}}{q\sin\dfrac{\alpha_1}{2}}=\dfrac{\sin\dfrac{3\times20°}{2}}{3\times\sin\dfrac{20°}{2}}=0.959\ 8$

基波绕组系数 $k_{w1}=k_{y1}k_{q1}=0.945\ 2$

3 次谐波：　$k_{y3}=\sin\left(\dfrac{3y_1}{2}\times90°\right)=\sin(3\times80°)=-0.866$

$$k_{q3}=\dfrac{\sin\dfrac{3q\alpha_1}{2}}{q\sin\left(\dfrac{3}{2}\alpha_1\right)}=0.666\ 7$$

$$k_{w3}=k_{q3}k_{y3}=-0.667\times0.866=-0.577\ 4$$

5 次谐波：　$k_{y5}=\sin(5\times80°)=0.642\ 8$

$$k_{q5}=\dfrac{\sin\dfrac{5\times3\times20°}{2}}{3\times\sin\dfrac{5\times20°}{2}}=0.217\ 6$$

$$k_{w5}=0.642\ 8\times0.217\ 6=0.139\ 9$$

7 次谐波：　$k_{y7}=\sin(7\times80°)=-0.342$

$$k_{q7} = \frac{\sin\dfrac{7\times3\times20°}{2}}{3\times\sin\dfrac{7\times20°}{2}} = -0.177\,4$$

$$k_{N7} = (-0.342)\times(-0.117\,4) = 0.060\,7$$

（4）各次相电动势：

$$E_1 = 4.44fNk_{w1}\Phi_1 = 4.44\times50\times108\times0.945\,2\times1.015\times10^{-2} = 230.03 \ (V)$$

$$E_3 = 4.44\times3fNk_{w3}\Phi_3 = 4.44\times3\times50\times108\times(-0.577\,4)\times0.66\times10^{-2} = 274.10 \ (V)$$

$$E_5 = 4.44\times5fNk_{w5}\Phi_5 = 4.44\times5\times50\times108\times0.139\,9\times0.24\times10^{-2} = 40.25 \ (V)$$

$$E_7 = 4.44\times7fNk_{w7}\Phi_7 = 9.171\,07 \ (V)$$

$$E_\Phi = \sqrt{E_1^2 + E_3^2 + E_5^2 + E_7^2 + \cdots} = 360.19 \ (V)$$

$$E_1 = \sqrt{3}E_\varphi = 405 \ (V)$$

本章小结

1．交流电机绕组的构成

三相交流电流在三相交流绕组中产生旋转磁场，磁场在交流绕组中感应电动势，完成能量转换。

三相交流绕组的构成原则：① 力求获得较大的基波电动势；② 保证三相电动势对称；③ 尽量削弱谐波电动势，力求波形接近正弦形；④ 考虑节省材料和工艺方便。

交流绕组通常分为双层绕组和单层绕组两大类。双层绕组又分为叠绕组和波绕组两种。双层绕组的特点是可灵活地设计成各种短距来削弱谐波，对于叠绕组，采用短距还可以节省端部材料。单层绕组的特点是制造工艺简单，但它不能像双层绕组那样设计成短距以削弱谐波。

交流相绕组的构成顺序是：导体→线圈→线圈组→相绕组。

2．交流绕组的磁动势

交流电机的磁场是由磁动势产生的。弄清交流绕组磁动势是掌握交流电机原理的关键。交流绕组磁动势既是时间的函数又是空间位置角的函数。

研究交流绕组磁动势的方法是运用叠加原理。三相绕组磁动势是由三个单相绕组磁动势叠加而成的，双层短距绕组一相绕组磁动势可以看成是两个单层绕组磁动势的叠加。

（1）单相绕组的磁动势。

单相绕组的磁动势为脉振磁动势，表达式为

$$f(x,t) = 0.9\frac{NI_\Phi}{p}\cos\omega t\cdot\sum_{i=0}^{\infty}k_{w\nu}\frac{(-1)^i}{\nu}\cos\nu\alpha$$

单相绕组的磁动势包含基波（极对数为 p）和 $\nu = 3$、$5\cdots$奇次谐波。

采用短距和分布绕组可以削弱高次谐波，谐波磁动势的波幅与绕组系数 $k_{w\nu} = k_{q\nu}k_{y\nu}$ 成正比。其中，绕组的分布系数 $k_{q\nu} = \dfrac{\sin\nu\dfrac{q\alpha}{2}}{q\sin\nu\dfrac{\alpha}{2}}$，短距系数 $k_{y\nu} = \sin\left(\dfrac{\nu\pi}{2}\cdot\dfrac{y_1}{\tau}\right)$。

脉振磁动势可以分解成两个方向相反、转速相等的旋转磁动势。

$$f_\nu(x,t) = F_{\mathrm{m}\nu}\cdot\cos\omega t\cdot\cos\left(\nu\frac{\pi}{\tau}x\right)$$

$$= \frac{1}{2}F_{\mathrm{m}\nu}\left[\cos\left(\nu\frac{\pi}{\tau}x - \omega t\right) + \cos\left(\nu\frac{\pi}{\tau}x + \omega t\right)\right]$$

（2）三相绕组的磁动势。

在对称的三相绕组中流过对称的三相电流时，气隙中的合成磁动势是一个幅值恒定、转速恒定的旋转磁动势，其波幅的轨迹是一个圆，故这种磁动势称为圆形旋转磁动势，相应的磁场称为圆形旋转磁场。

三相绕组的基波磁动势表达式为

$$f_1(x,t) = F_1\cos\left(\frac{\pi}{\tau}x - \omega t\right)$$

式中，F_1 为基波磁动势幅值，$F_1 = \dfrac{3}{2}F_{\Phi 1} = 1.35\dfrac{Nk_{w1}}{p}I_\Phi$。

旋转磁动势的转速称为电机的同步转速，为

$$n_1 = \frac{60f}{p}$$

旋转磁动势的旋转方向取决于电流相序，是由电流超前相转向滞后相。若要改变磁场旋转方向，改变电流的相序即可。实现起来很简单，只要将从电网接到电机绕组的三根电线任意对调两根即可。

3. 交流绕组的电动势

相绕组基波感应电动势的幅值为

$$E_1 = N_1E_{q1} = 4.44f_1N_1k_{w1}\Phi_{\mathrm{m}}$$

式中，N_1 为每相串联匝数；k_{w1} 为绕组系数。

基波感应电动势的频率为 $f = \dfrac{pn_1}{60}$。

在实际电机中，气隙中的磁场并非是正弦波，因此在定子绕组内感应的电动势也并非正弦波，除了基波外还存在一系列谐波。其幅值为 $E_{\Phi\nu} = 4.44f_\nu N_\nu k_{w\nu}\Phi_\nu$，频率为 $f_\nu = \dfrac{p_\nu n_\nu}{60} = \nu\dfrac{pn}{60} = \nu f_1$。

削弱谐波电动势可采取采用合理设计电机齿槽、线圈结构，采用对称的三相绕组，采用短距和分布绕组等方法。

习　题

一、选择题

1. 在维修三相异步电动机定子绕组时，将每相绕组的匝数做了适当增加，气隙中的每极磁通将（　　）。

　　A. 增加　　　　　　　　B. 减小　　　　　　　C. 保持不变　　　　　　D. 不一定

2. 交流电机的定子、转子极对数要求（　　）。

　　A. 不等　　　　　　　　B. 相等　　　　　　　C. 可以相等，也可以不相等

3. 三相合成旋转磁动势中的 7 次谐波，其在气隙中的转速是基波旋转磁势的转速的（　　）。

　　A. 1/7 倍　　　　　　　B. 7 倍　　　　　　　C. 相等

4. 三相交流电机的定子合成磁动势幅值计算公式的电流为（　　）。

　　A. 每相电流的最大值　　　　　　　B. 线电流

　　C. 每相电流有效值　　　　　　　　D. 三相电流代数和

5. 三相对称交流电机的定子三角形连接，在运行过程中发生一相绕组断线，此时合成磁动势为（　　）。

　　A. 脉振磁动势　　　　　　　　　　B. 圆形旋转磁动势

　　C. 恒定磁动势　　　　　　　　　　D. 椭圆形旋转磁动势

6. 三相对称交流电机的定子星形连接，在运行过程中发生一相绕组断线，此时合成磁动势为（　　）。

　　A. 脉振磁动势　　　　　　　　　　B. 圆形旋转磁动势

　　C. 恒定磁动势　　　　　　　　　　D. 椭圆形旋转磁动势

7. 三相四极 36 槽交流绕组，若希望尽可能削弱 5 次磁动势谐波，绕组节距取（　　）。

　　A. 7　　　　　　　B. 8　　　　　　　C. 9　　　　　　　D. 10

二、判断题

1. 交流绕组的绕组系数总是小于 1。（　　）

2. 交流绕组采用短距和分布的方法可以削弱其中的高次谐波电动势。（　　）

3. 单相绕组产生的脉振磁动势不可以分解。（　　）

4. 5 次谐波旋转磁动势的旋转方向与基波磁动势的相同。（　　）

5. 三相对称交流绕组中没有 3 及 3 的整数次的谐波电势。（　　）

6. 一个整距线圈的两个边，在空间上相距的电角度是 180°。（　　）

7. p 对极电机，一个整距线圈的两个边在空间上相距的机械角度 $\dfrac{180°}{p}$。（　　）

8. 采用绕组分布短距改善电动势波形时，每根导体中的感应电动势也相应得到改善。（　　）

三、问答题

1. 有一台交流电机，$Z = 36$，$2P = 4$，$y = 7$，$2a = 2$。试绘出：

（1）槽电势星形图，并标出 60°相带分相情况；

（2）三相双层叠绕组展开图。

2. 试述短距系数和分布系数的物理意义，为什么这两系数总是小于或等于 1？

3. 总结交流发电机定子电枢绕组相电动势的频率、波形和大小与哪些因素有关？这些因素中哪些是由构造决定的，哪些是由运行条件决定的？

4. 试从物理和数学意义上分析，为什么短距和分布绕组能削弱或消除高次谐波电动势？

5. 同步发电机电枢绕组为什么一般不接成 △ 形，而变压器却希望有一侧接成 △ 接线呢？

6. 总结交流电机单相磁动势的性质、它的幅值大小、幅值位置、脉动频率各与哪些因素有关？这些因素中哪些是由构造决定的，哪些是由运行条件决定的？

7. 总结交流电机三相合成基波圆形旋转磁动势的性质、它的幅值大小、幅值空间位置、转向和转速各与哪些因素有关？这些因素中哪些是由构造决定的，哪些是由运行条件决定的？

8. 一台 50 Hz 的交流电机，今通入 60 Hz 的三相对称交流电流，设电流大小不变，问此时基波合成磁动势的幅值大小、转速和转向将如何变化？

9. 定子表面在空间相距 α 电角度的两根导体，它们的感应电动势大小与相位有何关系？

10. 为了得到三相对称的基波感应电动势，对三相绕组安排有什么要求？

11. 绕组分布与短距为什么能改善电动势波形？若希望完全消除电动势中的第 ν 次谐波，在采用短距方法时，y 应取多少？

12. 试述双层绕组的优点，为什么现代交流电机大多采用双层绕组（小型电机除外）？

13. 试说明一个圆形磁场可以用两个在时间上和在空间上相差 90°的等幅脉振磁场来表示。

四、计算题

1. 额定转速为 3000 r/min 的同步发电机，若将转速调整到 3060 r/min 运行，其他情况不变，问定子绕组三相电动势大小、波形、频率及各相电动势相位差有何改变？

2. 一台 4 极，$Z = 36$ 的三相交流电机，采用双层叠绕组，并联支路数 $2a = 1$，$y = \frac{7}{9}\tau$，每个线圈匝数 $N_C = 20$，每极气隙磁通 $\Phi_1 = 7.5 \times 10^{-3}$ Wb，试求每相绕组的感应电动势。

3. 有一台三相异步电动机，$2P = 2$，$n = 3\,000$ r/min，$Z = 60$，每相串联总匝数 $N = 20$，$f_N = 50$ Hz，每极气隙基波磁通 $\Phi_1 = 1.505$ Wb，求：

（1）基波电动势频率、整距时基波的绕组系数和相电动势；

（2）如要消除 5 次谐波，节距 y 应选多大，此时的基波电动势为多大？

4. 若在对称的两相绕组中通入对称的两相交流电流 $i_A = I_m \cos wt$，$i_B = I_m \sin wt$，试用数学分析法和物理图解法分析其合成磁动势的性质。

5. 一台三相异步电动机，$2P = 6$，$Z = 36$，定子双层叠绕组，$y = \frac{5}{6}\tau$，每相串联匝数 $N = 72$，当通入三相对称电流，每相电流有效值为 20 A 时，试求基波三相合成磁动势的幅值和转速。

6. 有一三相对称交流绕组，通入下列三相交流电流，定性分析其合成磁动势的性质（包括转向）。

（1）$\begin{cases} i_a = 141\sin 314t; \\ i_b = 141\sin(314t - 120°); \\ i_c = 141\sin(314t + 120°); \end{cases}$

（2）$\begin{cases} i_a = 141\sin 314t; \\ i_b = -141\sin 314t; \\ i_c = 0; \end{cases}$

（3）$\begin{cases} i_a = 141\sin 314t; \\ i_b = -70.4\sin(314t - 60°); \\ i_c = -122\sin(314t + 30°)。 \end{cases}$

7. 三相双层绕组，$Z = 36$，$2p = 2$，$y_1 = 14$，$N_c = 1$，$f = 50\ \text{Hz}$，$\Phi_1 = 2.63\ \text{Wb}$，$a = 1$。试求：

（1）导体电动势；

（2）匝电动势；

（3）线圈电动势；

（4）线圈组电动势；

（5）绕组相电动势。

8. 三相同步发电机，电枢内径 $D_a = 11\ \text{cm}$，有效长度 $l = 11.5\ \text{cm}$，$p = 2$，$f = 50\ \text{Hz}$，$Z = 36$，$N = 216$，$E_{\Phi 1} = 230\ \text{V}$，$y_1 = \tau$。试求：$B_{av}$。若 $y_1 = \dfrac{7}{9}\tau$，$E'_{\Phi 1}$ 等于多少？

9. 一台两极电机中有一个 100 匝的整距线圈：

（1）若通入 5 A 的直流电流，其所产生的磁动势波的形状如何？这时基波和 3 次谐波磁动势的幅值各为多少？

（2）若通入正弦电流 $i = \sqrt{2} \times 5\sin wt$ (A)，试求出基波和 3 次谐波脉振磁动势的幅值。

10. 三相双层绕组，$Z = 36$，$2p = 2$，$y_1 = 14$，$N_c = 1$，$f = 50\ \text{Hz}$，$\Phi_1 = 2.63\ \text{Wb}$，$a = 1$。试求：

（1）导体电动势；

（2）匝电动势；

（3）线圈电动势；

（4）线圈组电动势；

（5）绕组相电动势。

11. 试说明一个脉振磁场可以分解成两个大小相等、转速相同、转向相反的旋转磁场。

12. 一台三相同步发电机，$f = 50\ \text{Hz}$，$n_N = 1500\ \text{r/m}$，定子采用双层短矩分布绕组。$Q = 3$，$y_1/\tau = \dfrac{8}{9}$，每相串联匝数 $w = 108$，Y 连接，每极磁通量 $\Phi_1 = 1.015 \times 10^{-2}\ \text{Wb}$，$\Phi_3 = 0.66 \times 10^{-2}\ \text{Wb}$，$\Phi_5 = 0.24 \times 10^{-2}\ \text{Wb}$，$\Phi_7 = 0.09 \times 10^{-2}\ \text{Wb}$。试求：

（1）电机的极对数；

（2）定子槽数；

（3）绕组系数 k_{w1}，k_{w3}，k_{w5}，k_{w7}；

（4）相电势 $E_{\Phi1}$，$E_{\Phi3}$，$E_{\Phi5}$，$E_{\Phi7}$ 及合成相电势 E_{Φ} 和线电势 E。

13. 一台汽轮发电机，两极，50 Hz，定子 54 槽，每槽内两极导体，$a = 1$，$y_1 = 22$ 槽，Y 接法。已知空载线电压 $U_0 = 6300$ V，求每极基波磁通量 Φ_1。

14. 一台三相同步发电机 $f = 50$ Hz，$n_N = 1000$ r/m，定子采用双层短矩分布绕组 $q = 2$，$y_1 = \dfrac{5}{6}\tau$，每相串联匝数 $W = 72$，Y 连接，每极基波磁通 $\Phi_1 = 8.9 \times 10^{-3}$ Wb，$B_{m1} : B_{m3} : B_{m5} : B_{m7} = 1 : 0.3 : 0.2 : 0.15$。试求：

（1）电机的极对数；

（2）定子槽数；

（3）绕组系数 k_{w1}；k_{w3}；k_{w5}；k_{w7}。

（4）相电势 $E_{\Phi1}$；$E_{\Phi3}$；$E_{\Phi5}$；$E_{\Phi7}$ 及合成相电势 E_{Φ} 和线电势 E。

第 4 章习题参考答案

第5章　异步电机

【学习指导】

1. 学习目标

（1）了解异步电机的基本结构，掌握异步电机基本工作原理，理解转差率与异步电机状态之间的对应关系；

（2）掌握异步电机空载时的磁场分布、电磁关系、等效电路以及与变压器之间的区别和联系；

（3）掌握异步电机转子不转和转子旋转的两种情况下的电磁关系、方程组和等效电路、相量图；

（4）掌握异步电机的功率和转矩平衡方程；

（5）掌握异步电机参数的测量方法；

（6）掌握异步电机的工作特性；

（7）了解单相异步电机的分类和原理。

2. 学习建议

本章学习时间总共 8~10 小时，其中：

5.1 节建议学习时间：1.5 小时；

5.2 节建议学习时间：1 小时；

5.3 节建议学习时间：2.5 小时；

5.4 节建议学习时间：1 小时；

5.5 节建议学习时间：1 小时；

5.6 节建议学习时间：1 小时；

5.7 节建议学习时间：1 小时。

3. 学习重难点

（1）异步电机转差率及其与异步电机运行状态之间的对应关系；

（2）异步电机电磁关系、频率折算、绕组折算、等效电路和相量图；

（3）异步电机功率平衡。

（4）异步电机电磁转矩三种表达式，机械特性 $T\text{-}s$ 曲线分析；

（5）异步电机起动方法、调速方法及三种制动情况分析。

　　异步电机是一种交流电机，也叫感应电机，主要作电动机使用。三相异步电动机广泛用于工农业生产中，如机床、水泵、冶金、矿山设备与轻工机械等都用它作为原动机，其容量从几千瓦到几千千瓦。而家用电器，如洗衣机、风扇、电冰箱、空调器等则采用单相异步电动机。异步电机也可以作为发电机使用，如小水电站、风力发电机也可采用异步电机。本章主要学习普通三相异步电机。

　　异步电机之所以得到广泛应用，主要是因为它具有如下优点：结构简单、运行可靠、制造容易、价格低廉、坚固耐用；有较高的效率和相当好的工作特性。不过，异步电机也有缺点：目前尚不能经济地在较大范围内平滑调速；它必须从电网吸收滞后的无功功率。当然，随着电机控制方法、交流调速技术、电力电子技术的发展，异步电动机的交流调速已有了长足进展。

5.1　三相异步电动机的基本结构及工作原理

5.1.1　三相异步电动机的基本结构

　　异步电动机由定子和转子两大部分组成，定子、转子之间有气隙。按转子结构不同，异步电动机分为笼型异步电动机和绕线型转子异步电动机两种。这两种电动机定子结构完全一样，只是转子结构不同。图 5.1 所示为绕线型转子异步电机的结构。

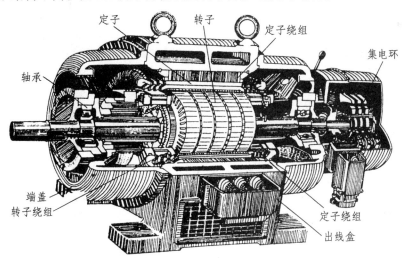

图 5.1　绕线式转子异步电动机剖面图

1. 定　子

　　如图 5.2 所示，异步电动机定子由定子铁芯、定子绕组和机座三个主要部分组成。

　　（1）定子铁芯用于嵌放定子绕组，同时也是电机主磁路的一部分，它由涂有绝缘漆的 0.5 mm 厚且有一定槽型的硅钢片叠压而成。

　　定子铁芯槽型一般分三种：开口槽、半开口槽和半闭口槽。半闭口槽适用于小型异步电机，其绕组一般为圆导线；半开口槽适用于低压中型异步电机，其绕组是成型线圈；开口槽适用于高压大、中型异步电机，其绕组是用绝缘带包扎并浸漆处理过的成型线圈。

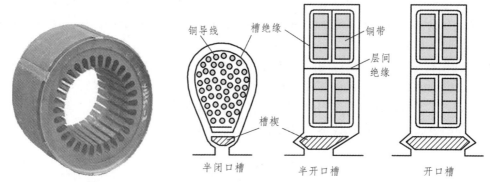

图 5.2　定子及定子冲片上的槽型

在定子铁芯槽内嵌放定子三相对称绕组，大、中容量的高压电动机常连接成星形，只引出三根线，而中、小容量的低压电动机常把三相绕组的 6 个出线头都引到接线盒中，可以根据需要连接成星形[见图 5.3(a)]或三角形[见图 5.3（b）]。整个定子铁芯装在机座内，机座主要起支撑和固定作用。

（a）Y 接（星接）　　　　　　（b）Δ 接（三角接）

图 5.3　定子接线盒连接方式

（2）定子绕组构成电路部分，其作用是感应电动势、流过电流、实现机电能量转换。定子绕组在槽内部分与铁芯间必须可靠绝缘，槽绝缘的材料、厚度决定电机耐热等级和工作电压。

（3）机座固定和支撑定子铁芯，因此要求有足够的机械强度。

2. 转　子

异步电动机转子由转子铁芯、转子绕组和转轴组成。转子铁芯也是磁路的一部分，由 0.5 mm 硅钢片叠压而成，铁芯与转轴必须可靠地固定，以便传递机械功率。

转子绕组分绕线型和笼型两种。绕线型转子为三相对称绕组，常连接成星形，三条出线通过轴上的三个滑环及压在其上的三个电刷引出电路，可以在转子电路中串入外接阻抗，或进行串级调速，绕线型转子异步电动机转子绕组连接示意图如图 5.4 所示。

笼型转子绕组由槽内的导条和端环构成多相对称闭合绕组，有铸铝和插铜条两种结构。铸铝转子把导条、端环和风扇一起铸出，结构简单、制造方便，常用于中、小型电动机。插铜条式转子把所有的铜条和端环焊接在一起，形成短路绕组。笼型转子如果把铁芯去掉单看绕组部分形似鼠笼，如图 5.5 所示，因此称为笼型转子或鼠笼式转子。

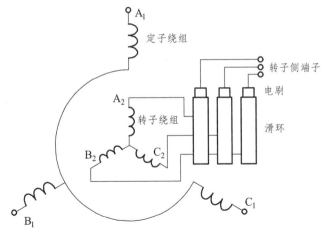

图 5.4　绕线型转子绕组连接示意图

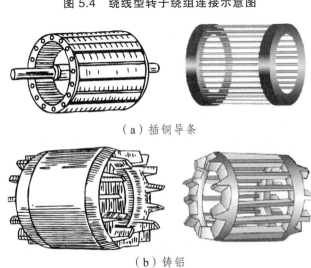

（a）插铜导条

（b）铸铝

图 5.5　笼型转子

3. 气　隙

异步电动机的气隙是均匀的。气隙大小对异步电动机的运行性能和参数影响较大，由于励磁电流由电网供给，气隙越大，励磁电流也就越大，因此异步电动机的气隙大小应尽可能小。但气隙太小需要很高的工艺要求，且可能造成定、转子在运行中发生摩擦，因此异步电机气隙长度一般为机械条件所能允许到达的最小数值，中、小型电机一般为 0.2 ~ 1.5 mm。

5.1.2　三相异步电动机的工作原理

1. 基本工作原理

图 5.6 所示为异步电动机的工作原理图。在异步电动机的定子铁芯里，嵌放着对称的三相对称绕组，接三

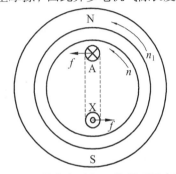

图 5.6　异步电动机工作原理示意图

155

相交流电源后，电机内便形成一个以同步转速 n_1 旋转的圆形旋转磁场，等效一个 NS 磁极在旋转。

$$n_1 = \frac{60f}{p} \tag{5.1}$$

设其沿逆时针方向旋转。若转子不转，转子鼠笼导条与旋转磁场有相对运动，导条中有感应电动势 e，方向由右手定则确定，以图中 A 处为例，该处导条感应电动势方向为指向纸内。由于转子导条彼此在端部短路，于是导条中有电流，不考虑电动势与电流的相位差时，电流方向与电动势方向相同。这样，载流导体在磁场中会受到电磁力的作用，用左手定则可以确定 A 处导条受电磁力 f 方向为逆时针向左。同理，X 处所受电磁力 f 为逆时针向右。电磁力对转轴形成一个电磁转矩，其作用方向与旋转磁场方向一致，拖着转子顺着旋转磁场的旋转方向以转速 n 顺时针旋转，将输入的电能变成旋转的机械能。

综上所述，三相异步电动机转动的基本原理是：

（1）定子三相对称绕组中通入三相对称电流产生圆形旋转磁场；

（2）转子导体切割旋转磁场产生感应电动势，转子电路形成回路在转子导体内产生感应电流；

（3）转子载流导体在磁场中受到电磁力的作用，形成电磁转矩，驱使电动机转子转动，且转动方向与旋转磁场一致。

异步电动机的旋转方向与旋转磁场的旋转方向一致，而旋转磁场的方向又取决于异步电动机的三相电流相序，因此异步电动机要改变转向，只需改变电流的相序即可，即任意对调电动机的两根电源线，可使电动机反转。

可见，异步电机只有定子侧是外加电源的，转子侧的电动势和电流，均是由气隙旋转磁场感应产生的，因此称作"感应电机"，而这一感应作用，只有在转子与气隙旋转磁场不同步，即"异步"的情况下，才可以产生，因此又称作"异步电机"。我们把 $\Delta n = n_1 - n$ 称为转速差，而把 Δn 与 n_1 之比称为转差率，用 s 表示，即

$$s = \frac{n_1 - n}{n_1} \tag{5.2}$$

转差率 s 是异步电动机的一个重要参数，在很多情况下用 s 表示电动机的转速要比直接用转速 n 方便得多，使很多运算大为简化。一般异步电动机的额定转差率为 0.02～0.05。转差率反映异步电动机的各种运行情况：当转子尚未转动（如起动瞬间）时，$n = 0$，此时转差率 $s = 1$；当转子转速接近同步转速（空载运行）时，$n \approx n_1$，此时转差率 $s \approx 0$。由此可见，作为异步电动机，转速在 0～n_1 范围内变化，其转差率 s 在 0～1 范围内变化。

2. 异步电机的三种运行状态

根据转差率的大小和正负符号的不同，异步电机有三种运行状态，即电动机运行状态、发电机运行状态和电磁制动运行状态，如图 5.7 所示。

1）电磁制动运行状态

转速和转差率：$n < 0$（即与 n_1 反向），$s > 1$。

特点：异步电机定子绕组仍接交流电源，如果用外力拖着电机逆着旋转磁场的旋转方向

转动，电磁转矩与电机旋转方向相反，起制动作用，如图 5.7（a）所示。

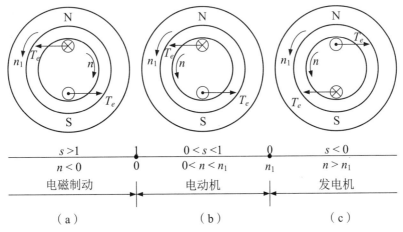

图 5.7　异步电动机的三种运行状态

功率流向：电机定子从电网吸收电功率，同时转子从外部吸收机械功率，这两部分功率都在电机内部以损耗的方式转化成热能消耗掉。这种运行状态称为电磁制动运行状态。

2）电动机运行状态

转速和转差率：$n_1 > n > 0$，$0 < s < 1$。

特点：定子绕组接交流电源，转子就会在电磁转矩的驱动下旋转，其转向与旋转磁场方向相同，此时电磁转矩即为驱动转矩，克服负载的阻力，如图 5.7（b）所示。

功率流向：电机从电网取得电功率转变成机械功率，由转轴传输给负载。这种运行状态称为电动机运行状态。

3）发电机运行状态

转速和转差率：$n > n_1$，$s < 0$。

特点：异步电机定子绕组仍接交流电源，转轴不再接机械负载，而用一台原动机拖动异步电动机的转子以大于同步速（$n > n_1$）并顺旋转磁场方向旋转。此时电磁转矩方向与转子转向相反，起着制动作用，为制动转矩，如图 5.7（c）所示。

功率流向：为克服电磁转矩的制动作用而使转子继续旋转，并保持 $n > n_1$，电机必须不断从原动机输入机械功率，把机械功率变为输出的电功率。这种运行状态称为发电机运行状态。

综上所述，异步电机可以作电动机运行，也可以作发电机运行和电磁制动运行。但一般作电动机运行，很少作发电机运行，电磁制动是异步电机在拖动过程中出现的短时运行状态，异步电机的各种运行状态我们将在后续的章节中详细论述。

5.1.3　三相异步电动机的铭牌和主要系列

1. 异步电动机的铭牌数据

异步电动机铭牌上标有下列数据：

（1）额定功率 P_N：指电动机额定运行时轴端输出的机械功率，单位为 kW。

（2）额定电压 U_N：指电动机额定运行时定子加的线电压，单位为 V 或 kV。

（3）额定电流 I_N：指定子加额定电压，轴端输出额定功率时定子线电流，单位为 A。

（4）额定频率 f_1：我国工频为 50 Hz。

（5）额定转速 n_N：指额定运行时转子的转速，单位为 r/min。

此外，铭牌上还标有定子绕组相数、连接方法、功率因数、效率、温升、绝缘等级和质量等。绕线型转子异步电动机还标有转子额定电压（指定子绕组加额定电压，转子开路时滑环之间的线电压）和转子额定电流。

2. 国产异步电动机的主要系列

1）J_2、JO_2 系列

老系列的一般用途小型笼型异步电动机，它取代了更早的 J、JO 系列。J、J_2 系列是防护式，JO、JO_2 系列是封闭自扇冷式。这些系列现在虽然已被淘汰，但在现场却有大量的这类电动机存在。

2）Y、Y2、Y3 系列

Y 系列是 20 世纪 80 年代新设计投产的取代 J_2、JO_2 系列的新系列小型通用笼型异步电动机，符合国际电工协会（IEC）标准，具有国际通用性，其型号意义如下：

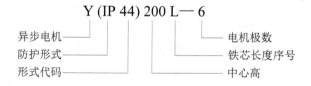

Y 表示的是三相异步电动机第一次改型设计，Y2、Y3 分别表示三相异步电动机第二次和第三次改型设计。

Y 系列电机防护等级为 IP44，Y2 系列电机其外壳防护等级为 IP54，Y3 系列电动机的基本防护等级为 IP55。

与 Y 系列电动机相比，Y2 系列电动机效率更高、起动转矩更大、防护等级和绝缘等级（F 级、按 B 级考核）更高，电动机外型更新颖美观，结构更加合理。

Y3 系列电动机在 Y2 系列电动机的基础上采用冷轧硅钢片，用铜用铁量略低于 Y2 系列（Y2 系列低于 Y 系列），风扇不同（无论尺寸和形状类型均不同），另外在降噪方面进行了改进。Y3 系列电机的效率标准等同于欧盟 EFF2 标准等级。

3）特殊用途的异步电机系列

YR 系列：新系列绕线转子异步电动机，对应的老系列为 JR。

YQ 系列：新系列高起动转矩异步电动机，对应的老系列为 JQ。

YB 系列：小型防爆笼型异步电动机。

YCT 系列：电磁调速异步电动机。

YZ、YZR 系列：起重运输机械和冶金专用异步电动机（YZ 为笼型，YZR 为绕线转子型。）

5.2　三相异步电动机的电磁关系——空载运行

三相异步电动机的定子和转子之间只有磁的耦合，没有电的直接联系，它是靠电磁感应作用，将能量从定子传递到转子的。这一点和变压器很相似。三相异步电动机的定子绕组相当于变压器的一次绕组，转子绕组则相当于变压器的二次绕组。因此，分析变压器内部电磁关系的三种基本方法（电压电流方程、等效电路和相量图）也同样适用于异步电动机。

5.2.1　空载运行时的电磁关系

三相异步电动机定子绕组接在对称的三相电源上，转子轴上不带机械负载时的运行，称为空载运行。

1. 主、漏磁通的分布

根据磁通经过的路径和性质的不同，异步电动机的磁通可分为主磁通和漏磁通两大类。

1）主磁通 $\dot{\Phi}_m$

当三相异步电动机定子绕组通入三相对称交流电时，将产生旋转磁动势，该磁动势产生的磁通绝大部分穿过气隙，并同时交链于定、转子绕组，这部分磁通称为主磁通，用 $\dot{\Phi}_m$ 表示。其路径为：定子铁芯—气隙—转子铁芯—气隙—定子铁芯，构成闭合磁路，如图 5.8（a）所示。

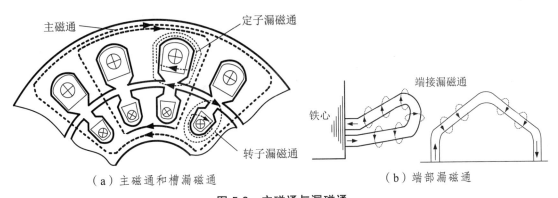

（a）主磁通和槽漏磁通　　　　　　　　　（b）端部漏磁通

图 5.8　主磁通与漏磁通

由于主磁通同时交链定、转子绕组因而在其中分别产生感应电动势。由于异步电动机的转子绕组为三相或多相短路绕组，在转子电动势的作用下，转子绕组中有电流通过。转子电流与定子磁场相互作用产生电磁转矩，实现异步电动机的机电能量转换。因此，主磁通起了转换能量的媒介作用。

2）漏磁通 $\dot{\Phi}_\sigma$

除主磁通外的磁通称作漏磁通，它包括定子绕组的槽部漏磁通和端部漏磁通，如图 5.8

所示，以及由高次谐波磁动势所产生的高次谐波磁通，前两项漏磁通只交链于定子绕组，而不交链于转子绕组。而高次谐波磁通实际上穿过气隙，同时交链定、转子绕组。由于高次谐波磁通对转子不产生有效转矩，另外它在定子绕组中感应电动势又很小，且其频率和定子前两项漏磁通在定子绕组中感应电动势频率又相同，它也具有漏磁通的性质，所以就把它当做漏磁通来处理，故又称作谐波漏磁通。

由于漏磁通沿磁阻很大的空气隙形成闭合回路，因此它比主磁通少很多。漏磁通仅在定子绕组上产生漏磁电动势，因此不能起能量转换的媒介作用，只起电抗压降的作用。

2. 空载时的电磁关系

异步电动机空载运行时的定子电流称为空载电流，用 $\dot{I}_0$ 表示。

当异步电动机空载运行时，定子三相绕组有空载电流 $\dot{I}_0$ 通过，三相空载电流将产生一个旋转磁动势，称为空载磁动势 $\bar{F}_0$。异步电动机空载运行时，由于轴上不带机械负载，其转速很高，接近同步转速，即 $n \approx n_1$，s 很小。此时定子旋转磁场与转子之间的相对速度几乎为零，于是转子感应电动势 $E_2 \approx 0$，转子电流 $I_2 \approx 0$，转子磁动势 $F_2 \approx 0$。

与变压器类似，空载电流 I_0 由两部分组成：一是专门用来产生主磁通 $\dot{\Phi}_0$ 的无功分量 $\dot{I}_{0q}$；二是专门用来供给铁芯损耗的有功分量电流 $\dot{I}_{0p}$，即

$$\dot{I}_0 = \dot{I}_{0p} + \dot{I}_{0q} \tag{5.3}$$

通过以上分析，可以用图 5.9 表示异步电机空载运行时的电磁关系。

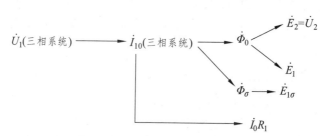

图 5.9　异步电机空载电磁关系

5.2.2　空载运行时电压平衡关系和等效电路

1. 主、漏磁通感应的电动势

主磁通在定子绕组中感应的电动势为

$$\dot{E}_1 = -j4.44 f_1 N_1 k_{w1} \dot{\Phi}_0 \tag{5.4}$$

和变压器一样，定子漏磁通在定子绕组中感应的漏磁电动势可用漏抗压降的形式表示，即

$$\dot{E}_{1\sigma} = -jX_1 \dot{I}_0 \tag{5.5}$$

式中，X_1 为定子漏电抗，它是对应于定子漏磁通的电抗。

2. 空载时电压平衡方程式与等效电路

设定子绕组上外加电压为 $\dot{U}_1$，相电流为 $\dot{I}_0$，主磁通 $\dot{\Phi}_0$ 在定子绕组中感应的电动势为 $\dot{E}_1$，定子漏磁通在定子每相绕组中感应的电动势为 $\dot{E}_{1\sigma}$，定子每相电阻为 R_1，类似于变压器空载时的一次侧，根据基尔霍夫第二定律，可列出电动机空载时每相的定子电压方程式，即

$$
\begin{aligned}
\dot{U}_1 &= -\dot{E}_1 - \dot{E}_{1\sigma} + \dot{I}_0 R_1 = -\dot{E}_1 + \mathrm{j}\dot{I}_0 X_1 + \dot{I}_0 R_1 \\
&= -\dot{E}_1 + \dot{I}_0 (R_1 + \mathrm{j}X_1) = -\dot{E}_1 + \dot{I}_0 Z_1
\end{aligned}
\tag{5.6}
$$

式中，Z_1 为定子绕组的漏阻抗，$Z_1 = R_1 + \mathrm{j}X_1$。

与分析变压器时相似，可写出

$$
\dot{E}_1 = -\dot{I}_0 (R_m + \mathrm{j}X_m) = -\dot{I}_0 Z_m \tag{5.7}
$$

式中，R_m 为励磁电阻，是反映铁损耗的等效电阻；X_m 为励磁电抗，与主磁通相对应；$Z_m = R_m + \mathrm{j}X_m$ 为励磁阻抗。

由式（5.6）和式（5.7）即可画出异步电动机空载时的等效电路，如图 5.10 所示。

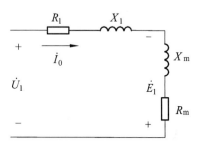

图 5.10　异步电动机空载时等效电路

5.2.3　与变压器之间的区别

尽管异步电动机电磁关系与变压器十分相似，但它们之间还是存在差异：

（1）主磁场性质不同，异步电动机为旋转磁场，而变压器为脉振磁场（交变磁场）。

（2）由于异步电动机存在气隙，主磁路磁阻大，同变压器相比，建立同样的磁通所需的励磁电流大，励磁电抗小。如大容量电动机的 I_0^* 为 20% ~ 30%，小容量电动机可达 50%，而变压器的 I_0^* 仅为 1% ~ 8%，很多大型变压器甚至在 1% 以下。

（3）由于气隙的存在，加之绕组结构形式的不同，与变压器相比，异步电动机的漏磁通较大，其所对应的漏抗也更大，如异步电动机 $X_\sigma^* = 0.07 ~ 0.15$，而变压器 $X_\sigma^* = 0.014 ~ 0.08$。

（4）异步电动机通常采用短距和分布绕组，故计算时需考虑绕组系数，而变压器则一般为集中式绕组。

5.3　三相异步电动机的电磁关系——负载运行

负载运行是指异步电动机的定子外接对称三相电压，转子带上机械负载时的运行状态。本节将以三相绕线型转子异步电机为例来说明三相异步电机在带负载时，转子静止时和转子旋转时的电磁关系。

5.3.1　转子静止时的异步电机

这里所谓的转子静止是指将异步电动机转轴卡住，转子绕组短路，在定子方施加三相对

称的低电压,此时异步电动机的运行称为转子静止时的运行,也称为堵转试验或短路试验(类似变压器做短路实验)。

1. 定、转子磁势的相对关系

当三相异步电动机堵转,定子绕组加三相对称电压,通过定子绕组的三相对称电流产生旋转磁动势 $\vec{F}_1$,在气隙中建立旋转磁场,以同步转速分别切割定子和转子绕组,从而在定子、转子绕组中产生感应电动势,而由于转子绕组短路,转子绕组中就会产生转子电流,进而形成转子磁动势 $\vec{F}_2$。$\vec{F}_2$ 是怎样的性质?它与定子产生的旋转磁动势 $\vec{F}_1$ 有何关系?

转子磁动势 $\vec{F}_2$ 是一个旋转磁动势,如果电机是绕线型转子,则转子绕组也是三相对称绕组,转子电流是三相对称电流,因而形成的磁动势 $\vec{F}_2$ 是旋转的;如果电机是笼形转子,则导条所组成的绕组也是一种对称的多相绕组(一般每对极下的导条数就是相数),由正弦分布的旋转磁场切割对称多相绕组而感应的电动势也必然是多相对称的,当然转子中的电流也是多相对称的,多相对称绕组流过多相对称电流形成的磁动势 $\vec{F}_2$ 是旋转的。因此不论转子结构形式如何,$\vec{F}_2$ 都是旋转磁动势。我们现在需要确定 $\vec{F}_2$ 的旋转方向和转速,从而来判明其与 $\vec{F}_1$ 的关系。

假设定子旋转磁场为逆时针旋转,由于转子静止,转子感应电动势和电流的相序也必然按逆时针方向排列。因为旋转磁动势转向取决于定子电流的相序,所以转子合成磁动势 $\vec{F}_2$ 旋转方向必然与定子旋转磁动势 $\vec{F}_1$ 相同。

另外,定子旋转磁动势 $\vec{F}_1$ 以同步转速 n_1 切割静止的转子,则转子电流的频率 $f_2 = \dfrac{p(n_1 - n)}{60} = \dfrac{p(n_1 - 0)}{60} = f_1$,而频率为 f_2 的转子电流在对称的转子绕组中形成的转子磁动势的转速就应为 $n_2 = \dfrac{60f_2}{p_2} = \dfrac{60f_1}{p_1} = n_1$。

所以转子磁动势 $\vec{F}_2$ 与定子磁动势 $\vec{F}_1$,转向和转速均相同,在空间保持相对静止。(后面内容我们还会进一步证明转子在旋转时,定子、转子磁动势仍保持空间相对静止。)

两个旋转磁动势共同作用于气隙中,因此形成合成磁动势($\vec{F}_1 + \vec{F}_2 = \vec{F}_m$),电动机就在这个合成磁动势作用下产生交链于定子、转子绕组的主磁通 $\dot{\Phi}_m$,并分别在定子、转子绕组中感应电动势 $\dot{E}_1$ 和 $\dot{E}_2$。同时定子、转子磁动势分别产生只交链于本侧的漏磁通 $\dot{\Phi}_{1\sigma}$ 和 $\dot{\Phi}_{2\sigma}$,感应出相应的漏磁电动势 $\dot{E}_{1\sigma}$ 和 $\dot{E}_{2\sigma}$。其电磁关系如图 5.11 所示。

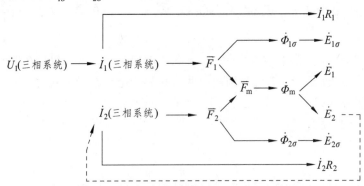

图 5.11　异步电机转子静止时的电磁关系

2. 电动势平衡方程式

根据电磁关系，主磁通 $\dot{\Phi}_{\mathrm{m}}$ 分别在定、转子绕组中感应出电动势 $\dot{E}_1$ 和 $\dot{E}_2$，它们在时间相位上滞后 $\dot{\Phi}_{\mathrm{m}}$ 90°。由于转子静止，故 $\dot{E}_1$ 和 $\dot{E}_2$ 的频率 $f_1 = f_2$，则它们的有效值为

$$\left.\begin{array}{l} E_1 = 4.44 f_1 N_1 k_{\mathrm{w}1} \Phi_{\mathrm{m}} \\ E_2 = 4.44 f_1 N_2 k_{\mathrm{w}2} \Phi_{\mathrm{m}} \end{array}\right\} \tag{5.8}$$

类似变压器中正方向的规定原则，可写出定子电动势平衡方程为

$$\dot{U}_1 = -\dot{E}_1 + \dot{I}_1 R_1 + j\dot{I}_1 X_1 = -\dot{E}_1 + \dot{I}_1 Z_1 \tag{5.9}$$

转子电路短路，故 $\dot{U}_2 = 0$，转子电动势平衡方程为

$$\dot{E}_2 - \dot{I}_2 (R_2 + jX_2) = 0 \tag{5.10}$$

即

$$\dot{E}_2 = \dot{I}_2 (R_2 + jX_2) = \dot{I}_2 Z_2 \tag{5.11}$$

相应的定、转子电流示意图如图 5.12 所示。

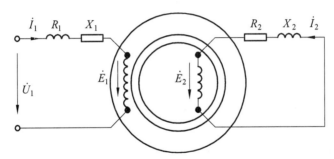

图 5.12　转子静止时异步电动机的定、转子电路

3. 磁动势平衡方程

由于定、转子磁动势在空间保持相对静止，所以可以形成一个合成磁动势 $\vec{F}_{\mathrm{m}}$，即

$$\vec{F}_1 + \vec{F}_2 = \vec{F}_{\mathrm{m}} \to B_{\mathrm{m}}(\dot{\Phi}_{\mathrm{m}}) \tag{5.12}$$

而空载时只有定子磁动势：

$$\vec{F}_{10} = \vec{F}_{\mathrm{m}0} \to B_{\mathrm{m}0}(\dot{\Phi}_{\mathrm{m}0})$$

空载和负载时气隙内主磁通都会在定子绕组内感应电动势，和变压器类似，这一感应电动势与电源电压只相差一个由漏阻抗引起的很小的电压降，而异步电机正常运行时，电源电压为额定电压不变。因此可以认为从空载到负载过程中，定子绕组内感应电动势 $\dot{E}_1$ 变化很小，主磁通 $\dot{\Phi}_{\mathrm{m}} \approx \dot{\Phi}_{\mathrm{m}0}$ 几乎不变，因此有

$$\vec{F}_1 + \vec{F}_2 = \vec{F}_{\mathrm{m}} \approx \vec{F}_{\mathrm{m}0} \to \dot{\Phi}_{\mathrm{m}} \tag{5.13}$$

根据旋转磁动势幅值公式，可以写出定子磁动势、转子磁动势和励磁磁动势的幅值公式为

$$\left.\begin{aligned} F_1 &= \frac{m_1}{2}0.9\frac{N_1 k_{w1}}{p}I_1 \\ F_2 &= \frac{m_2}{2}0.9\frac{N_2 k_{w2}}{p}I_2 \\ F_m &= \frac{m_1}{2}0.9\frac{N_1 k_{w1}}{p}I_m \end{aligned}\right\} \tag{5.14}$$

式中，I_m 为励磁电流；m_1、m_2 分别为定、转子绕组相数。

将式（5.14）代入式（5.13），得磁动势平衡方程式，即

$$\frac{m_1}{2}0.9\frac{N_1 k_{w1}}{p}\dot{I}_1 + \frac{m_2}{2}0.9\frac{N_2 k_{w2}}{p}\dot{I}_2 = \frac{m_1}{2}0.9\frac{N_1 k_{w1}}{p}\dot{I}_m \tag{5.15}$$

将式（5.15）两边同时除以 $\frac{m_1}{2}0.9\frac{N_1 k_{w1}}{p}$，得

$$\dot{I}_1 + \frac{\dot{I}_2}{\dfrac{m_1 N_1 k_{w1}}{m_2 N_2 k_{w2}}} = \dot{I}_m$$

即

$$\dot{I}_1 + \frac{\dot{I}_2}{k_i} = \dot{I}_m \tag{5.16}$$

式中，$k_i = \dfrac{m_1 N_1 k_{w1}}{m_2 N_2 k_{w2}}$ 为异步电机电流变比。可将式（5.16）写成

$$\dot{I}_1 = \dot{I}_m + \left(-\frac{\dot{I}_2}{k_i}\right) = \dot{I}_m + \dot{I}_{1L} \tag{5.17}$$

式（5.17）说明定子电流包含两个分量：$\dot{I}_m$ 为电流的励磁分量；$\dot{I}_{1L}$ 为电流的负载分量。相应地，由定子电流产生的磁动势也包含两个分量。我们把式（5.13）可以改写为

$$\vec{F}_1 = \vec{F}_m + (-\vec{F}_2) = \vec{F}_m + \vec{F}_{1L} \tag{5.18}$$

式中，$\vec{F}_{1L} = -\vec{F}_2$ 为定子负载分量磁动势。

即定子旋转磁动势包含有两个分量：一个是励磁磁动势 $\vec{F}_m$，它是用来产生气隙磁通 $\dot{\Phi}_m$；另一个是负载分量磁动势 $\vec{F}_{1L}$，它是用来平衡转子旋转磁动势 $\vec{F}_2$，也即用来抵消转子旋转磁动势对主磁通的影响。

4. 绕组折算

欲定量分析异步电动机的性能，须将其基本方程式的各个复数方程式联立求解，算出电流 $\dot{I}_1$ 及 $\dot{I}_2$，以及功率和转矩等各物理量，计算十分繁杂。解决的办法是找出一个便于计算的异步电机等效电路。也就是要设法把只有磁的耦合，而没有电的联系的定子电路和转子电路连成一个电路，而又不改变定子绕组的各物理量（定子电流、电势、功率因数等）和电机的电磁性能，要找出这个等效电路，必须先进行"折算"。

我们可以仿照变压器，把转子侧的物理量折算到定子侧，即用一个 $m_2 = m_1$ ， $N_2 = N_1$ ， $k_{w2} = k_{w1}$ 的等效转子绕组来代替原来的转子绕组，从而使得定、转子绕组参数相同，这样就可以使得图 5.12 中定、转子电动势相等，从而可以将定、转子两侧电路进行连通，使电路得到简化。

但是折算必须满足一定条件，即在折算前后与定子有关的物理量完全不受影响，转子上原来的各种功率和损耗都不变，即可保证电机中的电磁本质和能量转换关系保持不变。由于转子对定子的影响是通过转子磁动势 $\vec{F}_2$ 来实现的，因此上述的折算条件就意味着折算前后，转子磁动势 $\vec{F}_2$ 的大小和空间相位保持不变，转子上的各种功率损耗也保持不变。为与折算前的量相区别，折算后的量在原符号右上角加一撇表示。

由于折算前、后转子磁动势 $\vec{F}_2$ 幅值的大小不变，所以应满足

$$\frac{m_1}{2} 0.9 \frac{N_1 k_{w1}}{p} I_2' = \frac{m_2}{2} 0.9 \frac{N_2 k_{w2}}{p} I_2$$

可得折算后的转子电流为

$$I_2' = \frac{m_2 N_2 k_{w2}}{m_1 N_1 k_{w1}} I_2 = \frac{I_2}{k_i} \tag{5.19}$$

式中， $k_i = \frac{m_1 N_1 k_{w1}}{m_2 N_2 k_{w2}}$ 为异步电机电流变比。

根据折算前、后传递到转子侧的视在功率不变的原则，可得

$$m_1 E_2' I_2' = m_2 E_2 I_2$$

可得折算后的转子电动势

$$E_2' = \frac{m_2 I_2}{m_1 I_2'} E_2 = \frac{m_2}{m_1} \frac{m_1 N_1 k_{w1}}{m_2 N_2 k_{w2}} E_2 = \frac{N_1 k_{w1}}{N_2 k_{w2}} E_2 = k_e E_2 \tag{5.20}$$

式中， $k_e = \frac{N_1 k_{w1}}{N_2 k_{w2}}$ 为异步电机电压变比。

由于折算前、后转子上的有功功率（即铜耗）应保持不变，则转子每相电阻折算值应满足

$$m_1 I_2'^2 R_2' = m_2 I_2^2 R_2$$

故

$$R_2' = \frac{m_2}{m_1} R_2 \left(\frac{I_2}{I_2'}\right)^2 = \frac{m_1}{m_2} \left(\frac{N_1 k_{w1}}{N_2 k_{w2}}\right)^2 R_2 = k_e k_i R_2 \tag{5.21}$$

式中， $k_e k_i$ 为阻抗变比。

同理，根据漏磁场储能不变（即无功功率不变），可得

$$X_2' = k_e k_i X_2 \tag{5.22}$$

折算前、后转子功率因数角 $\varphi_2' = \arctan\left(\frac{X_2'}{R_2'}\right) = \arctan\left(\frac{k_e k_i X_2}{k_e k_i R_2}\right) = \arctan\left(\frac{X_2}{R_2}\right) = \varphi_2$ 没有变化，转子侧功率因数不变。

5. 折算后的方程组和等效电路

异步电机进行绕组折算后，类似变压器，可将电动势平衡方程式（5.9）、式（5.11），磁动势平衡方程式（5.16）以及励磁支路表达式（5.7），进行汇总后得到折算后的方程组

$$
\left.
\begin{aligned}
\dot{U}_1 &= -\dot{E}_1 + \dot{I}_1(R_1 + \mathrm{j}X_1) \\
0 &= \dot{E}_2' - \dot{I}_2'(R_2' + \mathrm{j}X_2') \\
\dot{I}_1 + \dot{I}_2' &= \dot{I}_\mathrm{m} \\
\dot{E}_1 &= -(R_\mathrm{m} + \mathrm{j}X_\mathrm{m})\dot{I}_\mathrm{m} \\
\dot{E}_2' &= \dot{E}_1
\end{aligned}
\right\}
\tag{5.23}
$$

与变压器类似，我们也可以根据方程组画出异步电机转子静止时的等效电路，如图 5.13 所示。由于三相对称，我们仅考虑其中一相，计算时应取每相值。

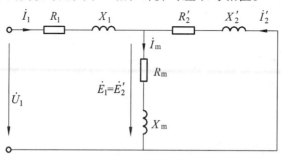

图 5.13　转子静止时异步电机等效电路

5.3.2　转子旋转时的异步电机

前面介绍过当异步电机定子绕组接三相对称电源，转子绕组短路，便有电磁转矩作用在转子上，如果不把转子堵住，则电动机将转动起来。下面我们将在前面学习的基础上，分析转子旋转的情况下电机内部的电磁过程有何不同，也推导出转子旋转情况下即异步电动机正常情况下的等效电路和相量图。

1. 转子旋转后对转子各物理量的影响

转子不转时，气隙旋转磁场以同步转速 n_1 切割转子绕组，当转子以转速 n 旋转后，旋转磁场就以（$n_1 - n$）的相对速度切割转子绕组，因此，当转子转速 n 变化时，转子绕组各电磁量将随之变化。

1）转子频率

感应电动势的频率正比于导体与磁场的相对切割速度，故转子电动势的频率为

$$
f_2 = \frac{p(n_1 - n)}{60} = \frac{n_1 - n}{n_1}\frac{pn_1}{60} = sf_1
\tag{5.24}
$$

式中，f_1 为电网频率，为一定值，故转子绕组感应电动势的频率 f_2 与转差率 s 成正比。

当转子不转（如起动瞬间）时，$n = 0$，$s = 1$，则 $f_2 = f_1$，即转子不转时，转子感应电动势频率与定子感应电动势频率相等。而异步电动机在额定情况运行时，转差率很小，通常

为 0.02 ~ 0.05，若电网频率为 50 Hz，则转子感应电动势频率仅为 1 ~ 2.5 Hz，所以异步电动机在正常运行时，转子绕组感应电动势的频率很低，转子上铁耗很小，可忽略不计。

2）转子绕组的感应电动势

转子旋转时的转子绕组感应电动势 $\dot{E}_{2s}$ 为

$$\dot{E}_{2s} = -\text{j}4.44 f_2 N_2 k_{w2} \dot{\Phi}_{m} \tag{5.25}$$

若转子不转，其感应电动势频率 $f_2 = f_1$，故此时感应电动势 $\dot{E}_2$ 为

$$\dot{E}_2 = -\text{j}4.44 f_1 N_2 k_{w2} \dot{\Phi}_{m} \tag{5.26}$$

由式（5.26）、式（5.25）和式（5.24），得有效值关系如下：

$$E_{2s} = s E_2 \tag{5.27}$$

前面已经知道当电源电压 U_1 一定时 Φ_m 基本不变，故 E_2 为常数，则 $E_{2s} \propto s$，即转子绕组感应电动势也与转差率成正比。

当转子不转时，转差率 $s = 1$，主磁通切割转子的相对速度最快，此时转子电动势最大。当转子转速增加时，转差率将随之减小。因正常运行时转差率很小，故转子绕组感应电动势也很小。

3）转子绕组的漏阻抗

由于电抗与频率成正比，故转子旋转时的转子绕组漏电抗 X_{2s} 为

$$X_{2s} = 2\pi f_2 L_2 = 2\pi s f_1 L_2 = s X_2 \tag{5.28}$$

式中，L_2 为转子绕组的漏电感；$X_2 = 2\pi f_1 L_2$ 为转子不转时的漏电抗。

显然，X_2 是个常数，故转子旋转时的转子绕组漏电抗也正比于转差率 s。

同样，在转子不转（如起动瞬间）时，$s = 1$，X_{2s} 最大。当转子转动时，X_{2s} 随转子转速的升高而减小。

转子绕组每相漏阻抗为

$$Z_{2s} = R_2 + \text{j}X_{2s} = R_2 + \text{j}sX_2 \tag{5.29}$$

式中，R_2 为转子绕组电阻。

4）转子绕组的电流

异步电动机的转子绕组正常运行时处于短接状态，转子电流 $\dot{I}_2$ 是由转子电动势 $\dot{E}_2$ 产生的，显然，转子电流频率也为转子频率。根据转子回路，可得

$$\dot{E}_{2s} - Z_{2s}\dot{I}_2 = 0 \quad 或 \quad \dot{E}_{2s} = \dot{I}_2(R_2 + \text{j}X_{2s}) \tag{5.30}$$

故得转子每相电流 $\dot{I}_2$ 为

$$\dot{I}_2 = \frac{\dot{E}_{2s}}{Z_{2s}} = \frac{\dot{E}_{2s}}{R_2 + \text{j}X_{2s}} \tag{5.31}$$

其有效值为

$$I_2 = \frac{sE_2}{\sqrt{R_2^2 + (sX_2)^2}} \tag{5.32}$$

式（5.32）说明，转子绕组电流 I_2 也与转差率 s 有关。当 $s = 0$ 时，$I_2 = 0$；当转子转速降低时，转差率 s 增大，转子电流也随之增大。

5）转子绕组功率因数

$$\cos \varphi_2 = \frac{R_2}{\sqrt{R_2^2 + (sX_2)^2}}$$　　　　　　（5.33）

式（5.33）说明，转子回路功率因数也与转差率 s 有关。当 $s = 0$ 时，$\cos \varphi_2 = 1$；当 s 增大时，$\cos \varphi_2$ 则减小。

6）转子旋转磁动势

前面已经讨论过当转子堵转时，转子磁动势 $\bar{F}_2$ 与定子磁动势 $\bar{F}_1$ 旋转方向和转速均相同，在空间保持静止。那么，在转子旋转的情况下，$\bar{F}_2$ 的情况又如何呢？

根据旋转磁场理论，旋转磁动势的转速与频率成正比，当转子转动后，由转子电流产生的转子磁动势 $\bar{F}_2$ 相对于转子的转速为

$$\Delta n = \frac{60 f_2}{p} = s \frac{60 f_1}{p} = s n_1$$

而转子本身以 n 旋转，故转子旋转磁动势 $\bar{F}_2$ 相对于定子的转速为

$$\Delta n + n = s n_1 + (1-s) n_1 = n_1$$

由此可见，无论转子转速怎样变化，定、转子磁动势总是以同速、同向在空间旋转，两者在空间始终保持相对静止。

综上所述，转子各电磁量除 R_2 外，其余各量均与转差率 s 有关，因此转差率 s 是异步电动机的一个重要参数。

2. 折　算

转子静止时由于定子和转子侧的频率均为 f_1，故我们只需进行绕组折算就可以方便地得到其等效电路。但转子旋转情况下，定子侧频率为 f_1，而转子侧频率 $f_2 = sf_1$，直接将频率不同的相量方程式，联立求解就没有物理意义。因此，转子旋转情况下的折算首先要进行频率折算，即使得定、转子侧频率相等，然后再进行绕组折算。

1）频率折算

频率折算就是要寻求一个等效的转子电路来代替实际旋转的转子系统，而该等效的转子电路应与定子电路有相同的频率，只有当转子静止时，转子电路才与定子电路有相同的频率。所以频率折算的实质就是把旋转的转子等效成静止的转子。

由式（5.31）可知，转子旋转时的转子电流为

$$\dot{I}_2 = \frac{\dot{E}_{2s}}{R_2 + jX_{2s}} = \frac{s\dot{E}_2}{R_2 + jsX_2}（频率为 f_2）$$　　　　　　（5.34）

将式（5.34）分子、分母同除以 s，得

$$\dot{I}_2 = \frac{\dot{E}_2}{\dfrac{R_2}{s} + jX_2}（频率为 f_1）$$　　　　　　（5.35）

$$\varphi_2 = \arctan\frac{X_{2s}}{R_2} = \arctan\frac{sX_2}{R_2} = \arctan\frac{X_2}{R_2/s} \tag{5.36}$$

比较式（5.31）和式（5.35）可见，我们在保持 $\dot{I}_2$ 和 φ_2 不变的情况下进行了数学变换，但式（5.35）已有了不同的物理意义，其转子电势、电流和漏电抗都已经是转子静止时参数。因此，频率折算方法只要把原转子电路中的 R_2 变换为 R_2/s 即可。

依前所述，折算前、后要保持转子电路对定子电路的影响不变，应保持转子磁动势 $\bar{F}_2$ 不变。通过式（5.35）和式（5.36），可知转子电流和相位角均保持不变，这就意味着 $\bar{F}_2$ 不变。

$$\frac{R_2}{s} = R_2 + \frac{1-s}{s}R_2 \tag{5.37}$$

式（5.37）的物理意义在于，频率折算后，静止的转子电路除了原转子本身的电阻 R_2 之外还串入一个附加电阻 $\frac{1-s}{s}R_2$。实际旋转的电机中，转子回路并无此项电阻，但转子在转轴上有机械功率输出。而经频率折算后，因转子等效为静止状态，转子就不再有机械功率输出。根据能量守恒及总功率不变原则，附加电阻所消耗的功率 $m_2 I_2^2 \frac{1-s}{s}R_2$ 就等于转轴上的机械功率，这部分功率称为总机械功率，附加电阻 $\frac{1-s}{s}R_2$ 称为模拟机械功率的等效电阻。

2）绕组折算

完成频率折算后，此时的异步电机即为转子静止的情况，接下来的绕组折算和前面步骤相同。

图 5.14（a）所示为转子转动时的实际电路，定、转子电路具有不同频率，图 5.14（b）所示为频率折算后定、转子电路图，图 5.14（c）所示为绕组折算后定、转子电路图。

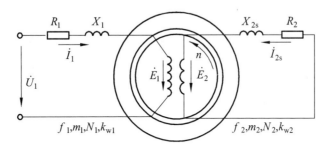

（a）折算前异步电机定、转子电路（实际电路）

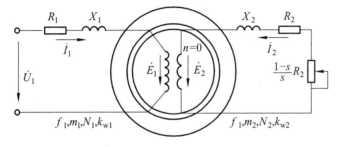

（b）频率折算后异步电机定、转子电路（等效转子静止）

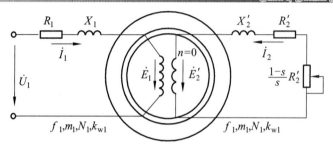

（c）绕组折算后异步电机定、转子电路（等效转子静止且定、转子绕组参数一致）

图 5.14　转子旋转时折算前后异步电动机的定、转子电路

3. 方程组和等效电路

1）折算后的基本方程组

经过频率和绕组折算后，异步电动机的基本方程组为

$$\left.\begin{aligned}
&\dot{U}_1 = -\dot{E}_1 + \dot{I}_1(R_1 + jX_1) = -\dot{E}_1 + \dot{I}_1 Z_1 \\
&\dot{E}_2' = \dot{I}_2'\left(\frac{R_2'}{s} + jX_2'\right) = \dot{I}_2'\left(Z_2' + \frac{1-s}{s}R_2'\right) \\
&\dot{I}_1 + \dot{I}_2' = \dot{I}_m \\
&\dot{E}_1 = -\dot{I}_m(R_m + jX_m) = -\dot{I}_m Z_m \\
&\dot{E}_2' = \dot{E}_1
\end{aligned}\right\} \tag{5.38}$$

2）T 形等效电路

在图 5.14（c）中经过频率折算和绕组折算后，定、转子侧电动势相等。根据基本方程式，再仿照变压器的分析方法，可画出异步电动机的 T 形等效电路，如图 5.15 所示。

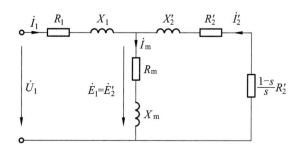

图 5.15　异步电动机的 T 形等效电路

异步 T 形等效电路是在综合分析了异步电机运行的电磁物理过程的基础上求得的。等效电路作为分析手段的意义是使电机计算归结为电路的计算，使问题简化。我们可以从 T 形等效电路来看异步电机几种典型的运行情况。

（1）异步电机空载运行

异步电机空载运行时，$s \approx 0$，T 形等效电路中代表机械负载的附加电阻 $\frac{1-s}{s}R_2' \to \infty$，转子相当于开路，这时定子中的电流即为空载无功励磁电流，因此空载时功率因数很低。

（2）异步电机额定负载运行

异步电机带额定负载时，$s_N \approx 0.05$，这时 R_2'/s 为转子电阻 R_2' 的 20 倍左右，此时转子电路基本呈阻性，所以转子电路功率因数较高。虽然定子电流由励磁分量和负载分量合成，定子的功率因数取决于这两部分电流的滞后程度，但在负载情况下，负载分量（$-\dot{i}_2'$）要比励磁分量（$\dot{i}_m$）大得多，所以 $\dot{i}_2'$ 的电阻性程度起主要作用，所以定子功率因数可以达到 $0.8 \sim 0.85$。

（3）异步电机起动

起动状态实际就是转子静止或转子堵转状态。此时，$n=0$，$s=1$，代表机械负载的附加电阻 $\dfrac{1-s}{s}R_2'=0$，相当于转子电路短路。所以起动电流（堵转电流）很大，功率因数也较低，因为此时转子侧频率为 f_1 较高，所以 $\varphi_2 = \arctan\dfrac{sX_2}{R_2}\Big|_{s=1}$ 较大，所以转子侧功率因数较低。

（4）异步电机发电运行

异步电机作发电机运行时，$n>n_1$，$s<0$。此时代表机械功率附加电阻 $\dfrac{1-s}{s}R_2'<0$，与之对应的机械功率也是负值，说明此时是输入机械功率，然后将能量转化为电能传递到电网。

（5）异步电机电磁制动运行

异步电机处于电磁制动状态运行时，转子转向与旋转磁场方向相反，即 $n<0$，$s>1$。此时代表机械功率附加电阻 $\dfrac{1-s}{s}R_2'<0$，与之对应的机械功率也是负值，说明此时也是输入机械功率，同时电机还要吸收电功率，将电能和机械能全部消耗在转子电阻上。这种既吸收机械功率又吸收电功率的运行情况，对机械运动起制动作用，所以称为电磁制动状态。具体的过程和能量关系我们将在后续章节中详细介绍。

3）简化等效电路

T 形等效电路为串、并联混联电路，计算比较麻烦，因此实际应用时常需进行简化。和变压器一样，可把励磁支路移到电源端，变为 Γ 形等效电路，如图 5.16 所示，或者直接将励磁支路开路，变为更为简单的简化等效电路，如图 5.17 所示。

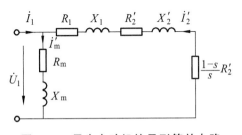
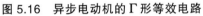

图 5.16　异步电动机的 Γ 形等效电路

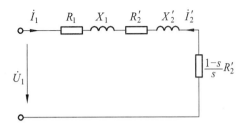

图 5.17　异步电动机的简化等效电路

需要指出的是，在变压器中，励磁阻抗 Z_m 很大，且空载电流 I_0 和定子阻抗 Z_1 都很小，因此把励磁支路移到电源端不致引起较大误差，但在异步电机中，由于 Z_m 较小，励磁电流 I_m 较大，定子漏阻抗也比变压器原边漏阻抗大，所以把励磁支路直接移到电源端将引起较大误差，对于大多数工程计算尚在允许范围内，但对于小型电机，常不能满足所需准确度，为减小误差，不能再使用简化等效电路，或者必须在 Γ 形等效电路中引入校正系数，对电路进行修改。

4. 相量图

根据折算后的异步电机基本方程式（5.38）或 T 形等效电路（见图 5.15）可画出相应的异步电动机相量图，如图 5.18 所示。从这个图上可以更清楚地看出异步电机的电磁物理量在数值和相位上的关系。

画相量图时，先把主磁通 $\dot{\Phi}_m$ 的相量画在水平位置，定为参考相量。定子绕组中的电动势相量 $\dot{E}_1$ 和折算后转子绕组电动势相量 $\dot{E}_2'$ 均滞后于 $\dot{\Phi}_m$ 90°；产生主磁通的励磁电流 $\dot{I}_m$ 的相量则超前于 $\dot{\Phi}_m$ 铁耗角 α_{Fe}；折算后转子电流相量 $\dot{I}_2'$ 滞后于 $\dot{E}_2'$ 一个功率因数角 $\varphi_2 = \arctan\dfrac{sX_2'}{R_2'}$；电阻压降 $\dot{I}_2'\dfrac{R_2'}{s}$ 与 $\dot{I}_2'$ 同相位，电抗压降 $j\dot{I}_2'X_2'$ 超前 $\dot{I}_2'$ 90°；由 $\dot{I}_1 + \dot{I}_2' = \dot{I}_m$，可以作出 $\dot{I}_1$ 相量；在 $-\dot{E}_1$ 相量上加上 $\dot{I}_1R_1$ 和 $j\dot{I}_1X_1$ 相量便得到相量 $\dot{U}_1$。

从相量图可以看出，定子电流 $\dot{I}_1$ 总是滞后于电源电压 $\dot{U}_1$，因为要建立和维持气隙中的主磁通和定、转子漏磁通，需从电源吸取一定的感性无功功率，即异步电动机的功率因数总是滞后的。当电动机轴上所带机械负载增加时，转速 n 降低，转差率 s 增大，使得 $\dot{I}_2'$ 增加，$\dot{I}_1$ 随之增大，电动机从电源吸取更多的电功率，从而实现由电能到机械能的转换。

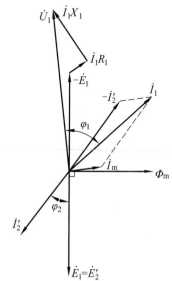

图 5.18　异步电动机相量图

综上分析可得如下结论：

（1）异步电动机与变压器有相同的等效电路形式，但参数相差较大。运行时的异步电动机与一台二次侧接有纯电阻负载的变压器相似。当 $s = 1$ 时，相当于一台二次侧短路的变压器；当 $s = 0$ 时，相当于一台二次侧开路的变压器。

（2）异步电动机可看作是一台广义的变压器，不仅可以变换电压、电流和相位，而且可以变换频率和相数，更重要的是可以进行机电能量转换。等效电路中，$\dfrac{1-s}{s}R_2'$ 是模拟总机械功率的等效电阻，当转子堵转时，$s = 1$，$\dfrac{1-s}{s}R_2' = 0$，此时无机械功率输出；而当转子旋转且转轴上带有机械负载时，$s \neq 1$，$\dfrac{1-s}{s}R_2' \neq 0$，此时有机械功率输出。

（3）在等效电路中，机械负载变化是由 s 来体现的。当转子轴上机械负载增大时，转速减慢，转差率增大，因此转子电流增大，以产生较大的电磁转矩与负载转矩平衡。按磁动势平衡关系，定子电流也将增大，电动机便从电源吸取更多的电功率来平衡电动机本身的损耗和轴上输出的机械功率。

（4）异步电动机的定子电流总是滞后于定子电压，即功率因数总是滞后的，因此，异步电动机需从电网吸取大量感性无功功率来激励主、漏磁场。

5.4 三相异步电动机的功率和电磁转矩

5.4.1 功率平衡

异步电动机运行时，定子从电网吸收电功率，转子向拖动的机械负载输出机械功率。电动机在实现机电能量转换的过程中，不可避免地会产生各种损耗。异步电机的功率和损耗在 T 形等效电路中的反映如图 5.19 所示。

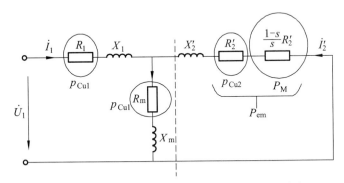

图 5.19 异步电机 T 形等效电路表示的各种功率

由电网供给电动机的功率称为输入功率，其计算公式为

$$P_1 = m_1 U_1 I_1 \cos\varphi_1 \tag{5.39}$$

定子电流流过定子绕组时，电流 I_1 在定子绕组电阻 R_1 上的功率损耗称为定子铜损耗，其计算式为

$$p_{Cu1} = m_1 I_1^2 R_1 \tag{5.40}$$

旋转磁场在定子铁芯中还将产生铁损耗（因转子频率很低，一般为 1~3 Hz，故转子铁损耗很小，可忽略不计），其值可看作励磁电流 I_m 在励磁电阻上所消耗的功率，即

$$p_{Fe} = m_1 R_m I_m^2 \tag{5.41}$$

因此，从输入功率 P_1 中扣除定子铜损耗 p_{Cu1} 和定子铁损耗 p_{Fe}，剩余的功率便是由气隙磁场通过电磁感应关系由定子传递到转子侧的电磁功率 P_{em}，即

$$P_{em} = P_1 - (p_{Cu1} + p_{Fe}) \tag{5.42}$$

由等效电路可得

$$P_{em} = m_1 E_2' I_2' \cos\varphi_2 = m_1 I_2'^2 \frac{R_2'}{s} \tag{5.43}$$

转子电流流过转子绕组时，电流 I_2' 在转子绕组电阻 R_2 上的功率损耗称为转子铜损耗，其计算式为

$$p_{Cu2} = m_1 I_2'^2 R_2' \tag{5.44}$$

传递到转子的电磁功率扣除转子铜损耗为电动机的总机械功率 P_M，即

$$P_M = P_{em} - p_{Cu2} \qquad\qquad (5.45)$$

由等效电路可知，它就是转子电流消耗在附加电阻 $\dfrac{1-s}{s}R_2'$ 上的电功率，即

$$P_M = m_1 \frac{1-s}{s} I_2'^2 R_2' \qquad\qquad (5.46)$$

由式（5.39）和式（5.40）可得

$$\frac{p_{Cu2}}{P_{em}} = s \quad \text{或} \quad p_{Cu2} = sP_{em} \qquad\qquad (5.47)$$

因转子铜耗与电磁功率的比值为转差率 s，因此转子铜耗也被称为转差功率。

由式（5.43）和式（5.46）可得

$$\frac{P_M}{P_{em}} = 1-s \quad \text{或} \quad P_M = (1-s)P_{em} \qquad\qquad (5.48)$$

电磁功率、总机械功率、转子绕组铜耗三者之间的关系为

$$P_{em} : P_M : p_{Cu2} = 1 : (1-s) : s \qquad\qquad (5.49)$$

由定子经气隙传递到转子侧的电磁功率有一部分 sP_{em} 转变为转子铜损耗，其余绝大部分 $(1-s)P_{em}$ 转变为总机械功率。

电动机运行时，还会产生由轴承及风阻等摩擦所引起的机械损耗 p_{mec}，另外还有由于定、转子开槽和谐波磁场引起的附加损耗 p_Δ，电动机的附加损耗很小，一般在大型异步电动机中，p_Δ 约为 $0.5\% P_N$；而在小型异步电动机中，满载时，可达 $1\% \sim 3\%$ 或更大些。

总机械功率 P_M 扣去机械损耗 p_{mec} 和附加损耗 p_Δ，才是电动机转轴上输出的机械功率，即

$$P_2 = P_M - (p_{mec} + p_\Delta) \qquad\qquad (5.50)$$

可见异步电动机运行时，从电源输入电功率 P_1 到转轴上输出功率 P_2 的全过程为

$$\begin{aligned} P_2 &= P_1 - p_{Cu1} - p_{Fe} - p_{Cu2} - p_{mec} - p_\Delta \\ &= P_1 - \sum p \end{aligned} \qquad\qquad (5.51)$$

式中，$\sum p$ 为电动机的总损耗。异步电动机的功率流程如图 5.20 所示。

5.4.2 转矩平衡

由动力学可知，旋转体的机械功率等于作用在旋转体上的转矩与其机械角度 Ω 的乘积，$\Omega = \dfrac{2\pi n}{60}$。将式（5.50）的两边同除以转子机械角速度 Ω，便得到

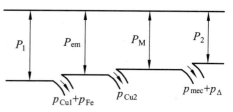

图 5.20　异步电动机功率流程图

稳态时异步电动机的转矩平衡方程式：

$$\frac{P_2}{\Omega} = \frac{P_M}{\Omega} - \frac{p_{mec} + p_\Delta}{\Omega}$$

即　　　　　　　$T_2 = T_{em} - T_0$　　或　　$T_{em} = T_2 + T_0$　　　　　　　　　（5.52）

式中，$T_{em} = \dfrac{P_M}{\Omega}$ 为电动机电磁转矩，为驱动性质转矩；$T_2 = \dfrac{P_2}{\Omega}$ 为电动机轴上输出的机械负载

转矩，为制动性质转矩；$T_0 = \dfrac{p_{mec} + p_\Delta}{\Omega}$ 为对应于机械损耗和附加损耗的转矩，叫空载转矩，

也为制动性质转矩。式（5.52）说明电磁转矩 T_{em} 与输出机械转矩 T_2 和空载转矩 T_0 相平衡。

另外，由式（5.52）结合式（5.48）可推得

$$T_{em} = \frac{P_M}{\Omega} = \frac{P_M}{\dfrac{2\pi n}{60}} = \frac{(1-s)P_{em}}{\dfrac{2\pi n_1(1-s)}{60}} \cdot \frac{P_{em}}{\dfrac{2\pi n_1}{60}} = \frac{P_{em}}{\Omega_1} \qquad （5.53）$$

式中，$\Omega_1 = \dfrac{2\pi n_1}{60}$ (rad/s)，为同步机械角速度。

由式（5.53）可知，电磁转矩从转子方面看，它等于总机械功率除以转子机械角速度；从定子方面看，它又等于电磁功率除以同步机械角速度。

5.5　三相异步电动机的参数测定

异步电动机等效电路中各参数可以由制造厂家提供，也可以用试验的方法求得。试验测定参数的方法与变压器相似，根据等效电路，由空载试验测定励磁参数，即励磁阻抗 Z_m、R_m、X_m；由堵转试验（也称短路试验）测定短路参数，即漏阻抗 Z_1、R_1、X_1、Z_2'、R_2'、X_2'。

5.5.1　空载试验

1. 空载试验过程

空载试验时电机轴上不加任何负载，加电压后电机运行在空载状态，使电机运转一段时间，让机械损耗达到稳定。然后用调压器调节电机的输入电压，使其从 $1.1U_N \sim 1.3U_N$ 逐渐降低，直到电机的转速明显下降、电流开始回升为止，测量数点，每次测量端电压、空载电流、空载功率和转速。根据记录数据绘出异步电动机的空载特性曲线，即 I_0 和 P_0 随 U_1 变化的曲线 $I_0 = f(U_1)$ 和 $P_0 = f(U_1)$，特性曲线如图 5.21 所示。

2. 励磁参数与铁耗、机械损耗确定

空载时因转子电流 $I_2 \approx 0$，转子铜耗可忽略不计，所以输入功率 P_0 完全消耗在定子铜耗 p_{Cu1}、铁耗 p_{Fe}、机械损耗 p_{mec} 和附加损耗 p_Δ（也可忽略）上，即

$$P_0 = m_1 I_0^2 R_1 + p_{Fe} + p_{mec} \qquad （5.54）$$

从空载功率中扣除定子铜耗即得到铁耗和机械损耗之和，即

$$p_{Fe} + p_{mec} = P_0 - m_1 I_0^2 R_1$$

我们需要用作图法将铁耗和机械损耗进行分离。铁耗 p_{Fe} 与磁通密度平方成正比，因此它与 U_1^2 成正比；而机械损耗与电压无关，只要转速没有大的变化，可认为 p_{mec} 是一常数。因此我们可以绘制 $p_{Fe} + p_{mec} = f(U_1^2)$ 曲线，如图 5.22 所示。只要延长曲线，使其与纵轴相交，交点的纵坐标值就是机械损耗 p_{mec}，过这一交点作一与横坐标平行的直线，则该线上面的部分就是铁耗 p_{Fe}。

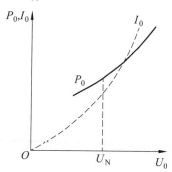

图 5.21 空载特性曲线

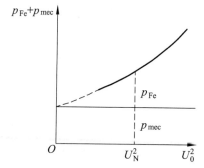

图 5.22 $p_{mec} + p_{Fe} = f(U_1^2)$ 曲线

将损耗分离之后，我们就可以根据上面的数据计算空载参数及励磁参数。对应额定电压，找出 P_0 和 I_0，算出每相的电压、功率和电流，空载参数的计算式为

$$\left.\begin{aligned} Z_0 &= Z_m + Z_1 = \frac{U_N}{I_0} \\ R_0 &= R_1 + R_m \\ X_0 &= \sqrt{Z_0^2 - R_0^2} \end{aligned}\right\} \tag{5.55}$$

励磁参数的计算式为

$$\left.\begin{aligned} X_m &= X_0 - X_1 \\ R_m &= \frac{p_{Fe}}{m_1 I_0^2} \\ Z_m &= \sqrt{R_m^2 + X_m^2} \end{aligned}\right\} \tag{5.56}$$

注意，以上参数计算式中所用的电压、电流及功率均为每相的值，计算中用到的 R_1、X_1 可由短路试验算出，R_1 也可直接测得。

5.5.2 堵转试验

1. 堵转试验过程

堵转试验，也称为短路试验。做异步电机短路试验时，需把转子堵住，使其停转，此时在 T 形等效电路中附加电阻 $\frac{1-s}{s} R_2'$ 为零，其上的总机械功率也为零。在转子不转的情况下，

定子加额定电压相当于变压器的短路状态，这时的电流是短路电流，能达到额定电流的 4 ~ 7 倍，时间稍长就会烧毁电机。因此，与变压器相似，在做异步电机短路试验时也要降压，所加电压开始应使电机的短路电流略高于额定电流，这时的电压为额定电压 U_N 的 30% ~ 40%，然后调节调压器使电压逐渐下降，测量数点，每点记录电压 U_k、电流 I_k 和功率 P_k。绘出短路特性曲线 $P_k = f(U_k)$ 和 $I_k = f(U_k)$，如图 5.23 所示。

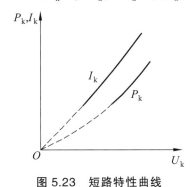
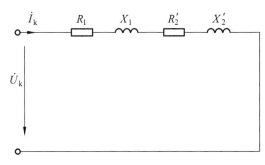

图 5.23   短路特性曲线   图 5.24   异步电动机堵转试验等效电路

2. 短路参数确定

由于堵转试验电机不转，机械损耗为零，铁损耗和附加损耗很小，可以略去，所以这时功率表读出的短路损耗只有定转子铜损耗。又由于励磁阻抗远大于漏阻抗，因此可用图 5.24 的简化等效电路，可得

$$P_k = m_1 I_k^2 (R_1 + R_2') = m_1 I_k^2 R_k \tag{5.57}$$

计算短路参数也要先算出每相的电压 U_k、电流 I_k 和功率 P_k。用每相的数据代入下列各式算出短路参数：

$$\left. \begin{aligned} Z_k &= \frac{U_k}{I_k} \\ R_k &= R_1 + R_2' = \frac{P_k}{m_1 I_k^2} \\ X_k &= X_1 + X_2' = \sqrt{Z_k^2 - R_k^2} \end{aligned} \right\} \tag{5.58}$$

如果已经测出定子电阻 R_1，则可很容易求得 R_2'。对于漏抗，在功率小于 100 kW 小型电机中一般 X_2' 略大于 X_1'，可参考下列数据：2、4、6 极电机 $X_2' \approx 0.67 X_k$，8、10 极电机 $X_2' \approx 0.57 X_k$。对于大、中型电机，可以认为 $R_1 = R_2' = \frac{1}{2} R_k$，$X_1 = X_2' = \frac{1}{2} X_k$。

5.5.3   鼠笼型异步电机转子的极数和相数

前面通过绕线型异步电机转子的频率折算和绕组折算导出了等效电路，上述结果对鼠笼型异步电机同样适用，但由于笼型转子与绕线型转子结构不同，所以其极数、相数和参数的折算都有自己的特点。

1. 相　数

设转子总导条数为 Z_2（即转子槽数），在转子圆周上均匀分布，导条两端被端环短接，整个结构是对称的。当一极对数为 p 的旋转磁场 B_m 在气隙中旋转时，它依次切割转子各导条，构成一个对称的 Z_2/p 相电动势系统，该电动势作用在结构对称的笼型绕组上，产生对称的 Z_2/p 相电流，也即笼型转子相数等于每对极下转子导条数，即

$$m_2 = \frac{Z_2}{p} \tag{5.59}$$

2. 极对数

如图 5.24（a）所示，定子产生的旋转磁场以行波的形式以速度 n_1 向右移动，而转子转速为 n，相当于转子以 $n_2 = n_1 - n$ 的相对转速来切割主磁场 B_m。每根导条产生的导条电动势 $e_{2sx} = B_{mx} l n_2$，由于 B_m 基本为正弦分布，故转子各导条电动势 e_{2s} 的幅值基本上也呈正弦分布。由于转子导条是由端环短接在一起的，故会产生电流 i_{2s}，各导条中电流幅值也呈正弦分布，但整体相位要滞后于导条电动势。此时将图 5.25（a）中导条中的电流方向一一对应到图 5.25（b）中各转子导条，可得此时电流流向的分布，可以发现形成的转子磁场极数刚好和定子产生旋转磁场的极数相等。事实上转子的极对数会自动跟随定子产生的旋转磁场的极对数，即

$$p_1 = p_2 = p \tag{5.60}$$

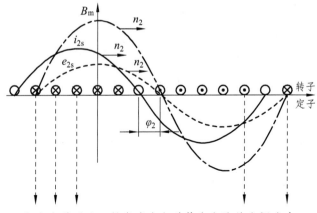

（a）气隙磁密、导条感应电动势和电流的空间分布

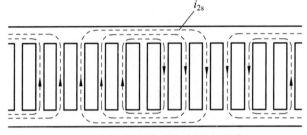

（b）导条和端环电流流向分布

图 5.25　鼠笼型异步电动机转子电流分布

3. 匝数和绕组系数

由于转子导条全部短接，每相只有一根导条，故匝数等于 1/2 匝，当然也不存在短距和分布，故绕组系数为 1，即

$$\left.\begin{array}{l} N_2 = \dfrac{1}{2} \\ k_{w2} = 1 \end{array}\right\} \tag{5.61}$$

5.6 三相异步电动机的工作特性

异步电动机的工作特性是指电动机在额定电压、额定频率下运行时，电动机的转差率 s（或转速 n）、效率 η、功率因数 $\cos\varphi_1$、定子电流 I_1 和输出转矩 T_2 与输出功率 P_2 之间的关系曲线，如图 5.26 所示。这些曲线可以通过对异步电动机加负载直接测得，也可以利用等效电路法进行计算。工作特性反映了电动机的运行情况，是我们合理使用异步电动机的一个依据。

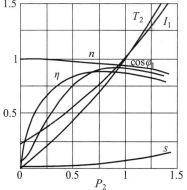

图 5.26 异步电机工作特性（标幺值表示）

1. 转差率特性 $s = f(P_2)$ 或转速特性 $n = f(P_2)$

由差功率公式 $s = p_{Cu2} / P_{em}$ 可知：

① 空载时，由于制动转矩很小，转子电流很小，$p_{Cu2} \approx 0$，故 $s \approx 0$。

② 随着负载增加，转子电流 I_2 增加，转子铜耗 p_{Cu2} 和电磁功率 P_{em} 均增加，p_{Cu2} 增加（与 I_2^2 成正比）比 P_{em}（近似于 I_2 成正比）增加得快，因此随负载增加转差率会增大，即 $s = f(P_2)$ 是一条上翘的曲线。但为了保证电机的高效率，转差功率不可能太大，因此额定转差率一般为 $0.02 \sim 0.05$。

相应地，异步电机的转速特性 $n = f(P_2)$ 是一条微微下降的曲线，很接近于同步转速，$n_N = (0.98 \sim 0.95)n_1$。

2. 定子电流特性 $I_1 = f(P_2)$

定子电流包括两个分量：励磁分量 $\dot{I}_m$ 和负载分量 $\dot{I}_{1L}$，$\dot{I}_1 = \dot{I}_m + \dot{I}_{1L} = \dot{I}_m + (-\dot{I}_2')$。

① 空载时，转子电流 $\dot{I}_2' \approx 0$，$\dot{I}_1 \approx \dot{I}_m$，即空载电流几乎全部用于励磁。

② 随着负载增大，转子电流 $\dot{I}_2'$ 增大，与其平衡的定子电流负载分量 $\dot{I}_{1L}$ 也跟着增大，因此定子电流 $\dot{I}_1$ 几乎随 P_2 成正比增大。

3. 转矩特性 $T_2 = f(P_2)$

异步电动机输出转矩 $T_2 = \dfrac{P_2}{\Omega} = 9.55 \times \dfrac{P_2}{n}$。由于从空载到负载，电机转速变化不大，即输

出转矩随负载增大几乎成正比增大，所以 $T_2 = f(P_2)$ 曲线近似为通过原点的直线。

4. 功率因数特性 $\cos\varphi_1 = f(P_2)$

① 空载时，定子电流基本是无功的励磁电流，因此功率因数很低，约为 0.2。

② 负载增加时，转子电流有功分量增大，定子电流的有功分量也随之增加，使功率因数提高，当接近额定负载时功率因数达到最大值。

③ 若负载继续增大，使转速明显下降，转差率明显增大，则转子电路的阻抗角 $\varphi_2 = \arctan\dfrac{sX_2}{R_2}$ 会增大，转子电流无功分量会增大，定子电流负载分量需要与其平衡，因而无功分量也会增大，导致功率因数会变小。

因此功率因数特性 $\cos\varphi_1 = f(P_2)$ 曲线一般为先增大后减小的规律，且在额定负载附近时达到最大值。

5. 效率特性 $\eta = f(P_2)$

异步电机的效率为

$$\eta = \frac{P_2}{P_1} \times 100\% = \left(1 - \frac{\sum p}{P_1}\right) \times 100\%$$

$$= \left(1 - \frac{p_{Cu1} + p_{Fe} + p_{Cu2} + p_{mec} + p_{\Delta}}{P_1}\right) \times 100\% \quad (5.62)$$

从空载到负载，由于主磁通和转速变化很小，因此铁耗 p_{Fe} 和机械损耗 p_{mec} 变化很小，可看成不变损耗；而定子铜耗 p_{Cu1}、转子铜耗 p_{Cu2} 则与电流平方成正比，因此可称为可变损耗。

（1）空载时，$P_2 = 0$，$\eta = 0$。

（2）随负载增大，总损耗 $\sum p$ 增加较慢，效率曲线迅速上升，当不变损耗与可变损耗相等时，效率达到最大值。对常用的中、小型异步电动机，效率在 $0.75P_N \sim 1P_N$ 范围内达到最大值。

（3）若负载继续增大，由于可变损耗增加很快，所以效率反而下降。

在三相异步电机的工作特性中，效率特性和功率因数特性是衡量异步电机性能的两个重要指标。这两项指标都在额定负载附近达到最大值，因此选用电动机应使电动机的容量与负载相匹配。若选择容量过小，电动机运行时过载、温升过高有损寿命；若选择电机容量过大，不仅设备投资大，而且长期运行在轻载时效率和功率因数都较低，也很不经济。

5.7　三相异步电动机拖动

三相异步电机拖动主要是根据异步电机的人为机械特性，采用不同方法实现电机的起动、调速和制动，使工作点按照需求在四象限内运行。

5.7.1　三相异步电动机的机械特性及 T-s 曲线

由式（5.43）和（5.53），可以得到电磁转矩

$$T_{em} = \frac{P_{em}}{\Omega_1} = \frac{m_1 \cdot I_2^2 \dfrac{R_2'}{s}}{\dfrac{2\pi f_1}{p}} \tag{5.63}$$

根据异步电动机的简化等效电路，转子电流

$$I_2' = \frac{U_1}{\sqrt{\left(R_1 + \dfrac{R_2'}{s}\right)^2 + (X_1 + X_2')^2}} \tag{5.64}$$

将式（5.64）代入式（5.63）可得

$$T_{em} = \frac{m_1 p U_1^2 \dfrac{R_2'}{s}}{2\pi f_1 \left[\left(R_1 + \dfrac{R_2'}{s}\right)^2 + (X_1 + X_2')^2\right]} \tag{5.65}$$

式（5.65）是由电动机的电压、频率及结构参数表示的三相异步电动机机械特性公式，故称为电磁转矩的参数表达式，在其他参数固定的情况下，该式也表达了电磁转矩 T_{em} 与转差率 s（与转速 n 对应）之间的函数关系，因此也被称作异步电机的机械特性表达式。

由于式（5.65）为二次方程式，故在某一转差时，转矩有一最大值，即函数 $T_{em} = f(s)$ 的极值点。对该式求导，并令导数 $\dfrac{dT_{em}}{ds} = 0$，求得临界转差率

$$s_m = \pm \frac{R_2'}{\sqrt{R_1^2 + (X_1 + X_2')^2}} \tag{5.66}$$

把 s_m 代入式（5.65）得最大转矩

$$T_{max} = \pm \frac{m_1 p U_1^2}{4\pi f_1\left[\pm R_1 + \sqrt{R_1^2 + (X_1 + X_2')^2}\right]} \tag{5.67}$$

以上正号为异步电机处于电动机状态，负号则适用于发电机状态。

T_{max} 是电机在某频率某幅值电压（如工频额定电压情况）下，电机能够输出的最大电磁转矩，一旦负载超过此值，电机将因负载过大而减速甚至停转，因此 T_{max} 也被称为颠覆转矩。

一般情况下，$R_1 \ll (X_1 + X_2')$，可忽略 R_1，则有

$$T_{max} = \pm \frac{3p}{4\pi f_1} \frac{U_1^2}{(X_1 + X_2')} \tag{5.68}$$

$$s_m \approx \pm \frac{R_2'}{X_1 + X_2'} \tag{5.69}$$

三相异步电动机的机械特性除了用式（5.65）函数形式表示外，也可以用曲线表示，通过描点绘制，可以得到三相异步电动机的机械特性曲线，即 T-s 曲线，如图 5.27 所示。

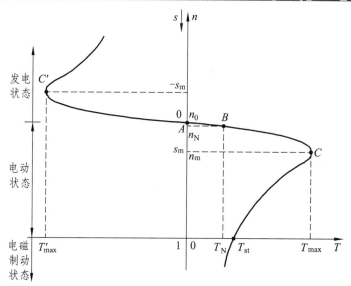

图 5.27 三相异步电动机的机械特性 T-s 曲线

三相异步电动机的 T-s 曲线中，可以看到当 $0 < n < n_1$、$0 < s < 1$ 时，电机处于电动状态，工作点位于第 I 象限；当 $n > n_1$、$s < 0$ 时，电机处于发电运行状态，工作点位于第 II 象限；当 $n < 0$、$s > 1$ 时，电机处于电磁制动状态，工作点位于第 IV 象限。

当定子电压和频率均为额定值，转子回路直接短路，定子绕组按规定方式接线，定子、转子电路不串电阻或电抗时，所获得的的机械特性曲线 $n = f(T)$，被称为三相异步电机固有机械特性曲线。

在第一象限的固有机械特性曲线中有四个特殊点 A、B、C、D，如图 5.27 所示。

1）理想空载点 $A（0，n_0）$

该点是电动状态与发电状态分界点。$T = 0$，$n = n_1 = 60 f_1 / p$，$s = 0$。此时电动机不进行机电能量转换。三相异步电动机没有外力作用不可能达到此状态。

2）额定工作点 $B（T_N，n_N）$

额定工作点 B 的转速、转矩、电流及功率等都为额定值。与额定转速对应的转差率 s_N 称为额定转差率，其值在 $0.02 \sim 0.05$ 之间。机械特性曲线上的额定转矩是指额定电磁转矩，以 T_N 表示。

3）最大电磁转矩点或临界点 $C（T_{max}，n_m）$

该点 $T = T_{max}$ 为最大转矩，相应的转差率为 s_m 为临界转差率，转速为 n_m。

需要指出的是在第 II 象限，点 C' 处于回馈制动的最大转矩点，$T_{em} = T'_{max}$，$s = -s_m$，以第 I 象限为参考，两者均为负值，且与 C 点相比，由式（5.67）可知，$\left| T'_{max} \right|$ 略大于 $\left| T_{max} \right|$。

4）起动点 $D（T_{st}，0）$

D 点是电动状态与电磁制动状态分界点，$s = 1$，$n = 0$，电磁转矩 T 为初始起动转矩 T_{st}。把 $s = 1$ 代入式（5.65）可得

$$T_{st} = \frac{m_1 p U_1^2 R_2'}{2\pi f_1 \left[(R_1 + R_2')^2 + (X_1 + X_2')^2 \right]} \tag{5.70}$$

除固有机械特性外，异步电机通过改变电动机的某一参数，如改变定子电压 U_1、定子频

率 f_1、磁极对数 p，或者改变定子、转子回路电阻或电抗等参数，即可得到对应的人为机械特性，后面内容所涉及的各种起动、调速及制动方法，正是以各种人为机械特性为基础而展开的。

5.7.2　三相异步电动机起动

电动机起动是指电动机接通电源后，由静止状态加速到稳定运行状态的过程。对异步电动机起动性能的要求：一是起动电流要小，以减小对电网的冲击；二是起动转矩足够大，以加速起动过程，缩短起动时间。如果在额定电压下异步电动机直接起动，普通异步电动机的起动电流 $I_{st} = (4 \sim 7)I_N$，当供电变压器额定容量相对电动机额定功率不是足够大时，三相异步电动机不允许在额定电压下直接起动，需要采取措施，减小起动电流。

1. 笼型异步电动机的降压起动

降压起动可以限制起动电流。因此可以在起动时，通过起动设备使加到电动机上的电压小于额定电压，待电动机转速上升到一定数值时，再使电动机承受额定电压，使电动机在额定电压下稳定工作。笼型异步电动机常采用降压起动，具体有以下几种方法：

1）定子串电阻或电抗降压起动

定子串电阻或串电抗起动时的接线如图 5.28 所示。起动时，起动电流在起动电阻 R_{st} 或起动电抗 X_{st} 上产生压降，降低了定子绕组上的电压，从而减小了起动电流。起动时接触器触点 KM_1 闭合、KM_2 断开，电动机定子绕组通过 R_{st} 或 X_{st} 接入电网减压起动。起动完成后，KM_2 闭合，切除 R_{st} 或 X_{st}，电动机进入正常运行。

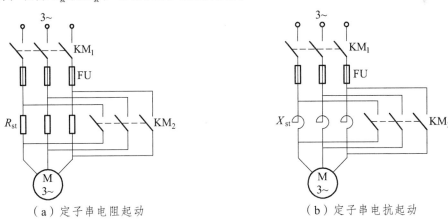

（a）定子串电阻起动　　　　　　　（b）定子串电抗起动

图 5.28　定子串电阻或电抗降压起动接线图

电阻降压起动时耗能较大，一般只在低压小功率电动机上采用，高压大功率的电动机多采用串电抗降压起动。在降压起动过程中，$s = 1$ 时的起动电流称为初始起动电流，以 I_{st} 表示，相应的起动转矩称为初始起动转矩，以 T_{st} 表示。采用串电阻或串电抗降压起动时，若电压下降到额定电压的 $1/k$，则起动电流也下降到直接起动电流的 $1/k$，但起动转矩却下降到直接起动转矩的 $1/k^2$。

这表明，降压起动虽然减小起动电流，但同时起动转矩也大为减小。因此，串电阻或串电抗降压起动方法只适用电动机轻载起动。

2）自耦变压器起动

自耦变压器降压起动的接线如图 5.29 所示，图中 TA 为自耦变压器。起动时接触器触点 KM_2 闭合，电动机定子绕组经自耦变压器的二次侧接至电网，降低了定子电压。当转速升高接近稳定转速时，KM_2 断开，KM_1 闭合，自耦变压器被切除，电动机定子绕组经 KM_1 直接接入电网，进入额定运行。

采用变比为 K（$K<1$）的自耦变压器降压起动时，虽然定子电压下降到直接起动时的 K 倍，但对电源造成的冲击电流却只有直接起动时的 K^2 倍，起动转矩也只有直接起动时的 K^2 倍。

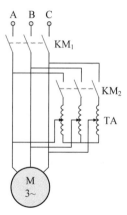

图 5.29　异步电动机自耦变压器降压起动原理线路图

实际工程应用中，通常把自耦变压器、接触器、保护设备等装在一起，组成一个自耦降压起动控制柜，为了便于调节起动电流和起动转矩，自耦变压器备有抽头来选择对应的起动电压，一般有多个抽头可供选择，即 K 的取值分别为 0.3、0.5、0.7 等。

3）Y-△起动

Y-△降压起动方法只适用于正常运行时定子绕组为三角形连接（△连接）并有 6 个出线端子的笼型异步电动机。为了减小起动电流，起动时定子绕组作星形连接，降低定子电压，起动完成后再连接成三角形。其接线图如图 5.30 所示。起动时 KM_2 连到 Y 端，定子绕组连接成星形（Y），电动机减压起动，当电动机转速接近稳定转速时，KM_2 连到△端，定子绕组连接成三角形（△），起动过程结束。

Y-△起动只能用于正常运行时定子绕组为△连接的电动机，即额定电压为 380 V/660 V 的电动机。Y-△起动的优点是起动电流小、起动设备简单、价格便宜、操作方便，缺点是降压比 $\dfrac{1}{k}$ 不像自耦变压器那样有多种选

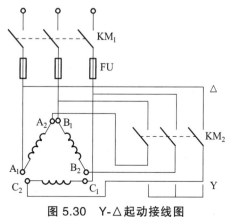

图 5.30　Y-△起动接线图

择，而只能是 $\dfrac{1}{k}=\dfrac{1}{\sqrt{3}}$，且起动转矩小，仅适合于 30 kW 以下的小功率电动机空载或轻载起动。

2. 起动性能改善的笼型异步电动机

笼型异步电动机降压起动虽能减小起动电流，但同时也使起动转矩减小，所以其起动性能不够理想。有些生产机械要求电动机具有较大的起动转矩和较小的起动电流，普通笼型异步电动机不能满足要求。为进一步改善起动性能，适应高起动转矩和低起动电流的要求，人们在电动机转子绕组和转子槽型结构上作了一些改进，生产出几种特殊的笼型异步电动机，即高转差率电动机、深槽及双笼电动机等。

如果转子电阻在起动开始时较大，则起动转矩较大，起动电流较小，而在转速升高后转子电阻自动减小，使正常运行时转子铜耗降低，提高运行效率。深槽及双笼电动机就是利用转子槽漏磁通所引起的电流集肤效应来达到这样的效果，改善起动性能的。

1）深槽笼型异步电动机

深槽笼型异步电动机的转子槽深且窄，其槽深与槽宽之比为 8～12，槽中嵌放转子导条。当转子绕组中有电流流过时，转子槽中漏磁通分布情况如图 5.31（a）所示。

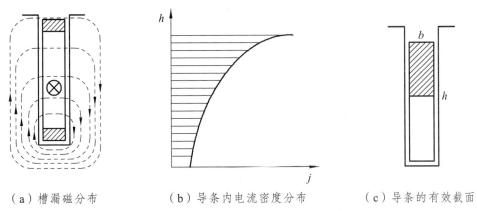

（a）槽漏磁分布　　　（b）导条内电流密度分布　　　（c）导条的有效截面

图 5.31　深槽型转子导条中电流的集肤效应

刚起动时，转子电流的频率最高，为定子电流的频率 f_1，槽漏抗最大，在阻抗中占主要部分。如果把转子导条看成沿槽高方向由许多根单元导条并联组成，那么转子槽底部单元导条交链较多的漏磁通，因此漏抗较大；而转子槽口附近的单元导条则交链较少的漏磁通，具有较小的漏抗。各单元导条中电流基本上按漏抗的大小成反比分配，导条中电流密度的分布自槽口向槽底逐渐减小，如图 5.31（b）所示。这种大部分电流集中在导条上部的现象称为电流的集肤效应，且转子频率越高，槽越深，电流的集肤效应就越显著。电流集中在上部的效果相当于减少了导条的有效截面面积，如图 5.31（c）所示，等效为转子电阻增大，因此此时的起动电流小，起动转矩增加。

随着电动机转速的升高，转子电流的频率降低，漏抗的作用减少，集肤效应减弱，转子电阻也随之减小。当达到额定转速时，转子电流频率仅几赫兹，集肤效应基本消失，电流接近于均匀分布，转子电阻自动减小，转子铜损耗不大，电机工作在正常状态。

2）双鼠笼异步电动机

双鼠笼异步电机，顾名思义，这种电动机的转子上装有两套笼型绕组，如图 5.32 所示。上、下笼导体使用不同的材料制成。一般上笼导体截面面积较小，用电阻系数较高的黄铜或青铜制成，电阻较大，上笼交链的漏磁通较少，漏抗小。下笼导体截面面积较大，用电阻系数较小的紫铜制成，电阻小，下笼交链的漏磁通多，漏抗大。

起动时，转子电流的频率 $f_2 \approx f_1$，转子漏抗起主要作用。电流集中在上笼。由于上笼导条电阻大，所以既可以限制起动电流又可以提高起动转矩。因此，在起动时上笼起主要作用，称为起动笼，其对应的机械特性为图 5.33 中的 T_1。

电动机起动完成以后，转子电流频率很低，转子电阻起主要作用，转子电流大部分从电阻较小的下笼流过，因此，下笼在正常运行时起主要作用，称为工作笼或运行笼，其对应的机械特性为图 5.33 中的 T_2。

在不同转速下把 T_1 和 T_2 叠加，可得双鼠笼异步电动机的合成机械特性 T，从图中可看出双鼠笼异步电机具有较好的起动性能。

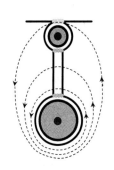

图 5.32　双鼠笼异步电动机的转子结构、
槽形图及漏磁通的分布

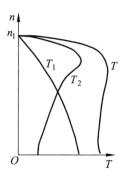

图 5.33　双鼠笼异步电机的机械特性

3. 绕线型转子异步电动机的起动

1）转子串三相对称电阻分级起动

绕线型转子异步电动机的转子回路串电阻，不但可以减少起动电流，还可以增大起动转矩。绕线型转子异步电动机转子串三相对称电阻起动时，为保证起动过程中都有较大的起动转矩和较小的起动电流，一般采用分级切除起动电阻的方法。

以三级电阻分级起动为例，其接线图及机械特性如图 5.34（a）和（b）所示，起动过程如下：

（1）起动前接触器 $KM_1 \sim KM_3$ 断开，转子绕组串入全部起动电阻 $R_{c1} + R_{c2} + R_{c3}$，KM 闭合，定子绕组接三相电源，电动机开始加速，起动点在机械特性曲线 1 的 a 点，起动转矩为 T_1，通常取 $T_1 < 0.9T_{max}$，由于起动转矩 T_1 远大于负载转矩 T_L，电动机沿机械特性曲线 1 升速，到 b 点电磁转矩 $T = T_2$，b 点的电磁转矩 T_2 称为切换转矩，一般选择 $T_2 = (1.1 \sim 1.2)T_N$。

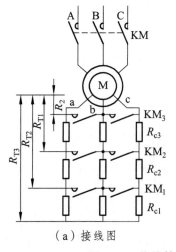

（a）接线图

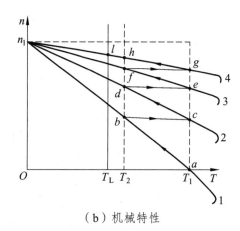

（b）机械特性

图 5.34　绕线转子三相异步电动机转子串电阻起动

（2）这时闭合接触器 KM_1，切除第一段起动电阻 R_{c1}。由于惯性，切除电阻瞬间电动机转速不能突变，电动机电流增大，工作点从 b 点平移到特性曲线 2 的 c 点。如果起动电阻选择得合适，c 点的电磁转矩正好等于 T_1。c 点的起动转矩 T_1 大于负载转矩 T_L，电动机从 c 点沿机械特性曲线 2 升速到 d 点，$T = T_2$。

（3）接触器 KM_2 闭合，切除第二段起动电阻 R_{c2}，电动机的运行点平移到特性曲线 3 的 e 点，然后电动机继续升速到 f 点时，$T = T_2$。

（4）接触器 KM_3 闭合，切除第三段起动电阻 R_{c3}，电动机运行点平移到固有机械特性曲线上的 g 点，$T = T_1$。电动机继续在固有机械特性曲线上升速，经 h 点最后稳定运行在 l 点，$T = T_L$，整个起动过程结束。

2）转子串频敏变阻器起动

频敏变阻器如同一台没有二次绕组的三相变压器，是利用本身电阻和电抗随转子电流频率的变化而自动改变的起动设备。铁芯一般是由厚钢板叠成并在铁芯柱上套有线圈，如图 5.35 所示。忽略频敏变阻器绕组电阻和漏抗时，其一相等效电路如图 5.36 所示，其中 R_m 是反映铁耗的等效电阻。

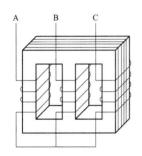

图 5.35　频敏变阻器的结构示意图

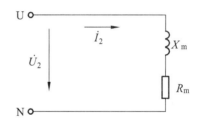

图 5.36　频敏变阻器一相等效电路

当电机起动时，$f_2 = f_1$，频敏变阻器铁耗较大，等效电阻 R_m 较大，远大于转子绕组电阻，既限制了起动电流，又增大了起动转矩；随 n 的增高，f_2 的降低，频敏变阻器铁耗和 R_m 都将减小，这相当于在起动过程中逐渐减小转子电路中所串入的电阻；当起动结束后，f_2 很低，频敏变阻器等效电阻 R_m 和等效电抗 X_m 都很小，此时可以将接触器 KM_2 闭合，切除频敏变阻器。等效电阻 R_m 随频率变化而变化，因此称为"频敏变阻器"，而在整个起动过程中，R_m 能够自动无级地减小电阻，如果参数适当，可以在起动过程中保持起动转矩不变，如图 5.37 中曲线 2 所示，明显好于固有机械特性的起动性能（曲线 1）。

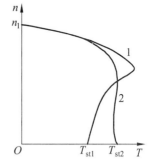

图 5.37　转子串频敏变阻器起动的机械特性

转子串频敏变阻器起动的优点是起动性能好，可以达到平滑的起动，不会引起电流和转矩的冲击。频敏变阻器结构简单、运行可靠、无须经常维修、价格也便宜。其缺点是功率因数低。这种起动方法适合于需要频繁起动的生产机械，但对于要求起动转矩很大的生产机械不宜采用。

5.7.3 三相异步电动机的调速

近年来随着电力电子技术和计算机技术的发展，异步电动机交流调速技术有了很大的发展。由于交流调速系统克服了直流电机结构复杂、应用环境受限制、维护困难等缺点，因此异步电动机交流调速得到广泛的应用。

三相异步电动机转速 $n = n_1(1-s) = \dfrac{60}{p}f_1(1-s)$ 。因此，调节异步电动机转速有三类方法：

（1）改变转差率 s ；
（2）改变定子极对数 p ；
（3）改变电源频率 f_1 。

1. 改变转差率调速

异步电动机改变转差率调速包括调压调速及绕线型转子异步电动机的转子串接电阻调速等方法。

1）改变定子电压调速

改变定子电压的机械特性如图 5.38 所示。当定子电压降低时，电动机的同步转速 n_1 和临界转差率 s_m 均不变，电动机的最大电磁转矩和起动转矩均随着电压平方关系减小。普通笼型异步电动机固有机械特性较硬，低于临界转速 n_m 的机械特性部分对恒转矩负载不能稳定运行，因此不能用于调速，所以减压调速的调速范围很窄。但若负载为通风机负载，则调速范围显著扩大。

异步电动机的调压调速较适合于绕线型转子异步电动机和高转差笼型异步电动机，高转差笼型异步电动机的机械特性如图 5.39 所示，对于恒转矩负载，改变电压也能获得较宽的调速范围。但是，这种电动机的机械特性太软，在低速时运行稳定性较差，过载能力较低。

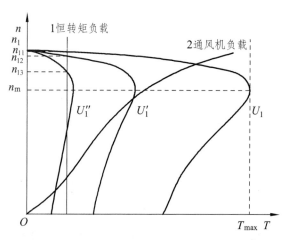

图 5.38 改变异步电动机定子电压的人为机械特性

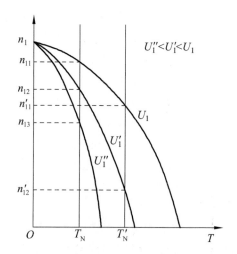

图 5.39 转子电路电阻较高时改变定子电压的人为机械特性

　　为了克服这种现象，现代的调压调速系统通常采用速度反馈的闭环控制，以提高低速时机械特性的硬度，在满足一定的静差率条件下，获得较宽的调速范围，满足生产工艺的要求。

　　由于 $T \propto 3I_2'^2 \dfrac{R_2'}{s}$，为使调速时能充分利用电动机能力，则 $I_2' = I_{2N}'$ 一般设定为恒值，R_2' 为常数，则 $T \propto \dfrac{1}{s}$，因此，改变电压调速的方法既非恒转矩调速又非恒功率调速，显然最适合于负载随转速降低而降低的负载，如通风机负载。对于恒功率负载则最不适合，勉强可用于纺织、造纸等恒转矩机械负载。

　　2）绕线型转子异步电动机的转子串接电阻调速

　　和直流电动机电枢串电阻调速一样，绕线型异步电动机转子上串电阻，当电动机拖动恒转矩负载 $T_L = T_N$ 时，也可以得到不同的转速，外串电阻 R_c 越大，转速越低。与调压调速相比，转子回路串电阻调速，其调速范围要大，机械特性曲线如图 5.40 所示。

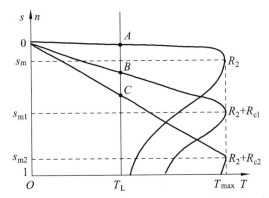

图 5.40　绕线型转子异步电动机转子串电阻调速

　　根据同一转矩下电阻与转差率的比值不变，得

$$\frac{R_2}{s} = \frac{R_2 + R_{c1}}{s_1} = \frac{R_2 + R_{c2}}{s_2} \tag{5.71}$$

电磁转矩

$$T_{em} = \frac{P_{em}}{\Omega_1} = \frac{1}{\Omega_1} 3I_2^2 \frac{R_2'}{s} = \frac{1}{\Omega_1} 3I_2^2 \frac{R_2' + R_{c1}}{s_1} = \frac{1}{\Omega_1} 3I_2^2 \frac{R_2' + R_{c2}}{s_2} = \cdots \tag{5.72}$$

　　当 $I_2 = I_{2N}$ 时，$T = T_N$ 与 s 无关，所以这种调速方式属于恒转矩调速方式。

　　这种调速方法的优点是方法简单，初期投资不高，一般适用于如起重机之类的恒转矩负载。这种调速方法是有级调速，平滑性不高，而且由于转子串接电阻后电动机的机械特性的硬度有了改变，电动机在低速下运行时机械特性很软，负载转矩的较小变化就会引起很大的转速波动，稳定性不好，所以调速范围不能太宽。串电阻调速的方法最大的缺点是耗能，转速越低，消耗在转子回路中的转差功率就越大，效率就会越低。

2. 三相异步电动机的变极调速

在电源频率 f_1 不变的条件下，改变电动机的极对数 p，电动机的同步转速 n_1 就会变化，电动机的转速也变化，从而实现转速有级调节。对于异步电动机定子而言，一般会采用两套绕组来实现两种不同极对数的磁动势，而转子一般采用笼型绕组，这是因为极数的改变必须在定子和转子上同时进行，而笼型异步电动机转子的极对数能自动与定子极对数保持一致。

假设图 5.41 所示为三相异步电动机定子一相绕组的接线，绕组由两个半绕组 1 和 2 构成。如果按照图 5.41（a）中正向串联顺接的方法，即它们的首端和尾端接在一起，根据图中的电流方向可以判断出它们产生的磁动势是四极的，即为 4 极异步电动机。如果按照图 5.41（b）和（c）的形式，即改变半绕组 2 的首尾端改接，改变半相绕组中的电流方向，那么该相绕组产生的磁动势就是 2 极的了，电机的同步转速升高了 1 倍。由此可见，改变连接方法，得到的极对数成倍变化，同步转速也成倍变化，所以这种调速属于有级调速。

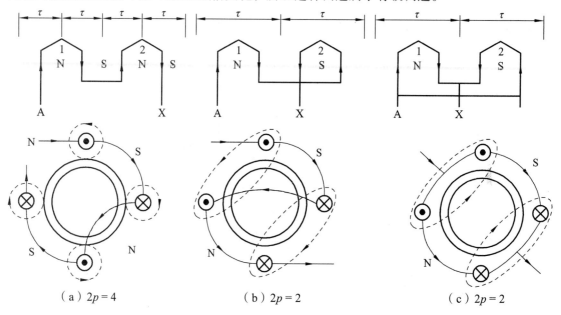

图 5.41　改变定子绕组连接方法及对应的极对数和磁场分布

电机的三相绕组一般可采用单 Y（每相一条支路），YY（每相两条支路）和 △（每相一条支路）三种连接方法。从多极数到少极数一般采用 Y/YY、△/YY 连接方法，如图 5.42 所示。下面我们分别分析两种改变连接的变极调速方法。

（a）Y 接改 YY 接

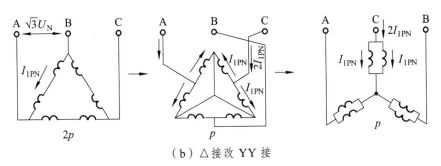

（b）△接改 YY 接

图 5.42　常用的两种三相绕组改变连接的方法

Y/YY 变极调速基本上属于恒转矩调速方式，适用于恒转矩调速，Y 接改为 YY 接后，可以定性画出两种接法的机械特性如图 5.43 所示。△/YY 连接方法比较接近恒功率调速方式，机械特性曲线如图 5.44 所示。

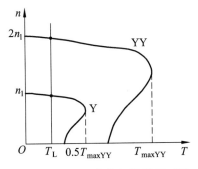

图 5.43　Y/YY 连接机械特性对比

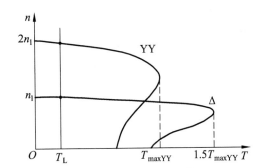

图 5.44　△/YY 连接机械特性对比

通过改变极数进行调速的电机称为多速电机。多速电机若变极前后极数比为整数，称为倍极比，如 2 极变 4 极、4 极变 8 极等；否则称非倍极比，如 4 极变 6 极、6 极变 8 极等。

变极调速转速几乎成倍变化，因此是有级调速，但它在每个转速等级运行时都和普通异步电机一样，具有硬特性，调速的稳定性好，而且初期投资不大，采用不同连接方法可获得恒转矩或恒功率调速特性，以满足不同生产机械的要求，尤其是不需要无级调速的场合，如金属切削机床、通风机、升降机等。另外，多速电动机的体积比同容量的普通笼型电动机大，电动机的价格也较贵，目前以双速或三速三相异步电动机应用较多。

3. 三相异步电动机的变频调速

变频调速是采用改变供电电源频率 f_1，从而使电动机的同步转速变化，达到调速的目的。随着变流器技术的发展，以及矢量控制、直接转矩控制等交流调速控制方法不断成熟，异步电机变频调速方法应用日渐广泛，从而从根本上解决笼型异步电机的调速问题。

由于三相异步电动机的同步转速与定子电源的频率 f_1 成正比，当异步电动机极对数一定时，改变 f_1 即可改变同步转速，达到平滑调速的目的，并可以得到很大的调速范围。以电动机的额定频率为基准频率，简称基频，变频调速时以基频为分界线，可以从基频向上调，也可以从基频向下调。同时根据控制方式的不同可分为恒转矩变频调速和恒功率变频调速。由于实际当中负载性质的不同，可选择恒转矩变频调速或恒功率变频调速以达到最优的效果。

1）$f_1 < f_N$ 时，保持 $\dfrac{U_1}{f_1}$ = 常数的变频调速

三相异步电动机定子每相电压 $U_1 \approx E_1$，气隙磁通为

$$\varPhi_{\mathrm{m}} = \frac{E_1}{4.44 f_1 N_1 k_{\mathrm{w1}}} \approx \frac{U_1}{4.44 f_1 N_1 k_{\mathrm{w1}}} \tag{5.73}$$

由式（5.73）可见，如果单独降低定子频率 f_1 而定子每相电压不变，会使 $\varPhi_{\mathrm{m}}$ 增大。当 $U_1 = U_N$、$f_1 = f_N$ 时，电动机的主磁路就已接近饱和，$\varPhi_{\mathrm{m}}$ 再增大，主磁路必然过饱和，这将使励磁电流急剧增大，铁损耗增加，$\cos\varphi$ 下降，电动机的容量也得不到充分利用。因此，在调节 f_1 的同时，改变定子电压 U_1，以维持 $\varPhi_{\mathrm{m}}$ 不变，能够保持电动机的过载能力不变，因此特别适用于恒转矩负载。

当 U_1/f_1 为常数时，忽略定子电阻 R_1 时，最大转矩 $T_{\max}$ 不变，为一常数，而临界转差率 s_{m} 与频率成反比，且最大转矩处转速降相等，也就是说不同频率下的机械特性是平行的，如图5.45所示，其中 $f_{11} > f_{12} > f_{13} > f_{14}$。当频率较低时，如 f_{14}，由于 R_1 不能忽略，则最大转矩会大为降低，为了保证电机在低速时有足够大的 $T_{\max}$，要求电压 U_1 应比 f_1 降低的比例小一些，使 U_1/f_1 的值随 f_1 的降低而增大，机械特性如图中虚线所示。

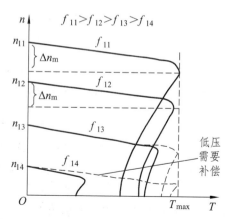 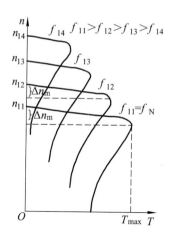

图 5.45　U_1/f_1 = 常数时的降压调频的机械特性　　图 5.46　保持 $U_1 = U_N$ 恒定升频调速的机械特性

2）$f_1 > f_N$ 时，$U = U_N$ 的恒功率变频调速

当电机在基频以上变频调速时，定子频率 f_1 大于额定频率 f_N，要保持 $\varPhi_{\mathrm{m}}$ 恒定，即 $\dfrac{U_1}{f_1} = C$ 定子电压 U_1 将高于额定值，这是不允许的，因此基频以上的变频调速时，应保持电压 U_1 为额定电压。随着频率 f_1 的增高，n 增高，磁通降低，$T_{\max}$ 和 T_{st} 也减少。其机械特性如图5.46所示，近似为恒功率调速，相当于直流电动机弱磁调速的情况。

变频调速的调速性能较好，调速范围大，一般可达 $10 \sim 12$，平滑性好，机械特性硬度不变。在实际中在交流电机中直接加变频电源（变频器）进行变频调速。变频器是实现异步电动机变频调速的关键，目前，变频器的应用已十分广泛，而且根据不同的功率都有定型的产品，可按不同的要求选用不同的变频器。

5.7.4 三相异步电动机的制动

异步电机在电动工作状态，机械特性位于第一象限和第三象限（反向电动状态），电磁转矩和转速同向；而异步电动机制动状态机械特性位于第二象限和第四象限，电磁转矩和转速反向。和直流电机制动一样，三相异步电动机制动运行的作用同样是使电力拖动系统迅速停车或稳定下放重物。按实现制动运行的条件和能量传送情况的不同，异步电动机制动也有反接制动、回馈制动和能耗制动三种类型。

1. 三相异步电动机反接制动

反接制动分为电源反接和转速反接制动两种。

1）改变电源相序的反接制动

如图 5.47（a）所示，制动前三相绕线转子异步电动机拖动反抗性恒转矩负载在固有机械特性曲线[见图 5.47（b）]的 A 点运行，为了让电动机迅速停车或反转，可将电动机定子任意两相绕组对调后接入电源，同时在转子回路中串入三相对称电阻 R_b，这种改变通入电动机定子电源相序，称为改变电源相序的反接制动。

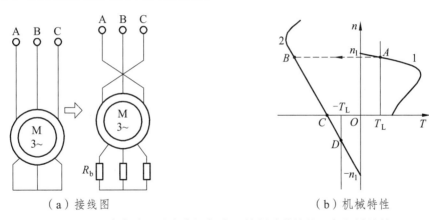

（a）接线图　　　　　　　　（b）机械特性

图 5.47　异步电动机改变电源相序反接制动的接线图与机械特性

由于定子电流的相序改变，定子旋转磁动势立即反向，以 $-n_1$ 的速度旋转。这时电动机的机械特性变为图 5.47（b）中的曲线 2，由于机械惯性，在制动瞬间，转速不能突变，电动机的运行点从 A 点平行过渡到 B 点，此时 $n>0$，$T<0$，T 与 n 反向，进入制动状态，转速沿机械特性曲线 2 迅速下降，至 C 点，反接制动过程结束。

当制动到 $n=0$ 时，即运行点到图 5.47（b）中 C 点时，若 $|T|>|T_L|$，则电动机将反向起动，最后稳定运行于 D 点，电动机工作于反向电动状态。如果采用反接制动只是为了停车，那么当 $n=0$ 时，为了不使系统反向起动，应立即断开电动机的电源。

在转子回路中串入的三相对称电阻 R_c 限制制动电流和制动转矩的大小，制动电阻 R_b 小，制动电流和制动转矩大、制动快。

2）倒拉反转反接制动

三相绕线转子异步电动机拖动位能性负载做正向电动运行，即图 5.48（b）所示 A 点以 n_A 的速度稳定提升重物。当要下放重物时，可在转子回路中串入足够大的电阻 R_c，这时电动机的机械特性变为图 5.48（b）所示的曲线 2。由于惯性，转速不能突变，电动机的运行点从固有机械特性上的 A 点平行过渡到机械特性曲线 2 上的 B 点，此时对应的电磁转矩变小 $T_B < T_L$，因此电动机从 B 点向 C 点减速。到达 C 点时，$n=0$，但因 $T<T_L$，系统反向起动，反向加速到 D 点，$T=T_L$ 为止，电动机稳定运行，以恒定的速度 n_D 下放重物。制动电阻 R_c 越小，人为机械特性的斜率越小，下放重物的速度越慢。

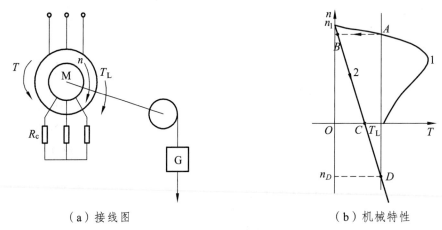

（a）接线图   （b）机械特性

图 5.48　异步电动机倒拉反转反接制动

通入电动机定子绕组的三相电源的相序是正相序，电磁转矩 T 为正，转子被位能负载转矩拖动而反转，在第Ⅳ象限稳定运行，故把它称为倒拉反转的反接制动。

改变定子电源相序反接制动的特点是同步转速由 n_1 变为 $-n_1$，因此转差率 $s = \dfrac{-n_1-n}{-n_1} > 1$。而倒拉反转反接制动的特点是同步转速为 n_1 不变，但转速 n 反向即 $n<0$，因此转差率 $s = \dfrac{n_1-(-n)}{n_1} > 1$。

2. 三相异步电动机回馈制动

回馈制动的特点是 T 与 n 的方向相反，转子转速 n 超过同步转速，此时转差率 $s<0$。反馈制动状态下电动机实际上处于发电机状态，将系统的动能转换成电能送回电网。当然，异步电机在发电过程中，仍然必须从电网吸收滞后的无功功率来建立旋转磁场。回馈制动一般出现在以下两种情况。

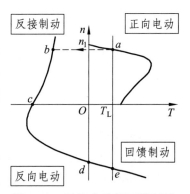

图 5.49　异步电动机回馈制动机械特性

1）重物下放的回馈制动

当改变定子电源相序的反接制动使重物下放时，其机械特性如图 5.49 所示，工作点由 b 点减速至 c 点停转。这时电动机在电磁转矩 T 及位能负载转矩 T_L 的作用下反向起动，$n<0$。至 d 点时，$n=-n_1$、$T=0$，位能负载转矩 $T_L>0$，仍为拖动转矩，转速将继续升高，电动机转速 $|n|>|n_1|$，电磁转矩改变方向成为制动转矩，直到 e 点，$T=T_L$，电动机稳定运行。此时，$n<0$、$T>0$，为制动状态。这时电动机不输出机械功率，而是重物下放时位能减少，向电动机输入机械功率，扣除转子回路电阻铜损耗后，由转子通过气隙

向定子传送电磁功率，扣除定子铜损耗后全部反馈回电网。故称为回馈制动，因为电动机的 n 为负，又称为反向回馈制动。

对于同一位能负载转矩，转子回路电阻越大，下放的速度就越快。为了避免重物下放时电动机转速太高而造成事故，转子串入的电阻不宜太大。

2）调速过程中的回馈制动

异步电动机在变极调速极对数突然增多，或者变频调速过程中供电频率突然降低较多时，都可能会出现回馈制动过程，如图 5.50 所示。图 5.50（a）所示为笼型异步电动机变频调速时的机械特性，电动机原先在固有机械特性的 a 点稳定运行，若突然把定子频率降到 f_2，电动机的机械特性将发生改变，其运行点将从 $a{\rightarrow}b{\rightarrow}c{\rightarrow}d$，最后稳定运行于 d 点。在降速过程中，电动机运行在 $b\text{-}c$ 这一段机械特性上时，转速 $n>0$，电磁转矩 $T<0$，且 $n>n_1$，所以是正向回馈制动状态。

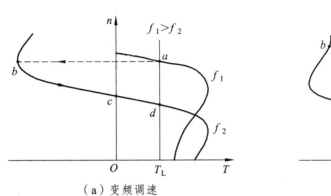
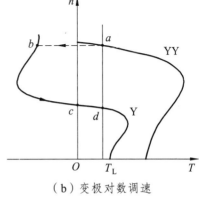

（a）变频调速　　　　　　　　　　（b）变极对数调速

图 5.50　调速过程中的回馈制动机械特性

3. 三相异步电动机能耗制动

能耗制动时，应将电机与三相电源断开而与直流电源接通。三相异步电动机能耗制动时的接线如图 5.51 所示，当电动机处于电动运行状态时，接触器 KM_1 闭合、KM_2 断开时，电动机在固有机械特性上运行。采用能耗制动停车时先将 KM_1 断开，使定子绕组脱离交流电网，同时闭合 KM_2，使定子两相绕组经限流电阻 R 接到直流电源上，此时直流电流流过定子两相绕组，在电动机气隙中建立一个位置固定、大小不变的恒定磁场，这时转子由于惯性继续旋转，转子导体切割固定磁场而产生感应电动势和电流，转子电流与气隙磁场相互作用产生的电磁转矩 T 与转速 n 的方向相反，电动机处于制动状态。

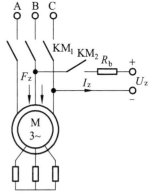

图 5.51　三相异步电动机能耗制动接线图

异步电动机通入直流电流 I_z 产生磁动势 $\bar{F}_z$ 的幅值大小与定子绕组的接法及通入 I_z 的方式有关。三相异步电动机能耗制动时，定子通入直流电流 I_z 的具体方式很多，电动机定子三相绕组又有 Y 接和 △ 接之分，不同情况下等效的交流电流 I_1 与直流电流 I_z 之间的换算关系各不相同，但只要按照等效条件（一是要保持磁动势幅值不变，即 $F_{\sim}=F_z$；二是保持磁动势与转子之间的相对转速不变，为 $0-n=-n$ ），即可用三相交流电流产生的旋转磁动势 $\bar{F}_{\sim}$ 等效代替直流磁动势 $\bar{F}_z$。

确定了等效的交流电流之后，就可以把能耗制动时的异步电动机表示为正常接线时的异步电动机。

若在一定的磁通和对应电网频率的同步转速 n_1 下，在转子内感应电动势为 E_2，转子每相电阻为 R_2，转子每相电抗为 X_2；那么转速为 n 时，则对应于转速 n 的频率下，转子电动势为 $\dfrac{n}{n_1}E_2$，转子每相电阻是 R_2 不变，转子每相电抗为 $\dfrac{n}{n_1}X_2$，励磁电抗为 X_m。

令转子相对转速率 $v=\dfrac{n}{n_1}$，可得

$$T_{em}=\frac{pm_1}{2\pi f_1}I_2'^2\frac{R_2'}{v}=\frac{pm_1}{2\pi f_1}\frac{I_1^2 X_m^2 \dfrac{R_2'}{v}}{\left(\dfrac{R_2'}{v}\right)^2+(X_m+X_2')^2} \tag{5.74}$$

式（5.74）便为能耗制动时的机械特性表达式，与电动运行状态时机械特性基本类似。能耗制动运行时的最大转矩 T_{max} 以及产生最大转矩时的相对转速率 v_m（也称临界相对转速率）为

$$\left.\begin{array}{l}T_{max}=\dfrac{pm_1}{4\pi f_1}\cdot\dfrac{I_1^2 X_m^2}{X_m+X_2'}\\[3mm]v_m=\dfrac{R_2'}{X_m+X_2'}\end{array}\right\} \tag{5.75}$$

根据式（5.74）和式（5.75）可画出能耗制动时的机械特性，如图 5.52 中曲线 1 所示。显然，能耗制动时的机械特性与定子接三相交流电压运行时的机械特性很相似，也是具有正、负最大值的曲线，而且在 $T_{em}=0$ 时，转速 $n=0$，即经过原点，这是能耗制动的一个显著特点。另外，当电动机转子电阻一定，增大直流励磁电流，最大制动转矩会增大，如图中曲线 3 所示；当电动机直流励磁电流一定，增加转子电阻时，最大制动转矩不变，对应最大制动转矩

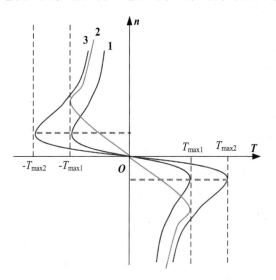

图 5.52 三相异步电动机能耗制动机械特性

的转速改变，如图中曲线 2 所示。由此可见，改变转子电阻和改变直流励磁电流的大小都可以改变初始制动转矩的大小。

5.7.5　异步电机各种运行状态小结

1. 功率关系小结

下面分析一下异步电机电动状态及各种制动方式下的功率关系，如表 5.1 所示。从功率关系看，能耗制动时电动机定子与交流电网脱离，电动机轴上的功率 $P_2 = T\Omega < 0$ 为输入功率，来自拖动系统在降速过程中减少的动能或重物下降时减少的位能，这部分机械功率经电动机转变为电功率，消耗在转子回路电阻上，因此把这种制动方法称为能耗制动，还可分为降速过程中的能耗制动为能耗制动过程，重物下降的能耗制动为能耗制动运行。

下面分析一下反接制动时能量关系，如表 5.1 所示。

表 5.1　各种制动方式下的功率关系

功率	P_{em} =	P_M +	p_{Cu2}
功率表达式	$m_1 I_2'^2 \dfrac{R_2'}{s}$ =	$m_1 I_2'^2 \dfrac{1-s}{s} R_2'$ +	$m_1 I_2'^2 R_2'$
电动状态 $0<s<1$	>0 吸收电功率	>0 发出机械功率	>0 转子电阻消耗
反接制动 $s>1$	>0 吸收电功率	<0 吸收机械功率	>0 转子电阻消耗
回馈制动 $s<0$	<0 发出电功率	<0 吸收机械功率	>0 转子电阻消耗
能耗制动	电网断开 不吸收电功率	吸收机械功率	转子电阻消耗

从表中可看出，反接制动时，电动机接受从电源吸收的电功率和电动机轴上的机械功率转换的电功率，都转变为转差功率，以发热的形式消耗在转子回路的电阻中。其中改变电源相序反接制动时，电动机轴上的机械功率是在反接制动的降速过程中由拖动系统转动部分减少的动能提供的；而在倒拉反转在制动过程中，电动机轴上的机械功率是靠重物下放时减少的位能来提供的。

绕线转子异步电动机由于在反接制动时可在转子回路中串入较大的电阻，既限制了制动电流，也减轻了电动机绕组的发热。笼型异步电动机采用反接制动，因为转子无法串接电阻，这时全部转差功率都消耗在转子绕组上，使电动机绕组严重发热，所以笼型异步电动机采用反接制动时，要考虑反接制动的次数和制动间隔的时间。

2. 三相异步电机的四象限运行

异步电机与直流电机一样，也可以根据条件在四个象限内运行，其中，Ⅰ、Ⅲ象限为电动状态，电磁转矩 T 与转速 n 同向，电磁转矩为动力矩；Ⅱ、Ⅳ象限为制动状态，电磁转矩与转速 n

反向，电磁转矩为阻力矩。图 5.53 将异步电机各种不同运行状态表示在机械特性的四个象限中。

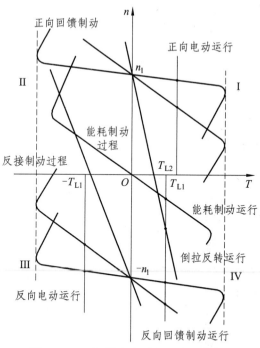

图 5.53 　三相异步电动机四象限运行

5.8 　单相异步电动机

　　单相异步电动机由单相电源供电，它广泛应用于家用电器（如电风扇、电冰箱、洗衣机、空调设备等）和医疗器械上作为原动机。

　　从结构上看，单相异步电动机与三相笼型异步电动机相似，其转子也为笼型，只是定子绕组为单相工作绕组，但通常因起动的需要，定子上除了工作绕组外，还设有起动绕组，它的作用是产生起动转矩，一般只在起动时接入，当转速达到 70%～85% 的同步转速时，由离心开关将其从电源自动切除，所以正常工作时只有工作绕组在电源上运行。但也有一些电容或电阻电动机，在运行时将起动绕组接于电源上，这实质上相当于一台两相电动机，但由于它接在单相电源上，故仍称为单相异步电动机。

5.8.1 　单相异步电动机的工作原理

　　由第 1 章可知，单相交流绕组通入单相交流电流产生脉振磁动势，这个脉振磁动势可以分解为两个幅值相等、转速相同、转向相反的旋转磁动势 $\bar{F}^+$ 和 $\bar{F}^-$，从而在气隙中建立正转和反转磁场 Φ^+ 和 Φ^-。这两个旋转磁场切割转子导体，并分别在转子导体中产生感应电动势和感应电流。该电流与磁场相互作用产生正向和反向电磁转矩 T^+ 和 T^-，T^+ 企图使转子正转；

T^- 企图使转子反转。这两个转矩叠加起来就是推动电动机转动的合成转矩 T。

不论是 T^+ 还是 T^-，它们的大小与转差率的关系和三相异步电动机的情况是一样的。若电动机的转速为 n，则对正转磁场而言，转差率 s^+ 为

$$s^+ = \frac{n_1 - n}{n_1} = s \qquad (5.76)$$

而对反转磁场而言，转差率 s^- 为

$$s^- = \frac{-n_1 - n}{-n_1} = 2 - s \qquad (5.77)$$

即当 $s^+ = 0$ 时，相当于 $s^- = 2$；当 $s^- = 0$ 时，相当于 $s^+ = 2$。

T^+ 与 s^+ 的变化关系与三相异步电动机的 $T = f(s)$ 特性相似，如图 5.54 中 $T^+ = f(s^+)$ 曲线所示。T^- 与 s^- 的变化关系如图 5.54 中的
$T^- = f(s^-)$ 曲线所示。单相异步电动机的 $T = f(s)$ 曲线是由 $T^+ = f(s^+)$ 与 $T^- = f(s^-)$ 两根特性曲线叠加而成的。由图可见，单相异步电动机有以下几个主要特点。

（1）当转子静止时，正、反向旋转磁场均以 n_1 速度和相反方向切割转子绕组，在转子绕组中感应出大小相等而相序相反的电动势和电流，它们分别产生大小相等而方向相反的两个电磁转矩，使其合成的电磁转矩为零。即起动瞬间，$n = 0$，$s = 1$，$T = T^+ + T^- = 0$，说明单

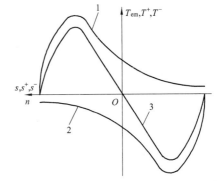

1—$T^+ = f(s^+)$ 曲线；2—$T^- = f(s^-)$ 曲线；3—$T = f(s)$ 曲线。

图 5.54　单相异步电动机 T-s 曲线

相异步电动机无起动转矩，如不采取其他措施，电动机不能起动。由此可知，三相异步电动机电源断一相时，相当于一台单相异步电动机，故不能起动。

（2）当 $s \neq 1$ 时，$T \neq 0$，且 T 无固定方向，它取决于 s 的正负。若用外力使电动机转动起来，s^+ 或 s^- 不为 1 时，合成转矩不为零，这时若合成转矩大于负载转矩，则即使去掉外力，电动机也可以旋转起来。因此单相异步电动机虽无起动转矩，但一经起动便可达到某一稳定转速工作，而旋转方向则取决于起动瞬间外力矩作用于转子的方向。

由此可知，三相异步电动机运行中断一相，电机仍能继续运转，但由于存在反向转矩，使合成转矩减小，当负载转矩 T_L 不变时，使电动机转速下降，转差率上升，定、转子电流增加，从而使得电动机温升增加。

（3）由于反向转矩的作用，使合成转矩减小，最大转矩也随之减小，故单相异步电动机的过载能力较低。

5.8.2　单相异步电动机的主要类型

为了使单相异步电动机能够产生起动转矩，在起动时，需在电动机内部形成一个旋转磁场。根据获得旋转磁场方式的不同，单相异步电动机可分为分相电动机和罩极电动机两大类。

1. 分相电动机

在分析交流绕组磁动势时曾得出一个结论，只要在空间不同相的绕组中通入时间上不同相的电流，就能产生一旋转磁场，分相电动机就是根据这一原理设计的。

分相式电动机的定子上有两个绕组，一个是工作绕组，另一个是起动绕组，两个绕组的轴线在空间上相差90°电角度，电动机起动时，工作绕组和起动绕组接到同一个单相交流电源上，为了使两个绕组中的电流在时间上有一定的相位差（即分相），需在起动绕组中串入电容器或电阻器，也可以使起动绕组本身的电阻远大于工作绕组的电阻，因此，分相式电动机又可分为电阻分相电动机和电容分相电动机两种类型。

电容分相式电动机的起动绕组串联一个电容器后再与工作绕组并联，接入单相交流电源，如图 5.55 所示。电容器的大小最好能使起动绕组中的电流较工作绕组中的电流超前 90°电角度，以便获得较大的起动转矩。如果起动绕组是按短时运行方式设计的，长时间通电就会因过热而损坏。由此，当转速达到同步转速的 70% ~

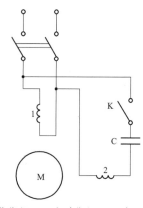

1—工作绕组；2—起动绕组；K—离心式开关；
C—电容器。

图 5.55 电容分相式单相异步电动机原理图

80%时，利用离心开关将起动绕组断开。这种电机叫作电容起动电动机。如果起动绕组是按持续工作设计的，就可以在起动结束后继续接在电路中与工作绕组并联工作，这种电机叫作电容运转电动机或电容电动机，从供电电源看，它是单相异步电动机，但从两个绕组中电流的相位看也可以说它是两相异步电动机。

单相异步电动机的旋转方向决定于起动时两个绕组合成磁动势的旋转方向，改变合成磁动势的旋转方向就可以改变单相异步电动机的旋转方向。为此，可以将起动绕组（或工作绕组）的两个出线端子的接线对调。

单相电容分相式电动机的起动性能和运行性能都比其他型式的单相异步电动机要好，起动转矩、过载能力和功率因数都比较高。

如果不用电容器，而在起动绕组电路中串联电阻器，或用电阻较大的导线绕制起动绕组，也可以达到分相的目的，但这时两绕组中电流的相位差达不到 90°电角度。因此，这种电机中除了正向旋转磁动势以外，还存在着一定的反向旋转磁动势，所以电机的电磁转矩较小、起动电流较大，性能较差，但价格比较便宜。

2. 罩极式电动机

罩极式电动机的转子也是笼型的，定子大多数做成凸极式的，由硅钢片叠压而成。定子磁极极身套装有集中的工作绕组，在磁极极靴表面一侧约占 1/3 的部分开一个凹槽，凹槽将磁极分成大小两部分，在较小的部分套装一个短路铜环，如图 5.56 所示。

罩极式电动机的工作绕组接通单相交流电源以后，产生的脉动磁通分为两部分，其中，$\dot{\Phi}_A$ 不穿过短路环直接进入气隙，$\dot{\Phi}_B$ 穿过短路环进入气隙。当 $\dot{\Phi}_B$ 在短路环中脉振时，短路环中就会产生感应电动势，短路环电流 $\dot{I}_k$ 产生磁通 $\dot{\Phi}_k$，因而穿过罩极部分的磁通 $\dot{\Phi}_B'$ 为 $\dot{\Phi}_B$ 和 $\dot{\Phi}_k$ 所合成，即 $\dot{\Phi}'_B = \dot{\Phi}_B + \dot{\Phi}_k$，如图 5.57 所示。这样，磁通 $\dot{\Phi}_A$ 与 $\dot{\Phi}'_B$ 不仅在空间的位置不同，而且在时间上也有一定的相位差，$\dot{\Phi}_A$ 超前于 $\dot{\Phi}'_B$，看起来就像磁场从没有短路环的部分向着有短路环的部分连续移动，这样的磁场叫作移行磁场。移行磁场与旋转磁场的作用相似，能够使转子产生起动转矩。罩极电动机总是由磁极没有短路环的部分向着有短路环的部分旋转，它的旋转方向不能改变。

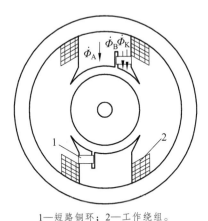

1—短路铜环；2—工作绕组。

图 5.56　凸极式罩极电动机

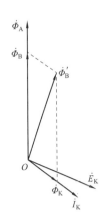

图 5.57　罩极电动机的相量图

　　这种罩极式电机的起动转矩小，制造容量一般为几瓦或几十瓦。由于它结构简单、制造方便，多用于小型电风扇等日用电器中。

　　罩极式电机除了凸极式的以外，还有隐极式的，这种电机的定子铁芯与三相异步电动机的一样，定子槽中嵌放着两套分布绕组，即工作绕组和罩极绕组（即起动绕组）。罩极绕组一般只有 2 ~ 6 匝，它的导线较粗且自行短路，罩极绕组的轴线与工作绕组的轴线错开一定角度，它的作用与短路环相同。这种电机的转向也是从工作绕组的轴线转向短路绕组的轴线。这种结构的罩极式电动机也只能轻载起动，而且过载能力很小，多用于拖动小型鼓风机。

本章小结

　　异步电机的空载和负载运行是三相异步电机原理的核心部分，从电磁关系看，异步电机和变压器十分类似，因此分析方法和技巧都可以参考变压器的学习过程。但是异步电机和变压器也有着本质的区别，最主要的区别：异步电机磁动势是三相合成旋转磁动势，变压器则是脉振磁动势；异步电机转子电流频率 $f_2 = sf_1$，既与定子电源频率有关，又与转子转速有关，而变压器一次侧、二次侧频率相同；变压器只作能量传递，而异步电机则是能量转换。

1. 异步电机负载运行

　　三相异步电机无论是在转子静止还是在转子旋转的情况下，转子电流频率都为 $f_2 = sf_1$，转子都会产生旋转磁动势 $\bar{F}_2$，且与定子磁动势 $\bar{F}_1$ 保持空间相对静止，即共同形成磁动势平衡关系，$\vec{F}_1 = \vec{F}_m + (-\vec{F}_2)$）。另外，可参考变压器，规定正方向，考虑定、转子漏阻抗压降，列出异步电机的基本方程，建立其数学模型。

2. 三相异步电机 T 型等效电路、相量图

由于定、转子绕组频率不同，所以先要作频率折算，即用静止的等效转子去代替实际转子，在符合折算条件的前提下，引入附加电阻 $\dfrac{1-s}{s}R_2$，这个电阻上消耗的功率实际上是电动机输出的机械功率。然后再作绕组折算，即用一个与定子绕组参数相同的绕组来等效转子绕组，由此可使得原本通过磁耦合的定子侧电路和转子侧电路实现电路的连接，即形成异步电机的 T 形等效电路。利用该等效电路可以方便地求出电动机各电磁量，也可以方便地分析异步电机不同运行状态下的电磁关系、能量关系，在参数测量的两个实验中，也需要结合等效电路来对试验数据进行整理、分析和计算。另外，通过等效电路或方程还可以得到异步电机的相量图，图中各电磁量的相位关系一目了然，有助于更好地理解异步电机的电磁关系。

3. 三相异步电机的工作特性

异步电动机的工作特性是指电动机在额定电压、额定频率下运行时，电动机的转差率 s（或转速 n）、效率 η、功率因数 $\cos\varphi_1$、定子电流 I_1 和输出转矩 T_2 与输出功率 P_2 之间的关系曲线。这些曲线可以通过对异步电动机加负载直接测得，也可以利用等效电路法进行计算。工作特性反映了电动机的运行情况，是我们合理使用异步电动机的一个依据。

4. 三相异步电机拖动

习　题

一、选择题

1. 国产额定转速为 1450 r/min 的三相异步电动机为（　　　）极电动机。
    A. 2   B. 4   C. 6   D. 8

2. 三相异步电机的额定功率是指（　　　）。
    A. 输入的视在功率   B. 输入的有功功率
    C. 产生的电磁功率   D. 输出的机械功率

3. 下列关于转差率与电机状态说法正确的是（　　　）。
    A. $0<n<n_1$ 时，转差率 $s>1$，电机处于电动机状态
    B. 当转差率 $s<0$ 时，电机处于发电机状态
    C. 当电机处于电动机状态时，转子输入机械功率，定子输出电功率
    D. 当转子转向与同步转速方向相反时，$s>1$，电机处于电磁制动状态

4. 三相异步电动机气隙增大，其他条件不变，则空载电流（　　　）。

A. 不变　　　　　　　　　　　　　B. 减小

C. 增大　　　　　　　　　　　　　D. 不能确定

5. 三相异步电动机转子为不同转速时，定、转子合成基波磁动势转速（　　）。

A. 不变　　　　　　　　　　　　　B. 变化

C. 可能变，也可能不变　　　　　　D. 不能确定

6. 异步电机在____时转子感应电流的频率最低，____时转子感应电流的频率最高。

A. 起动、空载　　　　　　　　　　B. 空载、堵转

C. 额定、起动　　　　　　　　　　D. 堵转、额定

7. 下列关于异步电机旋转磁场说法正确的是（　　）。

A. 旋转磁场的转速与供电频率成正比

B. 气隙中的旋转磁场仅由定子旋转磁场 F_1 决定，与转子旋转磁场 F_2 无关

C. 通过增大电压的幅值可以改变旋转磁场的转向

D. 旋转磁场与电机转子之间的差值称为转差率

8. 笼型三相异步电动机额定状态下转速下降10%，则转子电流产生的旋转磁动势相对于定子的转速（　　），相对于转子的转速（　　）。

A. 上升约10%　　　B. 下降约10%　　　C. 不变

9. 下列关于异步电机折算的说法不正确的是（　　）。

A. 异步电机 T 形等效电路的获取一般需要通过频率折算和绕组折算两个步骤

B. 频率折算相当于用一个静止的转子等效旋转的转子

C. 绕组折算是用一套与定子绕组完全相同的等效转子绕组来代替实际额转子绕组

D. 频率折算后，电阻变为 R_2'/s，其上的功率表示机械功率

10. 三相感应电动机等效电路中的附加电阻 $\dfrac{(1-s)}{s}R_2'$ 上所消耗的电功率应等于（　　）。

A. 输出功率 P_2　　　　　　　　　B. 输入功率 P_1

C. 电磁功率 P_{em}　　　　　　　　D. 总机械功率 P_{mec}

11. 三相异步电动机的功率因数（　　）。

A. 总是滞后　　　　　　　　　　　B. 总是超前

C. 可能超前，也可能滞后　　　　　D. 不能确定

12. 一台三相异步电动机运行在 $s=0.02$ 时，由定子通过气隙传递给转子的功率中有（　　）。

A. 2%是电磁功率　　　　　　　　B. 2%是总机械功率

C. 2%是机械损耗　　　　　　　　D. 2%是转子铜耗

13. 下列关于异步电机电磁转矩说法正确的是（　　）。

A. 在额定电压及频率情况下，随着电机转速不断提高，电磁转矩会不断降低

B. 电磁转矩与电压 U 成正比

C. 电动状态下，存在电磁转矩最大值

D. 改变绕线式转子的电阻，可以提高电机的最大负载能力

14. 关于三相异步电机最大电磁转矩说法正确的是（　　）。

A. 与转子电阻成正比

B. 与电压 U_1 的平方成正比

    C. 取得最大转矩时的转差率为临界转差率

    D. 负载超过最大转矩，转速会降低甚至停转

15. 普通异步电机直接起动时，起动电流比额定电流_____，起动转矩_____。（   ）

    A. 增加很多/增加不多   B. 增加很多/增加很多

    C. 增加不多/增加很多   D. 增加不多/增加不多

16. 与普通三相感应电动机相比，深槽、双笼型三相感应电动机正常工作时，性能差一些，主要是（   ）。

    A. 由于 R_2 增大，增大了损耗   B. 由于 X_2 减小，使无功电流增大

    C. 由于 X_2 的增加，使 $\cos\varphi_2$ 下降   D. 由于 R_2 减少，使输出功率减少

17. 关于异步电机制动方法描述正确的有（   ）。

    A. 反接制动时，转速与同步转速方向相反，$s>1$

    B. 能耗制动时，只需要将异步电机断电即可

    C. 绕线式转子串电阻调速、变频调速等调速方法在调速过程中有可能进入回馈制动状态

    D. 位能性负载倒拉反转状态属于反接制动

二、判断题

1. 异步电机根据转子机构不同可分为笼型异步电机和绕线型异步电机。（   ）

2. 三相异步电动机正常运行时的转差率一般都比较大，达到 0.5 以上。（   ）

3. 在机械和工艺容许的条件下，异步电动机的气隙越小越好。（   ）

4. 异步电动机空载运行时功率因数很高。（   ）

5. 一台三相异步电机，定子施加 50 Hz 交流额定电压。如果将气隙长度加大，则空载电流将减小。（   ）

6. 一台三相异步电机，定子施加 50 Hz 交流额定电压。如果将定子每相有效匝数减少，则每极磁通量 $\varPhi_m$ 将增大。（   ）

7. 定、转子磁动势相对静止是一切电动机能正常运行的必要条件。（   ）

8. 三相异步电机在转子静止状态下，转子绕组电流频率与定子绕组电流频率相同。（   ）

9. 三相异步电机 T 形等效电路中的 $\dfrac{1-s}{s}R_2'$ 代表的是机械损耗。（   ）

10. 笼型异步电机的相数与转子导条数有关，转子极对数与转子导条数无关。（   ）

11. 对于异步电动机，转差功率就是转子铜耗。（   ）

12. 三相异步电机稳态运行时，功率因数随负载增大而增大。（   ）

13. 三相异步电机可以在最大转矩下长期运行。（   ）

14. 异步电动机的负载转矩在任何时候都绝不可能大于额定转矩。（   ）

三、问答题

1. 异步电动机的异步指什么？为什么又叫感应电动机？

2. 异步电动机的转速一定低于同步转速吗？什么叫转差率？如何由转差率的大小范围来判断异步电动机的运行情况？

3. 一台三相 4 极异步电机，请指出电机分别以 625 r/min 提升重物、以 370 r/min 下放重物、以 1527 r/min 下放重物时处于何种运行状态？电磁转矩分别是什么性质的？

4. 当异步电动机运行时，定子电动势的频率是多少？转子电动势的频率为多少？由定子电流的产生的旋转磁动势以什么速度截切定子，又以什么速度截切转子？由转子电流的产生的旋转磁动势以什么速度截切转子，又以什么速度截切定子？它与定子旋转磁动势的相对速度是多少？

5. 感应电机中，主磁通和漏磁通的性质和作用有什么不同？

6. 异步电动机的气隙为什么要尽可能地小？它与同容量变压器相比，为什么空载电流较大？

7. 说明转子绕组折算和频率折算的意义，折算是在什么条件下进行的？

8. 异步电动机等效电路中的附加电阻 $\dfrac{1-s}{s}R_2'$ 的物理意义是什么？能否用电感或电容来代替，为什么？

9. 异步电动机等效电路中的励磁阻抗的物理意义是什么？额定电压下电动机从空载到满载，励磁阻抗有何变化？

10. 说明异步电动机轴机械负载增加时，定、转子各物理量的变化过程怎样？

11. 为什么说异步电动机的功率因数总是滞后的，而变压器呢？

12. 异步电动机在起动和空载运行时，为什么功率因数很低？当满载运行时，功率因数会提高？

13. 什么是异步电机的可变损耗和不变损耗？不变损耗是始终不变吗？

14. 异步电动机带额定负载运行时，且负载转矩不变，若电源电压下降过多，对电动机的 T_{max}、T_{st}、Φ_1、I_1、I_2、s 及 η 有何影响？

15. 通常的绕线式异步电动机如果：（1）转子电阻增加；（2）转子漏抗增加；（3）定子电压大小不变，而频率由 50 Hz 变为 60 Hz，各对最大转矩和起动转矩有何影响？

16. 增大异步电动机的气隙对空载电流、漏抗、最大转矩和起动转矩有何影响？

17. 普通鼠笼异步电动机在额定电压下起动，为什么起动电流很大，而起动转矩却不大？

四、计算题

1. 一台三相异步电动机，$P_N = 4.5$ kW，Y/△接线，380/220 V，$\cos\varphi_N = 0.8$，$\eta_N = 0.8$，$n_N = 1450$ r/min。试求：

（1）接成 Y 形或△形时的定子额定电流；

（2）同步转速 n_1 及定子磁极对数 p；

（3）带额定负载时转差率 s_N；

（4）转子侧电流的频率。

2. 一台三相异步电动机，额定运行时电压为 380 V，电流为 6.5 A，输出功率为 3 kW，转速为 1430 r/min，功率因数为 0.86，求该电动机额定运行时的效率、转差率和输出转矩。

3. 已知某电动机 $P_N = 22.5$ kW，$U_{1N} = 380$ V，$n_N = 1460$ r/min，$r_1 = 0.27$ Ω，$X_1 = 0.39$ Ω，$r_2' = 0.24$ Ω，$X_2' = 0.46$ Ω，若在异步电动机转子电路中每相接近折合值为 1.2 Ω 的电阻，而在其定子电路中接入 0.75 Ω 的电抗，则在负载为而定负载转矩是转速为多少？

4. 有一台笼形感应电动机，Y 接法，其空载和短路实验数据如下：

空载实验：$U_{10} = U_N = 380$ V，$I_{10} = 3.38$ A，$P_{10} = 272$ W，$p_{mec} = 60$ W；

短路实验：$U_{1k} = 95$ V，$I_{1k} = I_N = 6.7$ A，$P_{1k} = 357$ W。

已知定子每相电阻 $R_1 = 1.73$ Ω，试求 T 形等效电路中的参数，并画出 T 形等效电路。

5. 有一台三相、4 极笼形感应电动机，额定电压 $U_N = 380$ V（定子△接），额定转速 $n_N = 1452$ r/min，定子每相电阻 $R_1 = 1.33$ Ω，漏抗 $X_{1\sigma} = 2.43$ Ω。转子绕组归算值 $R_2' = 1.12$ Ω，漏抗 $X_{2\sigma}' = 4.4$ Ω。励磁阻抗 $R_m = 7$ Ω，$X_m = 90$ Ω。电动机的机械损耗 $p_{mec} = 100$ W，额定负载时的杂散损耗 $p_\triangle = 50$ W。用 T 形等效电路计算额定转速时电动机的定子电流、转子电流、功率因数以及输入功率、输出功率和效率。

6. 一台三相异步电机运行时，转差率 s 为 0.03，输入功率 P_1 为 60 kW，定子总损耗 p_{Fe} 和 p_{Cu1} 总共 1 kW。求该电机的电磁功率 P_{em}、机械功率 P_M 和转子铜耗 p_{Cu2}。

7. 一台 6 极异步电动机，额定功率 $P_N = 28$ kW，$U_N = 380$ V，$f_1 = 50$ Hz，$n_N = 950$ r/min，额定负载时，$\cos\varphi_1 = 0.88$，$p_{Cu1} + p_{Fe} = 2.2$ kW，$p_{mec} = 1.1$ kW，$p_{ad} = 0$，计算在额定时的 s_N、p_{Cu2}、η_N、I_1 和 f_2。

8. 一台 4 极异步电动机，额定功率 $P_N = 5.5$ kW，$f_1 = 50$ Hz，在某运行情况下，自定子方面输入的功率为 6.32 kW，$p_{Cu1} = 341$ W，$p_{Cu2} = 237.5$ W，$p_{Fe} = 167.5$ W，$p_{mec} = 45$ W，$p_{ad} = 29$ W，试绘出该电机的功率流程图，标明电磁功率、总机械功率和输出功率的大小，并计算在该运行情况下的效率、转差率、转速及空载转矩、输出转矩和电磁转矩。

9. 一台绕线式异步电机，极对数 $p = 2$，额定转速 1485 r/min。转子每相电阻 $r_2 = 0.03$ 欧，若电源电压和频率不变，电机电磁转矩不变，要使电机转速降至 1050 r/min，需要每相串联多少电阻？

10. 已知某三相异步电动机 $P_N = 250$ kW，$n_N = 990$ r/min，起动转矩倍数 $k_{st} = 1.9$，过载能力 $k_m = 2.0$。求：

（1）额定转差率；

（2）在额定电压下起动转矩和最大转矩；

（3）当电网电压降为额定电压 85%时，该电动机的起动转矩和最大转矩。

第 5 章习题参考答案

第6章　同步电机

【学习指导】

1. 学习目标

（1）掌握同步电机基本原理与结构；

（2）掌握同步电机电枢反应；

（3）掌握同步电动机电动势平衡方程、相量图；

（4）掌握同步电动机功率关系、功角特性、功率因数调节特性；

（5）掌握同步电动机的起动；

（6）掌握同步发电机的特性；

（7）掌握同步发电机并网运行；

（8）了解同步发电机不对称运行。

2. 学习建议

本章学习时间总共 13 ~ 14 小时，其中：

6.1 节建议学习时间：1 小时；

6.2 节建议学习时间：2 小时；

6.3 节建议学习时间：2 小时；

6.4 节建议学习时间：2 小时；

6.5 节建议学习时间：1 小时；

6.6 节建议学习时间：0.5 小时；

6.7 节建议学习时间：1 小时；

6.8 节建议学习时间：2 小时；

6.9 节建议学习时间：1 小时；

6.10 节建议学习时间：1 小时。

3. 学习重难点

（1）同步电动机磁场分析、电枢反应、双反应理论；

（2）同步电动机的平衡方程、相量图；

（3）同步电动机的功角特性；

（4）同步电动机运行的静态稳定问题；

（5）同步电动机的功率因数调节特性。

同步电机是交流电机的一种，根据用途可以分为同步发电机、同步电动机和同步补偿机三类。

同步发电机应用广泛，全世界的交流电能大部分由同步发电机提供的。目前，电力系统中运行的发电机都是三相同步发电机。

同步电动机的应用范围不如异步电动机广泛，但由于可以通过调节其励磁电流来改善电网的功率因数，因而，在不需要调速的低速大功率机械中也得到了较广泛的应用。随着变频技术的不断发展，同步电动机的起动和调速问题都得到了解决，从而进一步扩大了应用范围。

同步补偿机实质上是接在交流电网上空载运行的同步电动机，其作用是从电网吸取超前的无功功率来补偿其他电力用户从电网吸取的滞后无功功率，以改善电网的功率因数。

6.1　同步电机基本原理与结构

6.1.1　同步电机基本原理

图 6.1 所示为三相同步电机的原理示意图，转子上装有直流励磁绕组，定子装有对称三相交流绕组。直流转子绕组又称为励磁绕组，定子绕组称为电枢绕组。

直流励磁磁动势随转子旋转，而当对称三相电流流过定子对称三相绕组时，将在空气隙中产生旋转的电枢磁动势。因此，三相同步电机运行时存在两个旋转磁场：定子旋转磁场和转子旋转磁场，两个磁场转速相等，当这两个磁场的空间位置不同时，由于磁极间同性相斥、异性相吸的原理，它们之间便会产生相互作用的电磁力。

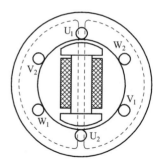

图 6.1　三相同步电机的原理示意图

由于负载的影响，定子磁场和转子磁场之间的相对位置是不同的。这个相对位置决定了同步电机的运行方式。当同步电机的转子在原动机的拖动下，转子磁场顺着旋转方向超前于电枢磁场运行时，定子磁场作用到转子上的转矩是制动转矩，原动机只有克服电磁转矩才能拖动转子旋转。这时，电机转子从原动机输入机械功率，从定子输出电功率，则同步电机工作于发电机运行方式。反之，当转子磁场顺着旋转方向滞后于定子磁场运行时，转子会受到与其转向相同的电磁转矩的作用。这时，电枢磁场作用到转子上的转矩是拖动转矩，转子拖动外部机械负载旋转，则同步电机工作于电动机运行方式。

6.1.2　同步电机基本结构

同步电机按其结构型式可分为旋转电枢式和旋转磁极式两种，如图 6.2 和图 6.3 所示。

转子内部电路与外部静止电路需要利用滑动接触（滑环）将电功率导入或者引出。由于同步电机的电枢功率极大，电压较高，因而不容易实现。励磁绕组的电功率与电枢的电功单相比较小，励磁电压通常又较低，因此采用旋转磁极，通过滑环为励磁绕组供电的方式相对容易，同步电机的基本结构形式是旋转磁极式，旋转电枢式只适用于小容量同步电机。

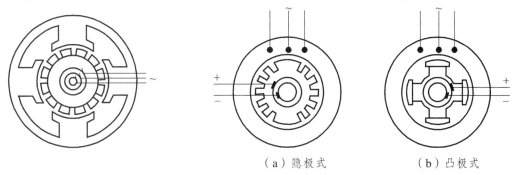

（a）隐极式   （b）凸极式

图 6.2   旋转电枢式同步电机   图 6.3   旋转磁极式同步电机

本章以旋转磁极式同步电机作为分析对象。

同步电机的基本结构与直流电机和异步电机相同，都是由定子与转子两大部分组成。

1. 定 子

同步电机定子与异步电机定子结构基本相同，由铁芯、电枢绕组、机座以及端盖等结构部件组成。

定子铁芯是构成磁路的部件，一般采用硅钢片叠装而成，以减少磁滞和涡流损耗。定子冲片分段叠装，每段之间有通风槽片，以构成径向通风。大型同步电机由于尺寸太大，硅钢片常被制成扇形冲片，然后组装成圆形。

定子绕组为三相对称交流绕组，一般采用双层短距绕组，嵌装在定子槽内。

定子机座用于安放定子铁芯和电枢绕组，并构成所需的通风路径，作为支承部件要求它有足够的刚度和强度。大型同步电机的机座都采用钢板焊接结构。

端盖的作用与异步电机相同，将电机本体的两端封盖起来，并与机座、定子铁芯和转子一起构成电机内部完整的通风系统。

2. 转 子

同步电机转子由转子铁芯、转轴、绕组和滑环等组成。转子结构根据磁极形状又可分为隐极和凸极两种型式。

隐极式转子如图 6.3（a）所示，转子呈圆柱形，无明显的磁极。隐极式转子的圆周上开槽，槽中嵌放分布式直流励磁绕组。隐极式转子的机械强度高，故多用于高速同步电机，如汽轮发电机。转子铁芯是汽轮发电机最关键的部件之一，它既是转子磁极的主体，也是巨大离心力的受体，因此要求它兼备高导磁性能和高机械强度。转子铁芯一般采用铬镍钼合金钢锻制而成，并与转轴锻为一个整体。隐极电机的气隙是均匀的，圆周上各处的磁阻相同。

凸极式转子如图 6.3（b）所示，结构比较简单，磁极形状与直流机相似，磁极上装有集中式直流励磁绕组。凸极式转子制造方便，容易制成多极，但是机械强度低，多用于中速或低速的场合，如水轮发电机或柴油发电机。凸极电机的气隙是不均匀的，圆周上各处的磁阻各不相同，在转子磁极的几何中线处气隙最大，磁阻也大。

习惯上我们称转子绕组的轴线为直轴，用符号 d 表示，两极之间的中线称为交轴，用符号 q 表示。

如图 6.4 所示，凸极式转子磁极表面都装有类似笼型异步电机转子的短路绕组，由嵌入磁极表面的若干铜条组成，这些铜条的两端用短路环连接起来。此绕组在同步发电机中起到了抑制转子机械振荡的作用，称为阻尼绕组；在同步电动机中主要作起动绕组使用，同步运行时也起稳定作用。

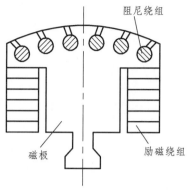

图 6.4 凸极式转子磁极与绕组

6.1.3 同步电机励磁方式和冷却方式

1. 励磁方式

同步电机的直流励磁电流需要从外部提供，供给同步电机励磁电流的装置称为励磁系统，获得励磁电流的方法称为励磁方式。励磁系统是同步电机的重要组成部分，按照所采用的整流装置不同，励磁系统可以分为以下几种：

（1）直流发电机励磁系统。

这是传统的励磁系统，由装在同步电机转轴上的小型直流发电机供电。这种专供励磁的直流发电机称为励磁机。直流励磁机多采用他励或永磁励磁方式，且与同步发电机同轴旋转，输出的直流电流经电刷、滑环输入同步发电机转子励磁绕组。

（2）静止整流器励磁系统。

这种励磁方式是将同轴的交流励磁机（小容量同步发电机）或者主发电机发出的交流电经过静止的整流装置变换成直流电后，由集电环引入主发电机励磁绕组供给所需的直流励磁。与传统直流系统相比，其主要区别是变直流励磁机为交流励磁机，从而解决了换向火花问题。

（3）旋转整流器励磁系统。

这种励磁方式是将同轴交流励磁机做成旋转电枢式，并将整流器装置固定在此电枢上一起旋转，组成了旋转整流器励磁系统，将交流励磁发电机输出的交流电整流后，直接供给励磁绕组。这种励磁方式完全省去集电环、电刷等滑动接触装置，成为无刷励磁系统，在大容量发电机中得到广泛应用。

2. 冷却方式

随着单机容量的不断提高，大型同步电机的发热和冷却问题日趋严重，冷却方式也不断改进。同步电机的冷却方式主要有以下几种：

（1）空气冷却。

空气冷却主要采用内扇式轴向和径向混合通风系统，适用于容量为 50 MW 以下的汽轮发电机。为确保运行安全，要求整个空气系统应是封闭的。

（2）氢气冷却。

氢气冷却的效果明显优于空气冷却，在汽轮发电机中被广泛应用，并从外冷式发展为内冷式，即定、转子导线做成空心的，直接将氢气压缩进导体带走热量。应用中要注意解决的是防漏和防爆问题。

（3）水冷却。

水的冷却效果又优于氢气冷却。主要方式为内冷式，并且以定子绕组内冷的应用为多，但面临泄漏和积垢堵塞问题。虽然全氢冷有很理想的冷却效果，但定子绕组用水内冷，定、转子铁芯氢外冷，转子励磁绕组用氢内冷的混合冷却方式"水氢氢"更为经济，应用也较多。

（4）超导发电机。

这是彻底解决电机发热和冷却问题的必经之路。其进展很快，关键技术问题，如强磁场、高电密、高温交流超导线材的制备等，有望在近年内取得突破。

6.1.4　同步电机额定值

同步电机主要的额定运行数据主要有以下几个。

（1）额定电压 U_N：正常运行时定子三相绕组的线电压，单位为 V 或者 kV。

（2）额定电流 I_N：额定运行时流过定子绕组的线电流，单位为 A。

（3）额定功率因数 $\cos\varphi_N$：额定运行时电机的功率因数。

（4）额定容量 S_N：出线端的额定视在功率，单位为 kV·A 或者 MV·A。

$$S_N = \sqrt{3}U_N I_N \tag{6.1}$$

（5）额定功率 P_N：对于发电机，是指输出的额定有功功率，单位为 kW 或者 MW。

$$P_N = S_N \cos\varphi_N = \sqrt{3}U_N I_N \cos\varphi_N \tag{6.2}$$

对于电动机，额定功率是电动机轴上输出的额定机械功率，有

$$P_N = S_N \cos\varphi_N \eta_N = \sqrt{3}U_N I_N \cos\varphi_N \eta_N \tag{6.3}$$

（6）额定频率 f_N：额定运行时的频率，我国规定标准工频为 50 Hz。

（7）额定转速 n_N：额定运行时同步电机的转速。

（8）额定效率 η_N：额定运行时的电机效率。

此外，电机铭牌还常列出额定励磁电压 U_{fN}、额定励磁电流 I_{fN}、额定温升等参数。

6.2　同步电机磁场分析——电枢反应

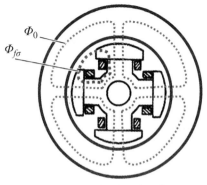

6.2.1　同步电机的空载磁场

同步发电机被原动机拖动到同步转速，转子励磁而定子绕组开路时，称为空载运行。空载时，定子绕组电流为零，气隙中仅存在着励磁电流 I_f 单独产生的磁动势 F_f 和以机械方式旋转的磁场，称为励磁磁动势和励磁磁场。图 6.5 所示为凸极同步发电机空载运行时励磁磁场分布图。

图 6.5　凸极同步电机的空载磁场

    由图 6.5 可见，空载磁场的励磁磁通可以分为主磁通 Φ_0 和主极漏磁通 $\Phi_{f\sigma}$ 两部分。通过气隙并与定子转子绕组都交链的磁通称为主磁通 Φ_0，它参与定子转子之间的机电能量转换；只交链励磁绕组而不与定子绕组相交链的磁通称为主极漏磁 $\Phi_{f\sigma}$。通过选取同步电机的结构参数，可以使气隙磁场分布波形接近于正弦。

    设转子的转速为 n，则主磁通 Φ_0 切割定子绕组感应出频率 $f = pn/60$ 的对称三相基波电动势，称为空载感应电动势 $\dot{E}_0$（也称为励磁电动势），有效值为

$$E_0 = 4.44 fNk_{w1}\Phi_0 \tag{6.4}$$

6.2.2   对称三相负载时同步电机的电枢反应

    同步电机空载时，空气隙中只存在直流励磁的旋转磁场，该磁场单独产生基波主磁通 Φ_0，在定子（电枢）绕组中感应空载电动势 E_0。但是，当电机接三相对称负载后，定子三相对称绕组流过三相对称电流会产生一个与转子同步旋转的圆形旋转磁动势 $\bar{F}_a$。此时，电机气隙中存在两个磁动势：电枢磁动势 $\bar{F}_a$ 和励磁磁动势 $\bar{F}_f$，空气隙中的合成磁动势 $\bar{F}_\delta$ 将由 $\bar{F}_a$ 和 $\bar{F}_f$ 共同建立，从而使气隙磁场以及定子绕组中的感应电动势发生变化。这种现象称为电枢反应。

1. 相关术语

    为便于分析，我们先定义几个概念。

    （1）内功率因数角 Ψ：同步电机电枢电流 $\dot{I}$ 和空载电动势 $\dot{E}_0$ 之间的相位角。$\Psi = 0$ 时，$\dot{I}$ 与 $\dot{E}_0$ 同相；$\Psi > 0$ 时，电流 $\dot{I}$ 滞后于 $\dot{E}_0$；$\Psi < 0$ 时，$\dot{I}$ 超前于 $\dot{E}_0$。

    电枢反应的性质取决于电枢磁动势 $\bar{F}_a$ 与励磁磁动势 $\bar{F}_f$ 的空间相对位置，由于励磁磁动势感应出的空载电动势 $\dot{E}_0$ 滞后励磁磁通 Φ_0 90°，定子电流 $\dot{I}$ 产生电枢磁动势 $\bar{F}_a$，所以 Ψ 能够反映电枢磁动势 $\bar{F}_a$ 与励磁磁动势 $\bar{F}_f$ 的相位关系，判断电枢反应的性质。

    （2）外功率因数角 φ：端电压 $\dot{U}$ 和负载电流 $\dot{I}$ 之间的相位角。

    （3）功角 θ：空载电动势 $\dot{E}_0$ 和端电压 $\dot{U}$ 之间的夹角。有 $\Psi = \varphi + \theta$（电感性负载）。

    （4）直轴（d 轴）：主磁极轴线（横轴）为直轴。

    （5）交轴（q 轴）：转子相邻磁极轴线间的中心线为交轴（纵轴），与直轴（d 轴）正交。

2. 交轴电枢反应（ $\dot{I}$ 与 $\dot{E}_0$ 同相或反相）

    如图 6.6 所示，当定子磁动势 $\bar{F}_a$ 与励磁磁动势 $\bar{F}_f$ 夹角为 90°（正交）时，电枢反应为交轴电枢反应。此时电枢电流 $\dot{I}$ 与感应电动势 $\dot{E}_0$ 同相（$\Psi = 0$）或反相（$\Psi = 180°$）。

    图 6.7 所示为同步电机在 $\Psi = 0$ 时的电枢反应，在图示瞬间，A 相绕组感应电动势达到最大值。因为电枢电流 $\dot{I}$ 与感应电动势 $\dot{E}_0$ 同相，这时 A 相电流也达到最大值，其方向如图所示。根据旋转磁场理论，三相对称电流产生的磁动势方向与电流达到最大值的那一相绕组的轴线重合。如果 $\bar{F}_f$ 与 $\bar{F}_a$ 均以相量表示，则 $\bar{F}_a$ 与 $\bar{F}_f$ 相互垂直。故电枢电流 $\dot{I}$ 与感应电动势 $\dot{E}_0$ 同相时，电枢磁动势 $\bar{F}_a$ 的轴线和励磁磁动势 $\bar{F}_f$ 的轴线（d 轴）相差 90°电角度，作用在转子的交轴上。这种电枢反应被称为交轴电枢反应，电枢磁动势 $\bar{F}_a$ 被称为交轴电枢磁动势。将电枢磁动势和励磁磁动势合成后可得气隙磁动势 $\bar{F}_\delta$，这时电枢磁动势 $\bar{F}_a$ 对气隙磁场起畸变作用。

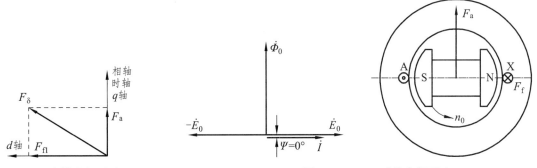

图 6.6 交轴电枢反应   图 6.7 $\Psi = 0$ 时的电枢反应

3. 直轴电枢反应（$\dot{I}$ 与 $\dot{E}_0$ 正交）

如图 6.8 和图 6.9 所示，定子磁动势 $\vec{F}_a$ 作用在直轴上的电枢反应为直轴电枢反应。

当电枢电流 $\dot{I}$ 滞后感应电动势 $\dot{E}_0$ 90°时（$\Psi = 90°$），电枢磁动势 $\vec{F}_a$ 与励磁磁动势 $\vec{F}_f$ 方向相反，为直轴去磁电枢反应，如图 6.8 所示。

如图 6.9 所示，电枢电流 $\dot{I}$ 超前感应电动势 $\dot{E}_0$ 90°（$\Psi = -90°$），$\vec{F}_a$ 与 $\vec{F}_f$ 同相，此时为直轴助磁电枢反应。

图 6.8 直轴去磁电枢反应   图 6.9 直轴助磁电枢反应

6. 双反应理论（$\dot{I}$ 与 $\dot{E}_0$ 夹角为任意锐角）

以上分析了 $\dot{I}$ 与 $\dot{E}_0$ 同相、正交的特殊情况时的电枢反应。一般情况下，同步电机运行时 Ψ 可以是任意角度，如图 6.10 所示。

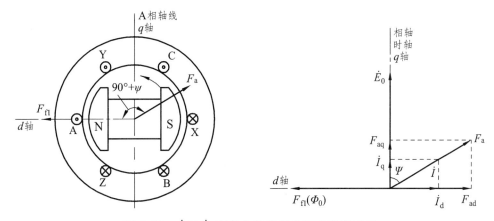

图 6.10 $\dot{I}$ 与 $\dot{E}_0$ 夹角为任意锐角时的电枢反应

在这种情况下，将电枢电流进行分解

$$\dot{I} = \dot{I}_d + \dot{I}_q \tag{6.5}$$

式中 $\qquad\qquad I_d = I \sin \Psi$ ， $I_q = I \cos \Psi$

则电枢磁动势分解为直轴电流分量产生的 $F_{ad} = F_a \sin \Psi$ 和交轴电流分量产生的分量 $F_{aq} = F_a \cos \Psi$ 两个分量。其中电枢磁动势直轴分量可能起助磁或去磁作用，电枢磁动势交轴分量使磁场畸变。

凸极同步电机的气隙沿电枢圆周是不均匀的，直轴上气隙较小，交轴上气隙较大。因此，直轴上磁阻比交轴上磁阻小，同样大小的电枢磁动势作用在直轴磁路上与作用在交轴磁路上产生的磁通存在很大差别。随着机械负载的变化，电枢磁动势作用在不同的空间位置。因此，在分析电枢反应的作用时，需要应用双反应理论。

一般情况下，如图 6.11 所示，当电枢磁动势既不作用于直轴，亦不在交轴，而是在空间任意位置处，这时可将电枢磁动势分解成直轴和交轴两个分量 F_{ad}、F_{aq}[见图 6.11（a）]，再用对应的直轴磁导和交轴磁导分别算出直轴和交轴电枢磁通 Φ_{ad}、Φ_{aq}，最后把它们的效果叠加起来。图 6.11（b）中粗实线为磁通密度的实际分布波形，虚线为等效处理后的波形。

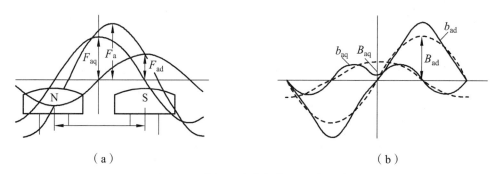

（a）　　　　　　　　　　　　　　（b）

图 6.11　凸极同步电机的双反应理论

这种考虑到凸极同步电机气隙的不均匀性，把电枢反应分成直轴和交轴电枢反应分别来处理的方法，就称为双反应理论。实践证明，不计磁饱和时，这种方法的效果是满足要求的。

6.3　同步电动机运行分析

本节通过对电磁关系的分析推导出同步电动机的电压平衡方程、相量图，隐极、凸极同步电动机分别讨论。

6.3.1　隐极同步电动机的电动势平衡方程与相量图

1. 隐极同步电动机的电磁关系

当隐极同步电动机转子励磁绕组通入直流励磁电流后，产生主极磁动势 F_f，产生主磁通

$\dot{\Phi}_0$；定子绕组通入三相对称电流后，产生电枢磁动势 $\vec{F}_a$，产生电枢磁通 $\dot{\Phi}_a$ 和漏磁通 $\dot{\Phi}_\sigma$。主磁通 $\dot{\Phi}_0$ 和电枢磁通 Φ_a 分别在定子绕组内感应出相应的励磁电动势 $\dot{E}_0$ 和电枢反应电动势压 $\dot{E}_a$。

如果不计磁饱和（即认为磁路为线性），应用叠加原理把 F_f 和 F_a 的作用分别单独考虑，再把它们的效果叠加起来。即把 $\dot{E}_0$ 和 $\dot{E}_a$ 相加可得电枢一相绕组的合成电动势 $\dot{E}$（亦称为气隙电动势）。上述关系可表示为

$$\left.\begin{array}{l} I_f \to \vec{F}_f \to \Phi_0 \to \dot{E}_0 \\ \dot{i} \to \vec{F}_a \to \Phi_a \to \dot{E}_a \end{array}\right\} E$$

$$\dot{\Phi}_\sigma \to \dot{E}_\sigma (\dot{E}_\sigma = j\dot{I}X_\sigma)$$

仿照在变压器和异步电动机中用过的将漏抗电动势写成漏抗压降的方法，有

$$\dot{E}_\sigma \approx -j\dot{I}X_\sigma \tag{6.6}$$

电枢反应电动势 $\dot{E}_a$ 正比于电枢反应磁通 $\dot{\Phi}_a$，不计磁饱和时，$\dot{\Phi}_a$ 正比于电枢磁动势 $\vec{F}_a$ 和电枢电流 $\dot{i}$，即 $\dot{E}_a \propto \dot{\Phi}_a \propto \vec{F}_a \propto \dot{i}$，$\dot{E}_a$ 正比于 $\dot{i}$；在时间相位上，$\dot{E}_a$ 滞后于 $\dot{\Phi}_a$ 90°电角度，若不计定子铁耗，$\dot{\Phi}_a$ 与 $\dot{i}$ 同相位，则 $\dot{E}_a$ 将滞后于电枢电流 $\dot{i}$ 90°。于是 $\dot{E}_a$ 亦可写成电抗压降的形式，即

$$\dot{E}_a \approx -j\dot{I}X_a \tag{6.7}$$

式中，X_a 是与电枢反应磁通相对应的电抗，称为电枢反应电抗。

2. 隐极同步电动机的电动势平衡方程与相量图

如果按图 6.12 所示的参考方向，即用电动机惯例定向，设电枢绕组的端电压为 $\dot{U}$，并以由外施电压所产生的输入电流 $\dot{i}$ 作为电枢电流的正方向。

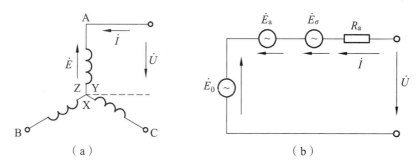

图 6.12　同步电动机各电量的参考方向（电动机惯例）

根据电磁关系，定子电动势平衡方程为

$$\dot{U} = \dot{E}_0 - \dot{E}_a - \dot{E}_\sigma + \dot{I}R_a \tag{6.8}$$

式中，R_a 为定子绕组相电阻。代入式（6.6）和式（6.7），有

$$\dot{U} = \dot{E}_0 + \dot{I}R_a + j\dot{I}X_s \tag{6.9}$$

式中，$X_s = X_a + X_\sigma$ 称为隐极同步电机的同步电抗，X_s 是对称稳态运行时表征电枢反应和电枢漏磁这两个效应的一个综合参数。不计饱和时，X_s 是一个常数。

根据电压方程式绘出对应式（6.9）的定子一相相量图以及等效电路，如图 6.13（a）、（b）所示。

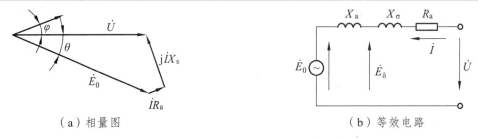

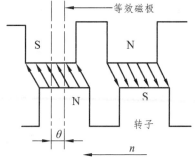

（a）相量图　　　　　　　　　　　　（b）等效电路

图 6.13　隐极同步电动机的相量图和等效电路

从等效电路可以看出，隐极同步电动机的等效电路由励磁电动势 $\dot{E}_0$ 和同步阻抗 $R_a + jX_s$ 串联组成，其中 $\dot{E}_0$ 表示主磁场的作用，X_s 表示电枢反应和电枢漏磁场的作用。

相量图中，功率角 θ 是电枢电压 $\dot{U}$ 和空载电势 $\dot{E}_0$ 之间的夹角，称为功率角。功率角 θ 的含义很丰富，除了表示电动势 $\dot{E}_0$ 与 $\dot{U}$ 之间的夹角，即时间电角度 θ 外，还表示产生电动势 $\dot{E}_0$ 的励磁磁动势 $\vec{F}_0$ 与作用在同步电动机主磁路上总的合成磁动势 $\vec{F}$（$\vec{F} = \vec{F}_0 + \vec{F}_a$）之间的角度，这是个空间电角度。$\vec{F}_0$ 对应着 $\dot{E}_0$，$\vec{F}$ 近似地对应着 $\dot{U}$。如果把磁动势 $\vec{F}$ 用一个以同步转速旋转的"等效磁极"表示，同步电动机的运行可以看成等效磁极拖着转子磁极以转速 n 旋转，如图 6.14 所示。

图 6.14　功率角 θ 的空间含义

而同步发电机运行是转子磁极在前，等效磁极在后，即转子拖着等效磁极旋转。由此可见，同步电机作电动机运行还是作发电机运行，是由转子磁极与等效磁极之间的相对位置决定的。

在考虑磁饱和时，主磁路的磁阻随着饱和程度增大而减小，电枢反应磁通 $\dot{\Phi}_a$ 与电枢电流 $\dot{I}$ 产生的磁动势 $\vec{F}_a$ 不成比例，叠加原理不再适用。此时，应先求出作用在主磁路上的合成磁动势 $\vec{F}_\delta$，然后，利用电动机的磁化曲线（空载曲线）求出负载时的气隙磁通 $\dot{\Phi}$ 及相应的气隙电动势 $\dot{E}_\delta$，可以得到同步电动机的电压方程，即

$$\dot{U} = \dot{E}_\delta + \dot{I}(R_a + jX_\sigma) \tag{6.10}$$

如果将定子电压方程写成下面的形式，即

$$\dot{U} = \dot{E}_0 + \dot{I}R_a + j\dot{I}X_s \tag{6.11}$$

由于电枢反应磁通 $\dot{\Phi}_a$ 与电枢电流 $\dot{I}$ 产生的磁动势 $\vec{F}_a$ 是非线性关系，X_a 不是常量，所以同步电抗 $X_s = X_\sigma + X_a$ 不是常量。

6.3.2　凸极同步电动机的电压平衡方程与相量图

凸极同步电动机的气隙沿电枢圆周是不均匀的，直轴上气隙较小，交轴上气隙较大。因此，直轴上磁阻比交轴上磁阻小，同样大小的电枢磁动势作用在直轴磁路上与作用在交轴磁

路上产生的磁通存在很大差别。随着机械负载的变化，电枢磁动势作用在不同的空间位置。因此，在定量分析电枢反应的作用时，需要应用双反应理论。

不计磁饱和时，根据双反应理论把电枢磁动势 $\bar{F}_a$ 分解成直轴和交轴磁动势 $\bar{F}_{ad}$、$\bar{F}_{aq}$ 两个分量，相应的电枢磁通为 $\dot{\Phi}_{ad}$、$\dot{\Phi}_{aq}$。直轴、交轴电枢磁通切割电枢绕组产生相应的电动势 $\dot{E}_{ad}$、$\dot{E}_{aq}$，与主磁通 $\dot{\Phi}_0$ 所产生的励磁电动势相量 $\dot{E}_0$ 相加，可得一相绕组的合成电动势 $\dot{E}_\delta$（或称为气隙电动势）。

电磁关系可表示为

$$
\begin{array}{c}
I_f \longrightarrow \bar{F}_f \longrightarrow \dot{\Phi}_0 \longrightarrow \dot{E}_0 \\[6pt]
\dot{I}_a \left\{
\begin{array}{l}
\dot{I}_d \longrightarrow \bar{F}_{ad} \longrightarrow \dot{\Phi}_{ad} \longrightarrow \dot{E}_{ad} \\
\dot{I}_q \longrightarrow \bar{F}_{aq} \longrightarrow \dot{\Phi}_{aq} \longrightarrow \dot{E}_{aq} \\
\dot{\Phi}_\sigma \longrightarrow \dot{E}_\sigma \\
\end{array}\right. \\
\longrightarrow \dot{I}R_a
\end{array}
$$

按照隐极同步电动机各物理量正方向的规定，可写出凸极同步发电机定子相电势方程为

$$\dot{U} = \dot{E}_0 - \dot{E}_{ad} - \dot{E}_{aq} + \dot{I}(R_a + jX_{1\sigma}) \tag{6.12}$$

式中，R_a 为定子绕组相电阻；$\dot{E}_\sigma$ 为定子漏磁通产生的电动势，仿照变压器、异步电机的等效方法，用定子漏电抗压降来表示（$\dot{E}_\sigma = -j\dot{I}X_{1\sigma}$）。

由于 $\dot{E}_{ad}$ 和 $\dot{E}_{aq}$ 分别正比于相应的 $\dot{\Phi}_{ad}$、$\dot{\Phi}_{aq}$，不计磁饱和时，$\dot{\Phi}_{ad}$ 和 $\dot{\Phi}_{aq}$ 又分别正比于 $\bar{F}_{ad}$、$\bar{F}_{aq}$，而 $\bar{F}_{ad}$、$\bar{F}_{aq}$ 又正比于电枢电流的直轴和交轴分量 $\dot{I}_d$、$\dot{I}_q$，于是可得

$$
\dot{E}_{ad} \propto \dot{\Phi}_{ad} \propto \bar{F}_{ad} \propto \dot{I}_d
$$
$$
\dot{E}_{aq} \propto \dot{\Phi}_{aq} \propto \bar{F}_{aq} \propto \dot{I}_q
$$

其中，$\dot{I}_d = \dot{I}\sin\Psi$，$\dot{I}_q = \dot{I}\cos\Psi$。不计定子铁耗时，$\dot{E}_{ad}$ 和 $\dot{E}_{aq}$ 在时间相位上分别滞后于 $\dot{I}_d$、$\dot{I}_q$ 90° 电角度，所以 $\dot{E}_{ad}$ 和 $\dot{E}_{aq}$ 可以用相应的电抗压降来表示，即

$$
\dot{E}_{ad} = -j\dot{I}_d X_{ad}, \quad \dot{E}_{aq} = -j\dot{I}_q X_{aq}
$$

式中，X_{ad} 称为直轴电枢反应电抗；X_{aq} 称为交轴电枢反应电抗。

因为 $\dot{I} = \dot{I}_d + \dot{I}_q$，代入定子绕组电动势方程（6.12）有

$$\dot{U} = \dot{E}_0 + \dot{I}R_a + j\dot{I}_d X_d + j\dot{I}_q X_q \tag{6.13}$$

式中，$X_d = X_{ad} + X_\sigma$ 称为直轴同步电抗；$X_q = X_{aq} + X_\sigma$ 称为交轴同步电抗，它们是表征对称稳态运行时电枢漏磁和直轴或交轴电枢反应的一个综合参数。对同一台电动机，X_d 和 X_q 都是常数，可以用实验和计算的方法求得。

忽略 R_a，根据式（6.13）可以画出同步电动机（超前）的相量图，如图 6.15 所示。

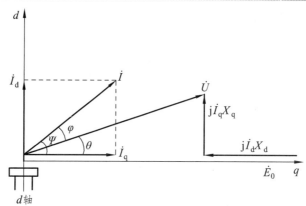

图 6.15　凸极同步电动机相量图

　　负载运行时，仅电机的参数、端电压 U、定子电流 I、功率因数角 φ 是已知的，而 $\dot{E}_0$ 和 $\dot{I}$ 之间的夹角 Ψ 是未知的，为了能将电枢电流 $\dot{I}$ 分解成直轴和交轴两个分量 $\dot{I}_d$、$\dot{I}_q$，则必须给出 Ψ 角。

　　将式（6.13）进行处理，有

$$\dot{U} = \dot{E}_0 + \dot{I}R_a + j\dot{I}_d X_d + j\dot{I}_q X_q + j\dot{I}_d X_q - j\dot{I}_d X_q$$
$$= \dot{E}_0 + j\dot{I}_d(X_d - X_q) + \dot{I}R_a + j\dot{I}X_q \tag{6.14}$$

引入虚拟电动势 $\dot{E}_Q$，使 $\dot{E}_Q = \dot{E}_0 + j\dot{I}_d(X_d - X_q)$，得

$$\dot{U} = \dot{E}_Q + \dot{I}R_a + j\dot{I}X_q \tag{6.15}$$

　　可见，$\dot{E}_Q$ 与 $\dot{E}_0$ 同相位，故可根据式（6.15）求出 Ψ 角为

$$\Psi = \arctan \frac{U\sin\varphi - IX_q}{U\cos\varphi - IR_a} \tag{6.16}$$

6.4　同步电动机功率关系和功角特性

6.4.1　功率方程和转矩方程

　　同步电动机带负载运行时，若转子励磁损耗 $p_f = I_f^2 R_f$ 由另外的直流电源供给，同步电动机从电网吸收的有功功率为 $P_1 = 3UI\cos\varphi$，扣除定子的铜损耗 $p_{Cu} = 3I^2 R_1$，其余部分为电磁功率 P_{em}，即

$$P_{em} = P_1 - p_{Cu} = 3UI\cos\varphi - p_{Cu} \tag{6.17}$$

　　从电磁功率中扣除定子铁耗 p_{Fe} 和机械损耗 p_m 后，其余部分转变为机械功率输出给负载，即

$$P_{\mathrm{em}} - p_{\mathrm{Fe}} - p_{\mathrm{m}} = P_2 \tag{6.18}$$

其中，铁损耗 p_{Fe} 与机械摩擦损耗 p_{m} 之和称为空载损耗 p_0，即

$$p_0 = p_{\mathrm{Fe}} + p_{\mathrm{m}} \tag{6.19}$$

式（6.17）和式（6.18）即为表明电动机的功率传递关系的功率平衡方程。

根据动力学关系，同步电动机的转矩平衡方程为

$$T_2 = T_{\mathrm{em}} - T_0 \tag{6.20}$$

式中，T_0 为空载转矩。

式（6.20）表明，同步电动机负载运行时，电磁转矩 T_{em} 与空载转矩 T_0 和负载转矩 T_2 相平衡，电机有稳定的转速，并输出稳定的转矩，即 T_2。

6.4.2 同步电动机的功角特性、矩角特性与稳定运行

1. 电磁功率和电磁转矩

当忽略同步电动机的定子电阻时，电磁功率 P_{em} 为

$$P_{\mathrm{em}} = P_1 = 3UI\cos\varphi \tag{6.21}$$

从图 6.15 可见，$\varphi = \Psi - \theta$，将其代入式（6.21）得

$$\begin{aligned}P_{\mathrm{em}} &= 3UI\cos\varphi = 3UI\cos(\Psi - \theta) \\ &= 3UI\cos\Psi\cos\theta + 3UI\sin\Psi\sin\theta\end{aligned} \tag{6.22}$$

根据图 6.15，有

$$\left.\begin{aligned}I_{\mathrm{d}}X_{\mathrm{d}} &= E_0 - U\cos\theta \\ I_{\mathrm{q}}X_{\mathrm{q}} &= U\sin\theta\end{aligned}\right\} \tag{6.23}$$

代入 $I_{\mathrm{d}} = I\sin\Psi$，$I_{\mathrm{q}} = I\cos\Psi$，$I_{\mathrm{q}} = \dfrac{U\sin\theta}{X_{\mathrm{q}}}$，$I_{\mathrm{d}} = \dfrac{E_0 - U\cos\theta}{X_{\mathrm{d}}}$，有

$$P_{\mathrm{em}} = 3UI_{\mathrm{q}}\cos\theta + 3UI_{\mathrm{d}}\sin\theta \tag{6.24}$$

$$P_{\mathrm{em}} = 3U\frac{U\sin\theta}{X_{\mathrm{q}}}\cos\theta + 3U\frac{E_0 - U\cos\theta}{X_{\mathrm{d}}}\sin\theta$$

$$= 3\frac{E_0 U}{X_{\mathrm{d}}}\sin\theta + 3U^2\left(\frac{1}{X_{\mathrm{q}}} - \frac{1}{X_{\mathrm{d}}}\right)\cos\theta\sin\theta \tag{6.25}$$

已知 $\sin 2\theta = 2\cos\theta\sin\theta$，并代入式（6.25）得

$$P_{\mathrm{em}} = 3\frac{E_0 U}{X_{\mathrm{d}}}\sin\theta + \frac{3U^2(X_{\mathrm{d}} - X_{\mathrm{q}})}{2X_{\mathrm{q}}X_{\mathrm{d}}}\sin 2\theta \tag{6.26}$$

式中，$3\dfrac{UE_0}{X_{\mathrm{d}}}\sin\theta$ 为基本电磁功率；$3\dfrac{U^2}{2}\left(\dfrac{1}{X_{\mathrm{q}}} - \dfrac{1}{X_{\mathrm{d}}}\right)\sin 2\theta$ 为附加电磁功率。

对应的电磁转矩，有

$$T_{em} = \frac{P_{em}}{\Omega}$$

式中，$\Omega = \dfrac{2\pi n}{60}$ 是同步电动机的同步角速度，则

$$T_{em} = 3\frac{E_0 U}{\Omega X_d}\sin\theta + \frac{3U^2(X_d - X_q)}{2\Omega X_q X_d}\sin 2\theta \tag{6.27}$$

2. 功角特性

当定子加额定电压，励磁电流 I_f 不变，Φ_0 和 E_0 均为常数时，同步电动机的电磁功率 P_{em} 与功率角 θ 的关系，称为同步电动机的功角特性，即 $P_{em} = f(\theta)$。同步电动机的功角特性是同步电动机的重要特性之一。

从式（6.26）可见，当电机参数 X_d、X_q 为已知时，电磁功率 P_{em} 与功率角 θ 之间的关系可以很方便地确定，而且 P_{em} 由两部分组成。式（6.26）右边第一项与励磁电动势 E_0 成正比，即与励磁电流 I_f 大小有关，称为基本电磁功率；第二项是由 $X_d \neq X_q$ 引起，也就是因电机转子是凸极引起的，称为附加电磁功率。即使同步电动机没有励磁电流（$I_f = 0$，$E_0 = 0$），只要转子为凸极时（即存在 $X_d \neq X_q$），附加电磁功率就会出现。当电机气隙均匀时（如隐极式同步电动机），$X_d = X_q$，不存在附加电磁功率。

根据前面分析结果可知，基本电磁功率 P'_{em} 为

$$P'_{em} = 3\frac{E_0 U}{X_d}\sin\theta = P'_{max}\sin\theta \tag{6.28}$$

式中，$P'_{max} = 3\dfrac{E_0 U}{X_d}$ 为励磁电磁功率 P'_{em} 的最大值。当 $\theta = 90°$ 时，$P'_{em} = P'_{max}$。

附加电磁功率 P''_{em} 为

$$P''_{em} = \frac{3U^2(X_d - X_q)}{2X_q X_d}\sin 2\theta = P''_{max}\sin 2\theta \tag{6.29}$$

式中，$P''_{max} = \dfrac{3U^2(X_d - X_q)}{2X_q X_d}$ 为附加电磁功率 P''_{em} 的最大值。当 $\theta = 45°$ 时，$P''_{em} = P''_{max}$。

根据式（6.27）~式（6.29）绘出凸极同步电动机的功角特性曲线，如图 6.16 所示。

图 6.16 中，曲线 1 为基本电磁功率 P'_{em} 与 θ 的关系曲线，$P'_{em} = f(\theta)$；曲线 2 为附加电磁功率 P''_{em} 与 θ 的关系曲线，$P''_{em} = f(\theta)$；曲线 3 为合成的总电磁功率 P_{em} 与 θ 的关系曲线，$P_{em} = f(\theta)$。可见 P_{em} 的最大电磁功率 P_{max} 对应于 θ 小于 90° 的地方。

对于隐极式同步电动机，$X_q = X_d = X_s$，于是电磁功率为

$$P_{em} = 3\frac{E_0 U}{X_s}\sin\theta \tag{6.30}$$

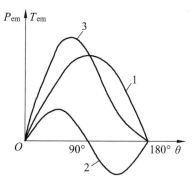

图 6.16 凸极同步电动机的
功角特性曲线

式（6-30）为隐极式同步电动机的功角特性，它没有附加电磁功率这一项。其最大电磁功率为

$$P_{\max} = 3\frac{E_0 U}{X_s} \tag{6.31}$$

3. 矩角特性

当定子加额定电压，励磁电流 I_f 不变，$\varPhi_0$ 和 E_0 均为常数时（以下在讨论同步电动机特性和运行时，没有特别说明这一条件不变），同步电动机的电磁转矩 T_{em} 与功率角 θ 的关系，称为同步电动机的矩角特性，即 $T_{em}=f(\theta)$。

在某固定励磁电流条件下，根据式（6.30），可以得到凸极式同步电动机矩角特性为

$$T_{em} = 3U\frac{U\sin\theta}{X_q\varOmega}\cos\theta + 3U\frac{E_0-U\cos\theta}{X_d\varOmega}\sin\theta \tag{6.32}$$

对于隐极式同步电动机，矩角特性为

$$T_{em} = 3\frac{E_0 U}{\varOmega X_s}\sin\theta \tag{6.33}$$

其最大电磁转矩 T_m 为

$$T_m = 3\frac{E_0 U}{\varOmega X_s} \tag{6.34}$$

矩角特性与功角特性仅差一个电机旋转角速度 $\varOmega$，对于同步电动机 $\varOmega$ 是常数。因此，矩角特性曲线与功角曲线有相同的形状，可以绘出隐极式同步电动机的矩角特性，如图 6.17 所示。

4. 同步电动机的稳定运行

当同步电动机拖动机械负载运行在 $\theta = 0° \sim 90°$ 内某一点，如图 6.18 中的 θ_1 时，电磁转矩 T_{em} 与负载转矩 T_L 相等，拖动系统稳定运行。

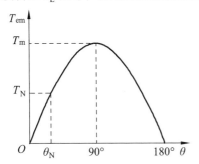
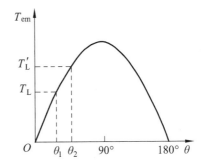

图 6.17　隐极式同步电动机的矩角特性　　图 6.18　同步电动机的运行稳定性

如果由于某种原因，负载转矩突然由 T_L 增大为 T_L'，根据转矩平衡关系，同步电动机的电磁转矩同时也必须增加至 T_{em}'。根据式（6.33），当励磁电流不变时，这时 θ 角必将增大至 θ_2，这表明不但 $\dot U$ 和 $\dot E_0$ 之间的夹角增大，转子也会有一个短暂的减速，使功率角 θ 增大为 θ_2。可见，负载转矩增加，电磁转矩也会增加，电动机继续同步运行，不过这时运行在 θ_2 角度上。如果负载转矩又恢复为 T_L，电动机的 θ 角恢复为 θ_1，则电动机能够稳定运行。

当同步电动机拖动机械负载运行在 $\theta = 90° \sim 180°$ 内某一点，如图 6.19 中的 θ_3 时，电磁转矩 T_{em} 与负载转矩 T_L 相平衡。如果由于某种原因，负载转矩突然由 T_L 增大为 T_L'，当励磁电流不变时，这时 θ 角必将增大至 θ_4。根据式（6.33），由于 $\theta_4 > 90° > \theta_3$，使得 θ_4 处的电磁转矩 T_{em}' 小于 θ_3 处的电磁转矩 T_{em}，即 $T_{em} > T_{em}'$。于是，电动机的 θ 角必将进一步增加，电磁转矩也会进一步减小。这样发展下去，电动机的转子转速会偏离同步速，即失去同步（也称失步）而无法工作。可见，在 $\theta = 90° \sim 180°$ 内，电动机不能稳定运行。

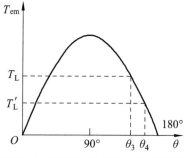

图 6.19　同步电动机非稳定性运行

综合以上分析可见，同步电动机的稳定运行条件为：$dP_{em}/d\theta > 0$ 或 $dT_{em}/d\theta > 0$。

同步电动机的最大电磁转矩 T_m 与额定转矩 T_N 之比，叫过载倍数，用 K_T 表示。即

$$K_T = \frac{T_m}{T_N} \approx \frac{\sin 90°}{\sin \theta_N} = 2 \sim 3.5$$

根据式（6.35），隐极式同步电动机额定运行时，$\theta_N \approx 30° \sim 16.5°$。对于凸极式同步电动机，额定运行的功率角 θ 还要小些。

当负载改变时，θ 角随之变化，使同步电动机的电磁转矩 T_{em} 和电磁功率 P_{em} 跟着变化，以达到相平衡的状态，而电动机的转子转速 n 却严格按照同步转速旋转，不发生任何变化。所以同步电动机的机械特性为一条直线，是硬特性。

6.5　同步电动机的功率因数调节

当同步电动机的定子电压 U、频率 f 和输出功率不变时，改变它的励磁电流 I_f，就能调节它的功率因数。

为了简单起见，采用隐极式同步电动机电动势相量图来进行分析，所得结论完全可以用在凸极式同步电动机上。在分析的过程中，忽略电动机的各种损耗。

6.5.1　同步电动机的功率因数调节

同步电动机输出功率不变时，转轴输出的转矩 T_2 不变，由于忽略了空载损耗，同步电动机的电磁转矩也为常数，即

$$T_{em} = 3\frac{E_0 U}{\Omega X_s} \sin \theta = 常数 \tag{6.35}$$

从式（6.35）可见，定子电压 U，频率 f 以及 X_s 均为常数时，$E_0 \sin \theta$ 必为常数，即

$$E_0 \sin \theta = 常数 \tag{6.36}$$

当改变励磁电流 I_f 时，电动势 E_0 的大小随之变化，但必须满足式（6.36）的条件。当负载转矩不变时，在忽略电动机的各种损耗的情况下，电动机的输入功率 P_1 不变，即

$P_1 = 3UI\cos\varphi =$ 常数，由于电压 U 不变，必有

$$I\cos\varphi = 常数 \tag{6.37}$$

式（6.37）就是电动机定子电流的有功分量，即在调节 I_f 时，有功电流保持不变。

根据隐极式同步电动机的电压方程 $\dot{U} = \dot{E}_0 + \mathrm{j}\dot{I}_s X_s$（忽略定子电阻），画出不同励磁电流 I_{f1}、I_{f2}、I_{f3} 时的相量图，如图 6.20 所示。

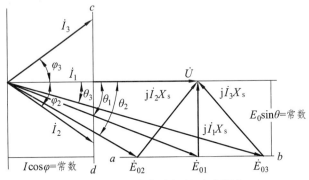

图 6.20 同步电动机的励磁调节

图中 $E_{02} < E_{01} < E_{03}$ 为不同励磁电流时的空载电势，对应 $I_{f2} < I_{f1} < I_{f3}$。由于定子电流有功分量 $I\cos\varphi =$ 常数，定子电流 $\dot{I}$ 在向量 $\dot{U}$ 上的投影为常数，即定子电流相量 $\dot{I}$ 的顶点轨迹总是在直线 cd 上。同理，$E_0\sin\theta =$ 常数，空载电势相量 $\dot{E}_0$ 的顶点轨迹总是在直线 ab 上。从图 6.20 可以看出，当改变励磁电流 I_f 时，同步电动机功率因数 $\cos\varphi$ 的变化规律有以下三种不同情况。

1. 正常励磁状态

当励磁电流 I_f 的大小使定子电流 $\dot{I}$ 与 $\dot{U}$ 同相位时，称为正常励磁状态，如图 6.20 中的 $\dot{E}_{01}$ 和 $\dot{I}_1$ 相量（$\varphi = 0$）。这时，同步电动机只从电网吸收有功功率，不吸收无功功率。这种情况下运行的同步电动机像纯电阻负载，功率因数 $\cos\varphi = 1$。

2. 欠励磁状态

当励磁电流 I_f 比正常励磁电流小时，称为欠励磁状态，如图 6.20 中的 $\dot{E}_{02}$ 和 $\dot{I}_2$。这时 $E_{02} < U$，定子电流 $\dot{I}_2$ 滞后 $\dot{U}$ 为 φ_2 角。同步电动机除了从电网吸收有功功率外，还要从电网吸收滞后的无功功率。这种情况下运行的同步电动机像个电阻电感负载。

由于电网已经供应了大量的如异步电动机、变压器等滞后性无功功率的负载，为了不给电网增加无功功率的负担，所以同步电动机很少采用这种运行方式。

3. 过励磁状态

当励磁电流 I_f 比正常励磁电流大时，称为过励磁状态，如图 6.20 中的 $\dot{E}_{03}$ 和 $\dot{I}_3$。这时 $E_{02} > U$，定子电流 $\dot{I}_3$ 超前 $\dot{U}$ 为 φ_3 角。同步电动机除了从电网吸收有功功率外，还要从电网吸收超前的无功功率。这种情况下运行的同步电动机，像个电阻电容负载。可见，过励磁状态下的同步电动机对改善电网的功率因数有很大的好处。

从电动机磁场的观点出发，同步电动机功率因数可调的原因是，同步电动机的磁场由定

子边电枢反应磁通势 $\bar{F}_a$ 和转子边励磁磁通势 $\bar{F}_0$ 共同建立的。当转子边欠励磁时，定子边需要从电源输入更多的滞后无功功率建立磁场，使定子边呈滞后功率因数；当转子边正常励磁，不需要定子边提供无功功率，定子边便呈纯电阻性；当转子边过励磁时，定子边反而要吸收超前无功功率或从电源送入超前无功功率，定子边便呈超前功率因数。所以同步电动机功率因数完全可以通过人为地调节励磁电流改变励磁磁动势大小来实现。

从上述分析可知，调节同步电动机的励磁电流 I_f，可改变其定子电流的无功分量和功率因数，这是同步电动机非常重要的特性。而异步电动机运行时，电网必须向电动机提供感性的励磁电流，不能调节，使电网功率因数变坏。如果将同步电动机与异步电动机接入同一电网，并使同步电动机运行于过励磁状态，电网可同时提供容性与感性的无功电流，两者互相补偿，从而改善电网的功率因数。

有时，为了改善电网的功率因数，可使同步电动机不带负载，浮接在电网上而运行于过励磁状态。这样运行的同步电动机，称为同步补偿机，这种措施可改善电网功率因数，提高供电质量，降低线路损耗。

6.5.2　同步电动机的 V 形曲线

同步电动机的 V 形曲线是指在电网电压、频率和电动机输出功率为常数的情况下，定子电流 I 和励磁电流 I_f 之间的关系曲线，即 $I = f(I_f)$ 曲线。由于励磁电流变化时，定子电流变化规律像 V 字形，故称 V 形曲线。

三种励磁电流情况下，只有正常励磁时，定子电流为最小；过励磁或欠励磁时，定子电流都会增大。把定子电流 I 的大小与励磁电流 I_f 大小的关系，用曲线表示，如图 6.21 所示。

当电动机输出某一恒定功率时，对应有一条 V 形曲线，如图 6.21 所示。输出功率越大，在相同的励磁电流条件下，定子电流增大，所得 V 形曲线往右上方移。因此，图 6.21 中各条 V 形曲线对应的功率为 $P_2' < P_2'' < P_2'''$。

对每条 V 形曲线，定子电流都有一个最小值，这时定子仅从电网吸收有功功率，功率因数 $\cos\varphi = 1$。把这些点连起来，称为 $\cos\varphi = 1$ 线。$\cos\varphi = 1$ 线向右倾斜，说明同步电动机输出为纯有功功率，随输出功率增大，励磁电流必须相应增加。$\cos\varphi = 1$ 线的左边是欠励区，右边是过励区。当同步电动机带了一定负载时，减小励磁电流 I_f，电动势 E_0 减小，P_{em} 与 E_0 成正比减少，当 P_{em} 小到一定程度时，θ 超过 $90°$，电动机就会失步，如图 6.21 中虚线所示的不稳定区。从这个角度看，同步电动机最好也不运行于欠励磁状态。

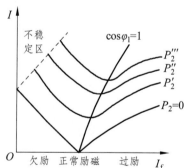

图 6.21　同步电动机的 V 形曲线

从 V 形曲线可以直观地看出同步电动机的定子电流 I、励磁电流 I_f 和输出功率 P_2 之间的关系。

6.6　同步电动机的起动

同步电动机的电磁转矩是由定子电流建立的旋转磁场和转子磁场的相互作用而产生的，

School of Distance Education SWJTU

仅在这两者相对静止时，才能得到平均电磁转矩。如将同步电动机励磁接入电源时，同步电动机转子磁场（转子）是静止不动的。当定子接入电网时，定子旋转磁场立即以同步转速相对转子磁场做相对运动，所以不能产生电磁转矩，电动机不能起动。这一现象可以用图 6.22 来说明。假设定子磁场的旋转方向为逆时针方向，并在开始瞬间为图 6.22（a）所示的位置，由图可见，此瞬间定子磁场和转子磁场相互作用所产生的电磁转矩 T_{em} 也为逆时针方向，是推动转子向逆时针方向旋转的。但由于机械惯性，转动缓慢的转子还未转动时，定子磁场已向前转动了一个极距，达到图 6.22（b）所示的位置，此时定子磁极对转子磁极间的电磁转矩 T_{em} 又为顺时针方向转动，其结果转子承受了一个脉振转矩，其平均转矩为零，故同步电动机不能自行起动。因此，要起动同步电动机必须借助于其他方法。

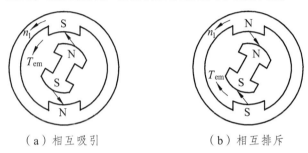

（a）相互吸引　　　　　（b）相互排斥

图 6.22　接通励磁后起动时同步电动机的电磁转矩

常用的起动方法有下列三种：

1. 辅助电动机起动

通常选用一台和同步电动机极数相同的小型感应电动机作为辅助电动机。该法适用于空载起动。

2. 变频起动法

变频起动方法是开始起动时，转子先加上励磁电流，定子边通入频率极低的三相交流电流，由于电枢磁动势转速极低，转子便开始旋转。定子边电源频率逐渐升高，转子转速也随之逐渐升高，定子边频率达额定值后，转子也达额定转速，起动完毕。

显然，定子边的电源是一个可调频率的变频电源，一般是采用变频装置。大型同步电动机采用变频起动方法的日渐增多。

3. 异步起动法

异步起动方法即在凸极式同步电动机的转子上装置阻尼绕组而获得起动转矩，是一种常用的异步起动法。阻尼绕组和异步电动机的笼型绕组很相似，只是它装在转子磁极的极靴上，如图 6.23 所示，所以有时也把这种阻尼绕组称为起动绕组。

同步电动机的异步起动与三相异步

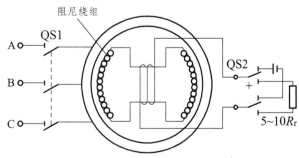

图 6.23　异步起动法原理接线图

电动机的起动运行类似。同步电动机也可采用在额定电压下直接起动，也可用降压起动，如

Y-△起动、自耦变压器降压起动或串电抗器起动等。起动电路如图 6.23 所示。起动时，先把 QS2 与电阻闭合，再把开关 QS1 闭合，将同步电动机的定子绕组接通三相交流电源，这时定子旋转磁场在阻尼绕组中感应出电流，此电流与定子旋转磁场相互作用而产生异步电磁转矩，同步电动机便作为异步电动机而起动。当同步电动机的转速达到同步转速的 95%左右（又称准同步转速）时，再将双刀双抛开关 QS2 合向直流电源，励磁绕组与直流电源接通，转子产生恒定磁场。由于这时转差很小，只要磁场足够大，转子磁场与定子磁场之间的相互吸引力便能使转子提高到同步转速，跟着定子旋转磁场以同步转速旋转，从而将同步电动机牵入同步运行。

值得注意的是，起动时先把同步电动机的励磁绕组通过一个电阻短接，这是因为起动时，励磁绕组不能开路，否则，在大转差时，气隙旋转磁场在励磁绕组里感应出较高的电动势，有可能损坏它的绝缘。但是，也不能把励磁绕组短路。那样，励磁绕组中感应的电流产生的转矩，有可能使电动机起动不到接近同步速的转速。因此，在同步电动机起动过程中，在它的励磁电路中必须串入 5～10 倍励磁绕组电阻 R_f 的附加电阻，这样就可以克服上述的缺点，达到起动的目的。等起动到接近同步转速时，再把所串的电阻去除，通以直流电流，完成起动的过程。

同步电动机的起动过程都是用自动控制线路来完成的。目前广泛采用可控硅整流励磁，自动控制起动。

6.7 同步发电机运行分析

6.7.1 同步电机的可逆性与运行状态

同步电机也是可逆的，既可作发电机运行，亦可作电动机运行，还可以做同步补偿机运行于空载状态。

1. 空 载

电动机理想空载时，其负载转矩 $T_L = 0$（即 $T_2 \approx 0$），空载损耗 $p_0 \approx 0$，空载转矩 $T_0 \approx 0$，则 $T_{em} = 0$。仍以隐极式电动机为例，如果励磁电流 $I_f \neq 0$，由式（6.32）得出 $\theta = 0$，这表明转子磁极轴线与定子等效磁极轴线几乎重合，如图 6.24 所示。

2. 电动机状态

在理想空载基础上，当同步电动机轴上带机械负载 T_L 时，$T_{em} \neq 0$，θ 角有一定的数值，等效磁极和转子磁极的轴线被拉开，负载越大，θ 角的值越大。为了保持同步电动机稳定运行，θ 角不能超出允许的范围，如图 6.25 所示。

3. 发电机状态

在理想空载基础上，同步电机由原动机拖动运行时，转子磁极带动定子等效磁极转动，定子绕组输出电功率，同步电机工作在发电机状态，如图 6.26 所示。

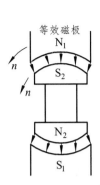
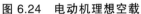

图 6.24   电动机理想空载

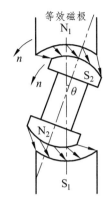

图 6.25   电动机状态

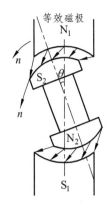

图 6.26   发电机状态

可见，同步电动机与同步发电机只是同步电机的不同运行方式，它们的电动势方程、相量图、功角特性分析是类似的。

6.7.2   同步发电机的电动势平衡方程与相量图

参照本章 6.2 节，同步发电机分析时要改用发电机惯例，这只要将电动机惯例时的电流方向改变即可。

当隐极同步发电机转子励磁绕组通入直流励磁电流后，转子由原动机拖动，产生主极旋转磁动势，产生主磁通 $\dot{\Phi}_0$；定子绕组接上三相对称负载后，产生电枢磁动势 $\bar{F}_a$，产生电枢磁通 $\dot{\Phi}_a$ 和漏磁通 $\dot{\Phi}_\sigma$。主磁通 $\dot{\Phi}_0$ 和电枢磁通 $\dot{\Phi}_a$ 分别在定子绕组内感应出相应的励磁电动势 $\dot{E}_0$ 和电枢反应电动势压 $\dot{E}_a$。

同样地，根据电磁关系可得出同步发电机的定子电动势平衡方程为

$$\dot{E}_0 = \dot{U} + \dot{I}R_a - \dot{E}_a - \dot{E}_\delta = \dot{U} + \dot{I}R_a + \mathrm{j}\dot{I}X_s \tag{6.38}$$

式中，R_a 为定子绕组相电阻；$X_s = X_a + X_\sigma$ 为隐极同步电机的同步电抗，X_s 是对称稳态运行时表征电枢反应和电枢漏磁这两个效应的一个综合参数。不计饱和时，X_s 是一个常数。

根据式（6.38）可画出隐极同步发电机的相量图和等效电路，如图 6.27 所示。

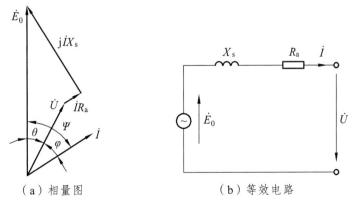

（a）相量图   （b）等效电路

图 6.27   隐极同步发电机的相量图和等效电路

同样地，凸极同步发电机的电动势方程为

$$\dot{E}_0 = \dot{U} - \dot{E}_{ad} - \dot{E}_{aq} + \dot{I}(R_a + jX_{1\sigma}) \tag{6.39}$$

按照凸极同步电动机的等效处理方法，有

$$\dot{E}_0 = \dot{U} + \dot{I}R_a + j\dot{I}_d X_d + j\dot{I}_q X_q \tag{6.40}$$

式中，$X_d = X_{ad} + X_\sigma$ 称为直轴同步电抗；$X_q = X_{aq} + X_\sigma$ 称为交轴同步电抗。它们是表征对称稳态运行时电枢漏磁和直轴或交轴电枢反应的一个综合参数。

忽略 R_a，根据式（6.40）可以画出同步发电机的相量图，如图 6.28 所示。

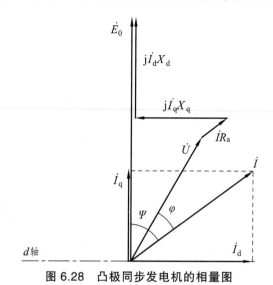

图 6.28　凸极同步发电机的相量图

6.7.3　同步发电机的功率关系与功角特性

同步发电机带对称负载运行时，由原动机输入机械功率 P_1，扣除定子铁耗 p_{Fe}、机械损耗 p_m 后，剩余部分为电磁功率 P_{em}，即

$$P_{em} = P_1 - p_{Fe} - p_m \tag{6.41}$$

从电磁功率中扣除定子铜耗 p_{Cu} 后，就是输出的电功率 P_2，即

$$P_2 = P_{em} - p_{Cu1} \tag{6.42}$$

同样地，参照式（6.26）和式（6.27）可得到同步发电机的功角特性为

$$P_{em} = 3\frac{E_0 U}{X_d}\sin\theta + \frac{3U^2(X_d - X_q)}{2X_q X_d}\sin 2\theta \tag{6.43}$$

同步发电机的矩角特性为

$$T_{em} = 3\frac{E_0 U}{\Omega X_d}\sin\theta + \frac{3U^2(X_d - X_q)}{2\Omega X_q X_d}\sin 2\theta \qquad (6.44)$$

6.8　同步发电机的运行特性

同步发电机对称负载下的运行特性曲线是确定电机主要参数、评价电机性能的基本依据。由实验方法测定的同步发电机运行特性包括空载特性（$I=0$）、外特性、调节特性、负载特性、短路特性（$U=0$）等。

6.8.1　空载特性

将同步发电机转子拖动到同步转速（$n = n_N$），定子绕组开路（$I=0$），改变励磁电流，测量空载电压，可得空载特性 $U_0 = f(I_f)$，如图 6.29 所示。

用实验测定空载特性时，由于磁滞现象，上升和下降的曲线不会重合，因此，一般约定采用自 $U_0 \approx 1.3U_N$ 开始至 $I_f = 0$ 的下降曲线。$I_f = 0$ 时有剩磁电压，将曲线由此延长（虚线所示）与横轴相交，取交点与原点距离 Δi_{f0} 为校正值，再将原实测曲线整体右移才能得到工程中实用的校正曲线，即图中过原点的曲线所示。

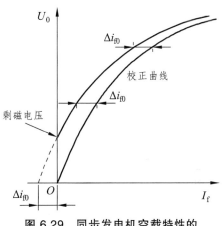

图 6.29　同步发电机空载特性的
实验测定及校正

6.8.2　同步发电机的外特性

外特性是发电机在 $n = n_N$、$I_f = $ 常数、$\cos\varphi = $ 常数条件下，端电压与负载电流之间的关系曲线 $U = f(I)$，如图 6.30 所示。

在感性负载或纯电阻负载（$\cos\varphi = 1$）时，由于电枢反应去磁作用和定子漏抗压降影响，外特性是下降的。在容性负载且 $\Psi < 0$ 时，由于电枢反应起助磁作用及容性电流的漏抗压降使端电压上升，外特性是上升的。

从外特性可求出发电机的电压调整率为

$$\Delta U = [(E_0 - U_N)/U_N] \times 100\%$$

式中，E_0 为 $n = n_N$、$I_f = I_{fN}$ 时的空载电动势。电压调整率是表征同步发电机运行性能的重要数据之一。过去发电机端电压是人工操作调整的，因此电动机设计时

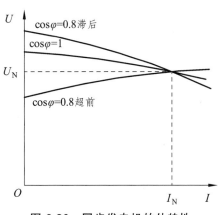

图 6.30　同步发电机的外特性

对 ΔU 要求很严。现代发电设备都配备有快速自动调压装置，ΔU 的要求已大为放宽。不过，为防止故障切除时导致电压剧烈上升击穿绝缘，仍要求 $\Delta U < 50\%$。

6.8.3 调整特性

调整特性是当 $n = n_N$、$U =$ 常数、$\cos\varphi =$ 常数时，发电机励磁电流与电枢电流的关系曲线 $I_f = f(I)$，如图 6.31 所示。

可见，对于感性和电阻性负载，转子电流随负载增加而增加，特性是上升的。对容性负载，因负载电流的助磁作用，特性会下降。

6.8.4 短路特性

短路特性即电动机定子三相稳态短路、保持 $n = n_N$ 时，电枢电流与励磁电流的关系，$I_k = f(I_f)$。

因为 $U = 0$，限制短路电流的只有发电机的同步阻抗，而由于电枢电阻远小于同步电抗，可以忽略，因此，短路电流可视为纯感性，即 $\Psi \approx 90°$。电枢磁动势基本上就是一个纯去磁作用的直轴磁动势，亦即 $F_a = F_{ad}$。

气隙合成电动势 $E_\delta \approx IX_\sigma$。由于 E_δ 只与漏抗压降平衡，数值不大，对应的气隙合成磁通 Φ_δ 也就很小，电机磁路处于不饱和状态，因此 $F_\delta' \propto E_\delta \propto I$。

从图 6.32 所示的时-空矢量图上可以看出，磁动势平衡方程为 $F_f = F_\delta' + F_{ad}'$。由于 $F_{ad}' \propto F_{ad} \propto I$，$F_f \propto I_f$，故最终有 $I_f \propto I$，即短路特性是一条直线。

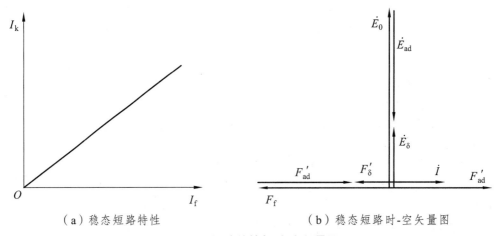

（a）稳态短路特性   （b）稳态短路时-空矢量图

图 6.32   短路特性与时-空矢量图

6.8.5 零功率因数负载特性

在 $n = n_N$、$I =$ 常数、$\cos\varphi =$ 常数的条件下，端电压与励磁电流之间的关系曲线 $U = f(I_f)$

称为负载特性，如图 6.33 所示。

　　零功率因数负载特性为由可变纯电感负载条件确保 $\cos\varphi\approx0$，通过试验测得，测试中通常保持电枢电流 $I=I_N$ 时的负载特性。零功率因数负载特性非常有实用价值。当电动机容量较大时，由曲线逐点测取所要求的负载条件的做法代价很高。实用的做法是将电动机并入电网作空载运行，调节励磁电流使电枢输出无功电流为 I_N，则得曲线上的额定点 Q。再做电动机的短路试验，测得 $I_k=I_N$ 时的励磁电流为 I_{fk}，又得曲线上另一点，即短路点 O'。工程中有这两点就够用了。

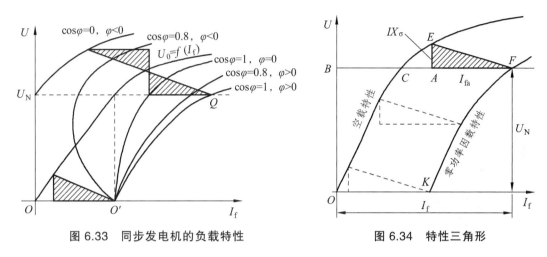

图 6.33　同步发电机的负载特性　　　　　图 6.34　特性三角形

　　由于 $\varphi=90°$，忽略电枢电阻，$\Psi\approx90°$，故零功率因数负载时的电枢磁动势也是纯起去磁作用的直轴磁动势。有关电磁量之间的矢量关系可简化为代数关系：

$$E_\delta\approx U+IX_\sigma,\ F'_\delta\approx F_f-F'_a$$

　　空载特性与零功率因数特性之间存在一个特性三角形 $\triangle AEF$，如图 6.34 所示。由于在测定零功率因数特性时 I 保持不变，故此三角形的大小不变。这也就是说，若 X_σ 已知，而对应于电枢电流 I（设为额定电流 I_N）的去磁作用的等效励磁电流为 I_{fa}（设可通过短路试验求取），则该三角形可唯一确定，其左上角顶点沿空载曲线移动时，其右下角顶点的轨迹即为所求的零功率因数负载特性曲线。

6.9　同步发电机与电网并联运行

　　在一般发电厂中，总是有多台同步发电机并联运行，而更大的电力系统亦必然由多个发电厂并联而成。因此，研究同步发电机投入并联的方法以及并联运行的规律，对于动力资源的合理利用、发电设备的运行和维护、供电的可靠性、稳定性和经济性等，具有极为重要的意义。

6.9.1　投入并联的条件

　　同步发电机并联投入电网时，为避免发生电磁冲击和机械冲击，总体要求是：发电机端各相电动势的瞬时值要与电网端对应相电压的瞬时值完全一致。具体包含以下五点：

（1）波形相同；（2）频率相同；（3）幅值相同；（4）相位相同；（5）相序相同。

前四点是交流电磁量恒等的基本条件，最后一点是多相系统相容的基本要求。若二者波形不同，则并联后在电机与电网间势必要产生一系列高次谐波环流，从而损耗增大、温升增高、效率降低。波形相同了，若频率不等，则产生差频环流，在电机内引起功率振荡。频率和波形都一致了，但若是幅值或相位不相等，也会在电机与电网间产生环流。特别地，若在极性相反，即相位相差 180°时合闸，则冲击电流可达（20～30）I_N，从而产生巨大的电磁力，损坏定子绕组的端部，甚至损坏转轴。以上条件都满足了，若相序不同，合闸也是绝不允许的。因为仅一相符合条件，但是另两相之间巨大的电位差产生的巨大环流和机械冲击，将严重危害电动机安全，毁坏电机。

条件（1）和（5）是电机设计、制造和安装予以保证的，在实际并联操作中，主要是注意条件（2）～（4）是否满足。

6.9.2　投入并联的方法

为了满足上述投入并联的条件所进行的调节和操作过程称为同步。通常的同步方法有准确同步法、自同步法两种。

1. 准确同步法

将发电机调整到完全符合并联条件后的合闸并网操作过程称为准确同步法。调整过程中，常用同步指示器来判断条件的满足情况。最简单的同步指示器由三组相灯组成，并有直接接法和交叉接法两种。

1）直接接法

直接接法的接线图如图 6.35 所示。把要投入并联运行的发电机带动到接近同转速，加上励磁并调节至端电压与电网电压相等。此时，若相序正确，则在发电机频率与电网频率相差时，三组相灯会同时亮、暗。调节发电机转速使灯光亮、暗的频率很低，并在三组灯全暗时，迅速合闸，完成并网操作。

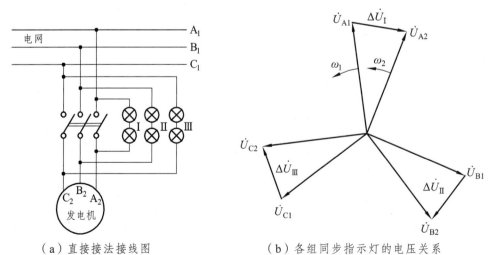

（a）直接接法接线图　　　　　　（b）各组同步指示灯的电压关系

图 6.35　直接接法的接线图及对应指示灯电压关系

2）交叉接法（灯光旋转法）

交叉接法（灯光旋转法）即一组灯同相端连接，另两组灯交叉相端连接，则加于各组相灯的电压不等。接线图如图 6.36 所示。若频率不相等，则三组指示灯依次亮灭，循环变化，好像灯光是旋转的。根据灯光旋转方向，调节发电机转速，使灯光旋转速度逐渐变慢，最后在第 I 组灯光熄灭、另两组灯光等亮时迅速合闸，完成并网操作，并最终由自整步作用牵入同步运行。

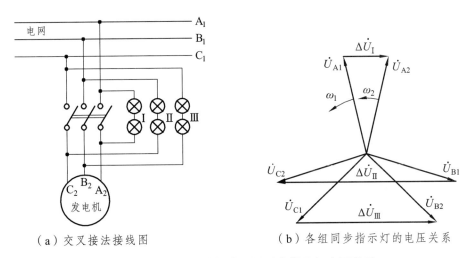

（a）交叉接法接线图　　　　　　　（b）各组同步指示灯的电压关系

图 6.36　交叉接法的接线图及对应指示灯电压关系

2. 自同步法

用准确同步法投入并联的优点是合闸时没有明显的电流冲击，但缺点是操作复杂，而且比较费时间。因此，当电网出现故障而要求迅速将备用发电机投入时，由于电网电压和频率出现不稳定，准确同步法很难操作，往往要求采用自同步法实现并联运行。

自同步法的步骤是：先将发电机励磁绕组经限流电阻短路，当发电机转速接近同步转速（差值小于 5%）时合上并网开关，并立即加入励磁，最后利用自整步作用实现同步。自同步法的优点是操作简便，不需要添加复杂设备，缺点是合闸及投入励磁时均有较大的电流冲击。

需要说明的是，上面介绍的并网方法，无论是准确同步法还是自同步法，都是指手工操作过程。实际上，随着检测技术和控制技术的不断进步，尤其是计算机检测与控制技术的应用，手工并网操作已很少使用了，而是广泛采用自动并网装置。这些装置不但使并网合闸瞬间的各项要求能最大程度地得到满足、电磁冲击和机械冲击最小、杜绝了手工操作的种种不足，而且可对电网故障作出最快速、最恰当的反应，提高了电力系统的综合自动化能力和运行可靠性。

6.9.3　有功功率调节与静态稳定

为分析简便，以下都以隐极电机为例，并且不计饱和影响，忽略电枢电阻，视电网为"无穷大电网"，即 U 和 f 保持恒定。

当发电机并入电网但不输出有功功率时，由原动机输入的功率恰好补偿各种损耗，没有多余的部分转化为电磁功率。因此 $\theta = 0$，$P_{em} = 0$，如图 6.37（a）所示。此时，虽然可能 $E_0 > U$ 而有电流输出，但它是无功电流，即只有直轴分量 I_d，而没有交轴分量 I_q。

若增加原动机输入功率 P_1，即增大输入转矩 T_1，使 $T_1 > T_{mec} + T_{Fe} + T_{ad}$，则转轴上就会出现剩余转矩。该转矩使转子瞬时加速，并使发电机的励磁磁动势 F_f（即 d 轴）开始超前于气隙合成磁场 B_δ（该磁场受端口频率恒定约束，旋转速度保持不变）。相应地，励磁电动势 E_0 就会超前于电机端电压亦即电网电压 U 一个 θ 角，如图 6.37（b）所示。$P_{em} > 0$，发电机开始向电网输出有功电流，即出现交轴分量 I_q，从而转子会受到相应的电磁转矩 T_{em} 的制动作用；当 θ 增大到某一数值 θ_a 使电磁转矩 T_{em} 正好与剩余转矩 $T_1 - T_{mec} + T_{Fe} + T_{ad}$ 相等时，转子便不再加速，而平衡在功率角 θ_a 处，如图 6.37（c）所示。此时，原动机输入的有效机械功率与电机输出的电磁功率平衡。

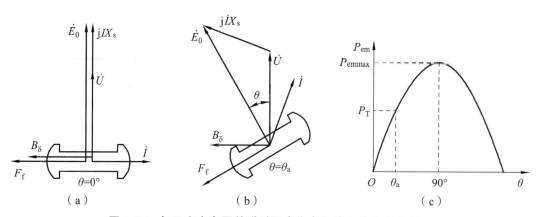

图 6.37　与无穷大电网并联时同步发电机的有功功率调节

上述分析结果表明，要增加发电机输出功率（有功功率），就必须增加原动机输入功率，使电机的功率角 θ 增大。这从能量守恒角度是很容易理解的。继续增加原动机输入功率，θ 角随之会进一步增大，输出电磁功率也会进一步增加。但当 θ 角增至 90° 使输出电磁功率达最大值 $P_{em.max}$ 时，若继续增加输入功率，则输入和输出之间的平衡关系被破坏，电机亦无力自行维持平衡，致使电机转子不断加速并最终失步，对电网的稳定运行构成冲击。显然，这种情况是不希望出现的。正因为如此，我们把 $P_{em.max}$ 称为同步电机的极限功率。

当电网或原动机偶然发生微小扰动时，若在扰动消失后发电机能自行回复到原运行状态稳定运行，则称发电机是静态稳定的；反之，就是不稳定的。

参照本章 6.4 节同步电机稳定分析的方法，可以得出，隐极发电机功角特性上的稳定运行域为 $0 \leq \theta < 90°$。在这段区域内，电磁功率 P_{em} 是功率角 θ 的单调增函数。

因此，同步发电机的静态稳定判据为

$$\frac{dP_{em}}{d\theta} > 0 \tag{6.45}$$

反之，若 $P_{em} < 0$，即 $90° < \theta \leq 180°$ 时，运行就是不稳定的。特别地，在 $\theta = 90°$ 处，因 $dP_{em}/d\theta = 0$，

发电机保持同步的能力为零，处于稳定和不稳定的交界点，故称之为静态稳定极限。

可见，导数 $dP_{em}/d\theta$ 是同步发电机保持稳定运行能力的一个客观衡量，称之为整步功率系数或比整步功率，用 P_{syn} 表示。其值愈大，表明保持同步的能力愈强，发电机的稳定性愈好。对于隐极电机，有

$$P_{syn} = \frac{dP_{em}}{d\theta} = 3\frac{E_0 U}{X_s}\cos\theta \tag{6.46}$$

可见在稳定区域内，θ 愈小，P_{syn} 愈大。

对于凸极电机，有

$$P_{syn} = 3\frac{E_0 U}{\Omega X_d}\cos\theta + \frac{3U^2(X_d - X_q)}{\Omega X_q X_d}\cos 2\theta \tag{6.47}$$

实际应用中，为确保电机稳定运行，以提高供电可靠性，应使电机的额定运行点距其稳定极限一定距离，即发电机额定功率与极限功率应保持一个恰当的比例。为此，定义最大电磁功率与额定功率之比为静态过载倍数或过载能力，用 k_M 表示，借以衡量同步发电机稳定运行的功率裕度。由于忽略电枢电阻后有 $P_N \approx P_{emN}$，故对于隐极电机有

$$k_M = \frac{P_{em\,max}}{P_N} = \frac{1}{\sin\theta_N} \tag{6.48}$$

式中，θ_N 为电机额定运行时的功率角。对实际电机，要求 $k_M > 1.7$，即额定负载时最大允许的功率角 $\theta_N \approx 35°$，但在一般设计中取 $25° \sim 35°$。

增大励磁电流（即增大 E_0）和减小同步电抗（即增大短路比）对提高同步电机的极限功率，从而提高过载能力和静态稳定性是有利的，因而可作为电机设计和运行的基本准则。

6.9.4　无功功率调节与 V 形曲线

与同步电动机相同，调节无功功率的方法是调节励磁电流。以隐极同步发电机为例，保持有功不变，调节励磁电流。假设不计饱和影响，忽略电枢电阻。于是有

$$P_{em} = 3\frac{E_0 U}{X_s}\sin\theta = 常数$$

$$I\cos\varphi = 常数$$

调节励磁电流时同步发电机的相量图如图 6.38 所示，当调节励磁电流使 E_0 变化时，由于 $I\cos\varphi = 常数$，定子电流相量 I 的末端在一条与 U 垂直的直线上（图中直线 AB）；由于 $E_0\sin\theta = 常数$，E_0 的末端在一条与 U 平行的直线上（图中直线 DC）。

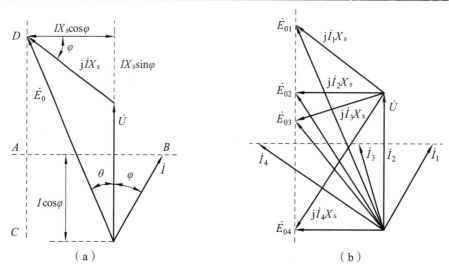

图 6.38　调节励磁电流时同步发电机的相量图

　　综上分析可知，在原动机输入功率不变，即发电机输出功率 P_2 恒定时，改变励磁电流将引起同步电机定子电流大小和相位的变化。励磁电流为"正常励磁"值时，定子电流 I 最小；偏离此点，无论是增大还是减小励磁电流，定子电流都会增加。

　　定子电流 I 与励磁电流 I_f 的这种内在联系可通过实验方法确定，所得关系曲线 $I = f(I_f)$ 如图 6.39 所示。因该曲线形似字母"V"，故称之为同步发电机的 V 形曲线。对应于每一个恒定的有功功率值 P_2，都可以测定一条 V 形曲线，功率值越大，曲线位置越往上移。

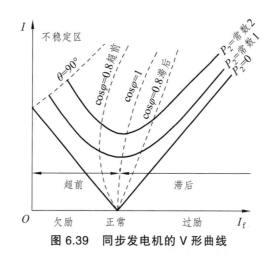

图 6.39　同步发电机的 V 形曲线

　　每条曲线的最低点对应于 $\cos\varphi = 1$，电枢电流最小，全为有功分量，励磁电流为"正常"值。将各曲线的最低点连接起来就得到一条 $\cos\varphi = 1$ 的曲线，在这条曲线的右方，发电机处于"过励"状态，功率因数是滞后的，发电机向电网输出滞后无功功率；而在这条曲线的左侧，发电机处于"欠励"状态，功率因数是超前的，发电机从电网吸收 滞后无功功率。V 形曲线左侧还存在着一个不稳定区（对应于 $\theta > 90°$），且与欠励状态相连，因此，同步发电机不宜于在欠励状态下运行。

6.10　同步发电机的不对称运行

当同步发电机负载不平衡（如单相负载）或发生不对称故障（如单相或两相短路）时，电机即处于不对称运行状态。

由于不对称运行时出现的负序电流产生的反转磁场，在转子铁芯和励磁绕组、阻尼绕组中感应电流，引起附加铁耗和附加铜耗，使转子过热。另外，不对称运行时，负序磁场产生的交变电磁转矩，同时作用于转轴并反作用于定子，引起机械振动，严重时甚至损坏电机。此外，发电机的不对称运行同时也会对电网中运行的其他电气设备造成不良影响。以普通交流电动机为例，此时也要产生负序磁场，导致输出功率和效率降低，并可能使电机过热。

分析同步发电机的不对称运行采用对称分量法，将不对称的三相系统分解为正序、负序和零序三组独立的对称系统，有

$$\left.\begin{aligned}\dot{U}_A &= \dot{U}_{A+} + \dot{U}_{A_-} + \dot{U}_{A0} = \dot{U}_+ + \dot{U}_- + \dot{U}_0\\\dot{U}_B &= \dot{U}_{B+} + \dot{U}_{B_-} + \dot{U}_{B0} = a^2\dot{U}_+ + a\dot{U}_- + \dot{U}_0\\\dot{U}_C &= \dot{U}_{C+} + \dot{U}_{C_-} + \dot{U}_{C0} = a\dot{U}_+ + a^2\dot{U}_- + \dot{U}_0\end{aligned}\right\} \tag{6.49}$$

$$\begin{bmatrix}\dot{U}_A\\\dot{U}_B\\\dot{U}_C\end{bmatrix} = \begin{bmatrix}1 & 1 & 1\\a^2 & a & 1\\a & a^2 & 1\end{bmatrix}\begin{bmatrix}\dot{U}_+\\\dot{U}_-\\\dot{U}_0\end{bmatrix} \tag{6.50}$$

$$\begin{bmatrix}\dot{U}_+\\\dot{U}_-\\\dot{U}_0\end{bmatrix} = \frac{1}{3}\begin{bmatrix}1 & a & a^2\\1 & a^2 & a\\1 & 1 & 1\end{bmatrix}\begin{bmatrix}\dot{U}_A\\\dot{U}_B\\\dot{U}_C\end{bmatrix} \tag{6.51}$$

对正序、负序、零序来说都是三相对称系统，只分析一相即可。

6.10.1　同步发电机的各相序阻抗和等效电路

不考虑饱和，应用双称分量法，可将负载端的不对称电压和不对称电流分解成三组对称分量（正序、负序和零序），且不对称电压或电流作用的结果等于各对称分量分别作用结果之和。

每个相序的对称电流分量都将建立自己的气隙磁场和漏磁场。但由于各相序电流所建立的磁场与转子绕组的交链情况不同，因而所对应的阻抗也就不相等。设各相序阻抗分别为 Z_+、Z_- 和 Z_0，考虑到三相对称绕组中感应的励磁电动势只可能有对称的正序分量，故以 A 相为例，将各相序等效电路如图 6.40 所示。

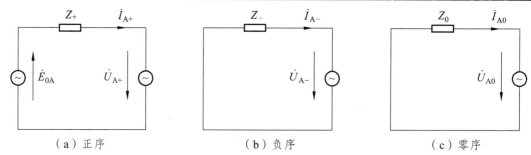

（a）正序   （b）负序   （c）零序

图 6.40   各相序等效电路（A 相）

1）正序阻抗

正序阻抗，也就是转子通入励磁电流正向同步旋转时，电枢绕组中所产生的正序三相对称电流所遇到的阻抗。此时所对应的运行状况也就是电机的正常运行工况，只是附加了磁路不饱和的约束条件而已。

因此，正序阻抗也就是电机同步电抗的不饱和值，对于隐极电机，即 $Z_+ = R_+ + jX_+ = R_a + jX_\sigma$。对于凸极电动机，具体数值与正序电枢磁动势和转子的相对位置有关，可由双反应理论确定。

2）负序阻抗

负序阻抗是转子正向同步旋转，但励磁绕组短路（因不存在负序励磁电动势）时，电枢绕组中流过的负序三相对称电流所遇到的阻抗。

这里，负序电流可设想为是由外施负序电压产生的。电枢绕组中通入负序三相对称电流后，将产生反向旋转磁场，其与转子的相对转速为 $2n_1$，此时电机视同为一台转差率 $s = 2$ 的异步电机。由于负序磁场的轴线与转子的直轴和交轴交替重合，因此，负序阻抗的阻值是变化的，但工程上为了简便，取交、直轴两个典型位置的数值的平均值。当负序磁场轴线与转子直轴重合时，励磁绕组和阻尼绕组都相当于异步电机的转子绕组；当负序磁场轴线移到转子交轴时，阻尼绕组（无励磁绕组）亦相当于异步电机的转子绕组。故直轴、交轴负序阻抗的等效电路如图 6.41 所示。

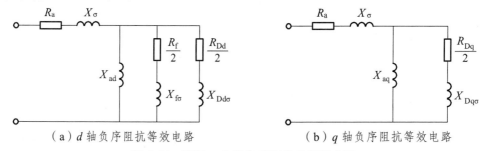

（a）d 轴负序阻抗等效电路   （b）q 轴负序阻抗等效电路

图 6.41   直轴、交轴负序阻抗的等效电路

由等效电路可得

$$Z_{d-} = R_a + jX_\sigma \frac{jX_{ad}\left(jX'_{f\sigma} + \dfrac{R'_f}{2}\right)}{\dfrac{R'_f}{2} + j(X_{ad} + X'_{f\sigma})} \approx R_a + \frac{R'_f}{2} + j\left(X_\sigma + \frac{X_{ad}X'_{f\sigma}}{X_{ad} + X'_{f\sigma}}\right)$$

$$= \left(R_a + \frac{R'_f}{2}\right) + jX'_d \tag{6.52}$$

式中，X_d' 为直轴瞬变电抗。

同理，交轴负序阻抗为

$$Z_{q-} = R_a + j(X_\sigma + X_{aq}) = R_a + jX_q \tag{6.53}$$

由于负序磁场为旋转磁场，位置不断变化，因此等效负序阻抗不是定值，可由下式估算为

$$Z_- = \frac{1}{2}(Z_{d-} + Z_{q-}) \tag{6.54}$$

负序电抗为

$$X_- = \frac{1}{2}(X_d + X_q)$$

3）零序阻抗

零序阻抗是转子正向同步旋转、励磁绕组短路时，电枢绕组中通入零序电流所遇到的阻抗。由于三相零序电流同大小、同相位，所以它们所建立的合成磁动势只存在 3 及 3 的倍数次脉振谐波，基波和它奇数次谐波的幅值均为零，所产生的谐波磁场，归属于谐波漏磁通。

一般情况下，零序电抗基本上就等于定子漏抗，零序电阻近似等于电枢电阻，即

$$R_0 \approx R_a \tag{6.55}$$

$$X_0 \approx X_\sigma \tag{6.56}$$

6.10.2　同步发电机的单相稳态短路

同步发电机的单相稳态短路如图 6.42 所示。现以 A 相对中点短路，B、C 两相空载为例进行分析。

此时 $\dot{U}_A = 0$ ，即

$$\dot{U}_A = \dot{U}_+ + \dot{U}_- + \dot{U}_0 = 0 \tag{6.57}$$

$$\dot{I}_+ = \dot{I}_- = \dot{I}_0 \tag{6.58}$$

$$\dot{I}_+ = \frac{1}{3}(\dot{I}_A + a\dot{I}_B + a^2\dot{I}_C) = \frac{1}{3}\dot{I}_A$$

$$\dot{I}_- = \frac{1}{3}(\dot{I}_A + a^2\dot{I}_C + a^2\dot{I}_C) = \frac{1}{3}\dot{I}_A$$

$$\dot{I}_0 = \frac{1}{3}(\dot{I}_A + \dot{I}_B + \dot{I}_C) = \frac{1}{3}\dot{I}_A$$

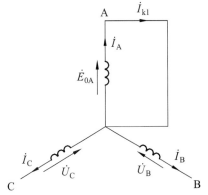

图 6.42　同步发电机的单相稳态短路

根据等效电路，有

$$\dot{I}_+ = \dot{I}_- = \dot{I}_0 = \frac{\dot{E}_0}{Z_+ + Z_- + Z_0} \tag{6.59}$$

$$\dot{I}_A = \dot{I}_+ + \dot{I}_- + \dot{I}_0 = \frac{3\dot{E}_0}{Z_+ + Z_- + Z_0} \tag{6.60}$$

6.10.3　同步发电机的相间短路

同步发电机的相间短路如图 6.43 所示。现以 B、C 两相发生相间短路，A 相空载为例进行分析。

由于没有中线连接，$\dot{I}_0 = 0$，不用考虑零序系统。此时有

$$\left.\begin{aligned} \dot{I}_A &= 0 \\ \dot{I}_A + \dot{I}_B + \dot{I}_C &= 0 \\ \dot{U}_{BC} = \dot{U}_B - \dot{U}_C &= 0 \end{aligned}\right\} \tag{6.61}$$

$$\dot{I}_A = \dot{I}_+ + \dot{I}_- + \dot{I}_0 = 0 \tag{6.62}$$

$$\dot{I}_+ = -\dot{I}_- \tag{6.63}$$

根据等效电路，有

$$\dot{U}_{BC} = \dot{U}_B - \dot{U}_C = 0$$

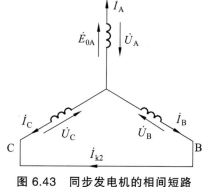

图 6.43　同步发电机的相间短路

$$\left.\begin{aligned} \dot{U}_+ &= \frac{1}{3}(\dot{U}_A + a\dot{U}_B + a^2\dot{U}_C) \\ \dot{U}_- &= \frac{1}{3}(\dot{U}_A + a^2\dot{U}_B + a\dot{U}_C) = \dot{U}_+ \end{aligned}\right\} \tag{6.64}$$

可求出正序、负序电流为

$$\dot{I}_+ = -\dot{I}_- = \frac{\dot{E}_0}{Z_+ + Z_-} \tag{6.65}$$

短路电流则为

$$\dot{I}_B = -\dot{I}_C = a^2\dot{I}_+ + a\dot{I}_- = (a^2 - a)\frac{\dot{E}_0}{Z_+ + Z_-} \tag{6.66}$$

发电机端点的正序电压、A 相开路电压为

$$\dot{U}_+ = \dot{E}_0 - \dot{I}_+ Z_+ = \frac{\dot{E}_0 Z_-}{Z_+ + Z_-} \tag{6.67}$$

$$\dot{U}_A = \dot{U}_+ + \dot{U}_- + U_0 = \frac{2\dot{E}_0 Z_-}{Z_+ + Z_-} \tag{6.68}$$

其他短路情况的求解类似。

本章小结

1. 同步电机的运行状态与功角

同步电机是可逆的，可运行在发电机状态、电动机状态、空载同步补偿机状态，如图 6.44 所示。

可以根据功角 θ 判断运行状态。θ 在时间相位上为 $\dot{E}_0$ 和端电压 $\dot{U}$ 之间的夹角，在空间上

是气隙等效磁极与励磁磁极之间的夹角。

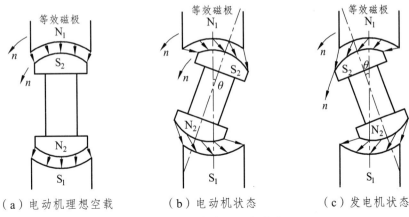

（a）电动机理想空载　　　　（b）电动机状态　　　　（c）发电机状态

图 6.44   同步电机运行状态

2. 同步电机的电枢反应

同步电机电枢反应的性质取决于电枢磁动势 $\vec{F}_a$ 与励磁磁动势 $\vec{F}_f$ 的空间相对位置，因此，根据电枢电流 $\dot{I}$ 和空载电动势 $\dot{E}_0$ 之间的夹角内功率因数角 Ψ 可以判断电枢反应的性质。

① 当 $\dot{I}$ 与 $\dot{E}_0$ 同相或反相时（$\Psi = 0$ 或 $\Psi = 180°$），$\vec{F}_a$ 为交轴电枢磁动势，电枢反应为交轴反应；

② 当 $\dot{I}$ 与 $\dot{E}_0$ 正交时（$\Psi = 90°$ 或 $\Psi = -90°$），$\vec{F}_a$ 为直轴电枢磁动势，电枢反应为直轴反应；

③ $\dot{I}$ 与 $\dot{E}_0$ 夹角为任意锐角时，考虑到凸极同步电动机气隙的不均匀性，用双反应理论分析电枢反应。

双反应理论就是将电枢电流进行分解 $\dot{I} = \dot{I}_d + \dot{I}_q$，$I_{ad} = I\sin\Psi$ 产生直轴电枢磁动势，$I_{aq} = I\cos\Psi$ 产生交轴电枢磁动势，把电枢反应分成直轴和交轴电枢反应分别来处理的方法。

3. 同步电机的平衡方程与等效电路

同步电机的平衡方程为：

隐极同步电动机　$\dot{U} = \dot{E}_0 + \dot{I}R_a + j\dot{I}X_s$

凸极同步电动机　$\dot{U} = \dot{E}_0 + \dot{I}R_a + j\dot{I}_d X_d + j\dot{I}_q X_q$

隐极同步发电机　$\dot{E}_0 = \dot{U} + \dot{I}R_a + j\dot{I}X_s$

凸极同步发电机　$\dot{E}_0 = \dot{U} + \dot{I}R_a + j\dot{I}_d X_d + j\dot{I}_q X_q$

同步电机的等效电路如图 6.45 所示。

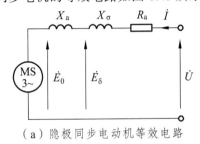

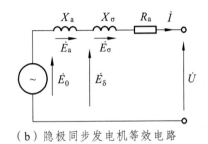

（a）隐极同步电动机等效电路　　　　（b）隐极同步发电机等效电路

图 6.45   同步电机的等效电路

4. 同步电机的功角特性和矩角特性

同步电机的功角特性为

$$P_{\mathrm{em}} = 3\frac{E_0 U}{X_{\mathrm{d}}}\sin\theta + \frac{3U^2(X_{\mathrm{d}} - X_{\mathrm{q}})}{2X_{\mathrm{q}}X_{\mathrm{d}}}\sin 2\theta$$

同步电机的矩角特性为

$$T_{\mathrm{em}} = 3\frac{E_0 U}{\Omega X_{\mathrm{d}}}\sin\theta + \frac{3U^2(X_{\mathrm{d}} - X_{\mathrm{q}})}{2\Omega X_{\mathrm{q}}X_{\mathrm{d}}}\sin 2\theta$$

5. 同步电机的无功功率调节与 V 形曲线

调节同步电机的励磁电流 I_{f}，即可改变其定子电流的无功分量和功率因数，这是同步电机非常重要的特性，可以通过同步电机的 V 形曲线体现。

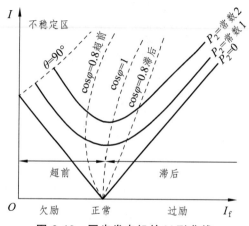

图 6.46　同步发电机的 V 形曲线

同步电机的 V 形曲线是指在电网电压、频率和电机输出有功功率为常数的情况下，定子电流 I 和励磁电流 I_{f} 之间的关系曲线，即 $I = f(I_{\mathrm{f}})$ 曲线，如图 6.46 所示。

6. 同步电机的静态稳定

同步电机的静态稳定判据为 $\dfrac{\mathrm{d}P_{\mathrm{em}}}{\mathrm{d}\theta} > 0$，故电机额定运行时的功率角 θ 一般为 $25° \sim 35°$。

习　题

一、选择题

1. 同步发电机的额定功率指（　　）。

　A. 转轴上输入的机械功率　　　　　　B. 转轴上输出的机械功率

C. 电枢端口输出的电功率　　　　　　D. 以上都不对

2. 同步发电机稳态运行时，若所带负载为感性 $\cos\varphi = 0.8$，则其电枢反应的性质为（　　）。

　　A. 交轴电枢反应　　　　　　　　　B. 直轴去磁电枢反应

　　C. 直轴去磁与交轴电枢反应　　　　D. 以上都不对

3. 同步发电机稳定短路电流不很大的原因是（　　）。

　　A. 漏阻抗较大　　　　　　　　　　B. 短路电流产生去磁作用较强

　　C. 电枢反应产生增磁作用　　　　　D. 以上都不对

4. 同步补偿机的作用是（　　）。

　　A. 补偿电网电力不足　　　　　　　B. 改善电网功率因数

　　C. 作为用户的备用电源　　　　　　D. 以上都不对

5. 凸极同步发电机附加电磁功率产生的原因是（　　）。

　　A. 交轴无励磁绕阻　　　　　　　　B. 交轴上的磁阻比直轴上的磁阻小

　　C. 直轴上的磁阻比交轴上的磁阻小　D. 直轴与交轴上的磁阻相等

6. 同步发电机当其电枢电流 $\dot{I}$ 滞后空载电势 $\dot{E}_0$ 45°时，其电枢反应的性质是（　　）。

　　A. 直轴去磁　　　　　　　　　　　B. 直轴增磁

　　C. 直轴增磁兼交磁　　　　　　　　D. 直轴去磁兼交磁

7. 同步调相机的作用是（　　）。

　　A. 输出无功　　　　　　　　　　　B. 输出有功

　　C. 用来拖动负载　　　　　　　　　D. 以上都不是

8. 并联于大电网上的同步发电机，当运行于 $\cos\theta = 1$ 的情况下，若逐渐增大励磁电流，则电枢电流（　　）。

　　A. 渐大　　　　　　　　　　　　　B. 减小

　　C. 先增大后减小　　　　　　　　　D. 先减小后增大

9. 同步发电机当 $\dot{I}$ 滞后 $\dot{E}_0$ 90°时（ $\psi = -90°$ ），电枢反应结果是（　　）。

　　A. 去磁作用，仅发有功功率　　　　B. 去磁作用，仅发感性无功功率

　　C. 加磁作用，仅向电网发容性无功　D. 转为电动机运行，仅输出有功功率

10. 判断一台同步电机是运行于电动机状态的依据是（　　）。

　　A. $\dot{E}_0$ 超前 $\dot{U}$　　B. $\dot{E}_0$ 滞后 $\dot{U}$　　C. $\dot{I}$ 超前 $\dot{U}$　　D. $\dot{I}$ 滞后 $\dot{U}$

二、判断题

1. 同步发电机的功率因数总是滞后的。（　　）

2. 同步发电机电枢反应性质取决于负载性质。（　　）

3. 凸极同步电机的直轴同步电抗小于交轴同步电抗。（　　）

4. 改变同步电机的励磁电流只能调节无功功率。（　　）

5. 隐极式同步电机的同步电抗和磁场的饱和程度有关系，磁场越饱和，同步电抗越小。（　　）

6. 并网同步发电机的速度是电网频率和电机的极对数决定的，和动力来源是否变化无关。（　　）

7. 气隙均匀的同步发电机是凸极式同步发电机。（　　）

8. 同步发电机无需满足并网条件，任何条件任何环境都可以选择直接并网。（　　）

9. 同步电动机可以采用变频方式进行调速。（　　）

10. 同步电机的磁场为圆形旋转磁场。（　　）

11. 同步电机的励磁电流为交流电流。（　　）

12. 永磁同步电机无需电励磁，因此永磁同步电机的功率因数高。（　　）

13. 同步发电机的功角越大越稳定。（　　）

三、简答题

1. 什么叫同步电机？同步电机的转速与极数有什么关系？转速为 750 r/min、频率为 50 Hz 的同步电机的极数是多少？

2. 汽轮发电机和水轮发电机在结构上有什么不同？

3. 简述同步电机各种励磁方式的特点。

4. 简述同步发电机的空载特性曲线的形状。为什么它与直流电机空载特性曲线形状非常相似？

5. 同步发电机对称负载运行时，电枢反应磁动势相对电枢的转速是多少?相对于磁极的转速是多少?电枢反应磁场能否在磁极绕组中感应电动势？

6. 在凸极同步发电机稳态运行分析中，为什么把电枢反应磁动势分解直轴和交轴两个分量分别研究？

7. 为什么零功率因数特性曲线与空载特性曲线形状相似？

8. 用旋转灯光法进行并网操作时，怎样判断并网前同步电机转速高于或低于同步转速？

9. 为什么同步电机既可以作发电机运行也可以作电动机运行？在两种运行情况下外力矩和电磁转矩作用方向如何？

10. 为什么同步发电机的短路特性是一条直线？

11. 汽轮发电机和水轮发电机的主要特点是什么？为什么有这样的特点？

12. 转子基波励磁磁动势在定子三相绕组中感应电动势，产生三相交流电流，三相交流电流流过三相绕组基波电枢磁动势。试详细分析为什么基波电枢磁动势的转向与转子转向相同。

13. 交轴和直轴电枢反应电抗、直轴和交轴的同步电抗的物理意义各是什么？它们之间的数值关系如何？

14. 以纯电感为负载，做零功率因数负载实验，若维持 $U = U_N$、$I = I_N$、$n = n_N$ 时的励磁电流及转速不变，在去掉负载以后，空载电动势时等于 U_N、大于 U_N 还是小于 U_N？

15. 同步发电机在对称稳态短路时的短路电流为什么不是很大，而在变压器中情况却不一样？

16. 发电机并网合闸需要满足哪些条件？如何判断这些条件是否满足？这些条件不满足需要采取什么措施？不满足合闸会产生什么影响？

17. 发电机与电网并联稳态运行时，发电机转子的转速由什么决定？加大汽轮机的汽门，是否能改变汽轮发电机转速？加大汽轮机的汽门后，发电机的运行状况会发生什么变化？

18. 一台与无限大电网并联运行的同步发电机，当原动机输出转矩保持不变时，发电机的输出功率是否不变？要减小发电机的功角，应如何调节？

19. 与电网并联运行的同步发电机，过励运行时发出什么性质的无功功率，欠励运行时发出超前性质的无功功率？

四、计算题

1. 一台三相星形连接的隐极同步发电机，每相漏电抗 2 Ω，没相电阻 0.1 Ω。当负载为 500 kV·A、功率因数 0.8（滞后）时，机端电压 2300 V。求基波气隙磁场在一相电枢绕组中产生的电动势。

2. 一台三相星形连接的隐极同步发电机，空载时使端电压为 220 V 所需的励磁电流为 3 A。当发电机接上每相 5 Ω 的星形连接电阻负载时，要使端电压仍为 220 V，所需的励磁电流为 3.8 A。不计电枢电阻，求该发电机的同步电抗（不饱和值）。

3. 一台三相星形连接的隐极同步发电机，额定电流 60 A，同步电抗 1 Ω，电枢电阻忽略不计。调节励磁电流使空载端电压为 480 V，保持此励磁电流不变，当发电机输出功率因数为 0.8（超前）的额定电流时，发电机端电压为多大？此时电枢反应磁动势起何作用？

4. 有一台 $P_N = 72\,500$ kW，$U_N = 10.5$ kV，Y 接，$\cos\varphi_N = 0.8$（滞后）的水轮发电机，参数为：$X_d^* = 1$，$X_q^* = 0.554$，忽略电枢电阻。试求额定负载下发电机励磁电势 E_0 和 $\dot{E}_0$ 与 $\dot{U}$ 的夹角。

5. 有一台 70 000 kV·A、60 000 kW、13.8 kV（星形连接）的三相水轮发电机，交、轴同步电抗的标幺值分别为 $X_q^* = 0.7$，$X_d^* = 1$，试求额定负载时发电机的激磁电动势 E_0^*（不计磁饱和与定子电阻）。

6. 有一台 $X_q^* = 0.5$、$X_d^* = 0.8$ 的凸极同步发电机与电网并联运行，已知发电机的 $U^* = 1$，$I^* = 1$，$\cos\varphi_2 = 0.8$（滞后）电枢电阻略去不计，试求发电机的：（1）E_0^*，δ_N；（2）$P_{e(max)}^*$（E_0^* 保持为上面的值）。

7. 一台隐极同步发电机带三相对称负载，功率因数为 1，此时端电压为额定电压，电枢电流为额定电流，若知该发电机的 $X_\sigma^* = 0.15$，$X_a^* = 0.85$，忽略定子电阻，用时间相量图求空载电动势 E_0^*、φ 及 θ'。

8. 一台水轮发电机数据如下：额定容量 8750 kV·A，额定电压 11 kV（星形连接），同步电抗 $X_d = 17$ Ω，$X_q = 9$ Ω，忽略电阻，电机带功率因数 0.8（滞后）的额定负载。

（1）求各同步电抗的标幺值；

（2）用电动势相量图求该发电机额定负载运行时的空载电动势 E_0。

9. 一台三相汽轮发电机，Y 连接，额定数据输入如下：额定有功功率 25 000 kW，额定电压 6300 V，功率因数 $\cos\varphi_N = 0.8$（滞后），电枢绕组漏电抗 $X_\sigma = 0.0917$ Ω，忽略电枢绕组电阻，空载特性如下表：

E_0/V	0	2182	3637	4219	4547	4801	4983
I_i/A	0	82	164	246	328	410	492

在额定负载下，电枢反应磁动势折合值 $k_a F_a$ 用转子励磁电流表示为 250.9 A。试作出时空矢量图，并求额定负载下的励磁电流及空载电动势的大小。

10. 一台星形连接的同步发电机，额定容量 50 kV·A，额定电压 440 V，额定频率 50 Hz。该发电机以同步转速旋转时，测得当定子绕组开路端电压为 440 V（线电压）时，励磁电流为 7 A；做短路实验，当定子电流为额定值时，励磁电流 5.5 A。设磁路线性。求每相同步电抗的实际值和标幺值。

11. 一台凸极同步发电机，定子绕组星形连接，额定容量 62 500 kVA，额定频率 50 Hz，额定功率因数 0.8（滞后），直轴同步电抗 $X_d^* = 0.8$，交轴同步电抗 $X_q^* = 0.6$，不计电枢绕组电阻 R。试求发电机额定电压调整率 ΔU。

12. 一台汽轮发电机额定数据如下：额定功率 25 000 kW，额定电压 6300 V（Y 连接），额定功率因数 0.8（滞后）。以标幺值表示的特性数据如下：

空载特性（励磁电流基值 $I_{fb} = 164\ A$）

E_0	0	0.60	1.00	1.16	1.25	1.32	1.37
I_t	0	0.50	1.00	1.50	2.00	2.50	3.00

短路特性

I_k	0	0.32	0.63	1.00	1.63
I_f	0	0.52	1.03	1.63	2.66

零功率因数负载特性（负载电流 $I = I_N$）

U	0.60	0.80	1.00	1.10
I_f	2.14	2.40	2.88	3.35

求保梯电抗 X_p^* 和直轴同步电抗 X_d^* 的不饱和值，并求其实际值。

13. 一台三相汽轮发电机，电枢绕组三相星形连接，额定容量 15 000 kVA，额定电压 6 300 V，忽略电枢绕组电阻，当发电机运行在 $U^* = 1$、$I^* = 1$、$X_S^* = 1$、负载功率因数 $\varphi = 30°$（滞后）时，求电机的相电流、功角、空载电动势、电磁功率。

14. 一台 6 000 kV·A，2400 V，50 Hz，星形连接的三相 8 极凸极同步发电机，并联运行时的功率因数为 0.9（滞后），电机参数为 $X_d = 1\ \Omega$，$X_q = 0.667\ \Omega$，不计磁路饱和及电枢绕组电阻。

（1）求额定运行时的每相空载电动势、基波励磁磁动势与电枢反应磁动势的夹角；

（2）分别通过电机参数与功角、电压与电流，求额定运行时的电磁转矩，并对结果做比较。

15. 一台水轮发电机数据如下：额定功率 50 000 kW，额定电压 13 800 V（星形连接），额定功率因数 0.8（滞后），$X_d^* = 1$，$X_q^* = 0.6$，假设空载特性为直线，忽略电枢绕组电阻，不计空载损耗。发电机并联于无限大电网运行。

（1）求输出功率为 10 000 kW，功率因数为 1 时发电机的励磁电流及功角；

（2）保持此输入有功功率不变，逐渐减小励磁电流知道 0，此时发电机能否稳定运行？功角、定子电流和功率因数各为多少？

第 6 章习题参考答案

参考文献

[1] A. E. Fitzgerald. Electric Machinery（Sixth Edition）. 北京：电子工业出版社，2006.

[2] 孙旭东，王善铭. 电机学. 北京：清华大学出版社，2006.

[3] 李发海，王岩. 电机与拖动基础. 北京：清华大学出版社，1994.

[4] 辜承林等. 电机学. 武汉：华中科技大学出版社，2004.

[5] 顾绳谷. 电机及拖动基础. 4 版. 北京：机械工业出版社，2007.

[6] 赵君有. 电机与拖动基础. 北京：中国水利水电出版社，2007.

[7] 刘锦波，张承慧等. 电机与拖动. 北京：清华大学出版社，2006.

[8] 林瑞光. 电机与拖动基础. 杭州：浙江大学出版社，2002.

[9] 麦崇漪. 电机学与拖动基础. 广州：华南理工大学出版社，2006.

[10] 汤蕴璆，史乃. 电机学. 北京：机械工业出版社，2003.

[11] 彭鸿才. 电机原理与拖动. 北京：机械工业出版社，2005.

[12] 陈勇，陈亚爱. 电机与拖动基础. 北京：电子工业出版社，2007.

[13] 唐介. 电机与拖动. 北京：高等教育出版社，2003.

[14] 吕宗枢. 电机学. 北京：高等教育出版社，2008.

[15] 许晓峰. 电机及拖动. 3 版. 北京：高等教育出版社，2007.

[16] 许晓峰. 电机及拖动学习指导. 3 版. 北京：高等教育出版社，2008.

[17] 李鹏. 控制电机及应用. 北京：中国电力出版社，1998.